城市的远见
——义乌市国际商务文化中心规划设计实践

The Vision of Yiwu
—— Urban Design and Planning of Yiwu International Central Business & Culture District

主编单位：义乌市规划局
Editing：Yiwu Urban Planning Bureau

主编：张晋庆　骆　嵘
Editor：Zhang Jinqing/ Luo Rong

中国建筑工业出版社

图书在版编目（CIP）数据

城市的远见——义乌市国际商务文化中心规划设计实践 / 张晋庆，骆嵘主编. — 北京：中国建筑工业出版社，2014.12

ISBN 978-7-112-17358-7

I.①城… II.①张… ②骆… III.①商业区 — 城市规划 — 研究 — 义乌市 IV.①TU984.13

中国版本图书馆CIP数据核字（2014）第241767号

责任编辑：程素荣
责任校对：陈晶晶 关 健

城市的远见
——义乌市国际商务文化中心规划设计实践

主编单位：义乌市规划局

主编：张晋庆 骆 嵘

*

中国建筑工业出版社出版、发行（北京西郊百万庄）
各地新华书店、建筑书店经销
北京京点图文设计有限公司制版
北京中科印刷有限公司印刷

*

开本：880×1230毫米 1/16 印张：19¼ 字数：450千字
2015年1月第一版 2015年1月第一次印刷
定价：145.00元
ISBN 978-7-112-17358-7
（26155）

3

序　言

在改革开放总方针的指引下，经历二十多年持续发展"兴商建市"，义乌人民凭借着敢想敢干、勇为天下先的精气神，用"拨浪鼓"敲出了一片新天地，在中国改革开放史上留下了一笔重彩。当前，义乌已连续 20 余年成为全国最大的小商品集散中心，市场经营面积达近千万平方米。市场的繁荣，带动了金融、商务、办公、会展、物流等现代服务业兴起，促进了整个城市的长远健康发展。

为做好城市商贸业的转型升级工作，实现城市的可持续发展，义乌市委市政府早在 21 世纪初就在谋划城市新中心区的规划建设。原有的绣湖中心虽几经改造扩容，但一直保留着城市行政中心、休闲购物中心等城市中心职能，繁荣依旧。但从长远来看，随着义乌实际管理人口和城区面积的膨胀性扩展，新兴产业的兴起，加之受限于征地拆迁工作和城市交通组织难等问题，原有的绣湖中心越来越难以满足新形势新要求，义乌亟需新建一个地理位置适中、服务水平高、功能完善的商务文化新中心。因此，在 2000 年左右，义乌就已明确提出建设一个新中心的建议，并明确选址和功能。

在明确选址和功能定位后，义乌市建设局（规划局）等部门历经 10 年先后组织了多轮的市中心城市设计国际咨询与招标，在邀请国内外著名专家、设计团队参与新中心的城市设计工作中，不断汲取国际先进城市市中心的规划建设新理论和实践经验，务求将新中心打造成百年精品工程。

如今，新中心的规划设计已成形，地块开发建设也在如火如荼地进行中，图书馆、福田公园、国贸大厦等标志性建筑和开放空间已先后投入使用。义乌新中心的开发建设经验，如同义乌的市场建设一般，对创建有中国特色的中小城市的发展之路具有较大的借鉴参考意义。有鉴于此，规划局能在单位初创诸事繁杂之际，举全局之力，将新中心的规划设计资料梳理成册，殊为不易。我相信，本书的出版，定能为国内其他中小城市中心区的规划建设有所助益。

张晋庆

目　录

概　述

义乌，这是个神奇的地方。二十年来倾全市之力，高举"兴商建市"的城市发展战略，造就了举世瞩目的国际商贸名城。市场的繁荣，是把双刃剑，既有机遇更有挑战。如何利用引导好市场这个小平台做成城市健康持续发展这个大文章，一直是历届义乌市委市政府思考和行动的主线。义乌商务文化中心的规划建设，则是义乌近10年思考和行动的具体缩影，真实而生动。

1. 义乌概况

义乌历史悠久，文化璀璨，秦始皇二十五年（公元前222年）置乌伤县，属会稽郡，是浙江省最古老的县（市）之一。义乌地处浙江中部，市境东、南、北群山环抱，境内山脉呈东北至西南走向。义乌江自东向西南入婺江。义乌界南北长58.15公里，东西宽44.41公里，面积1105平方公里。现辖7个街道办事处、6个建制镇，及其下属行政村715个、居民委员会（撤村建居）53个和城镇社区（居委会）39个。全市常住人口123万人（义

乌籍常住人口64万，市外流入人口59万）。其中，入境外商44.4万，常住外籍人口1.4万，常住外国人口占比1.39%，全国最高，也是全国首个也是惟一被授权办理外国人签证和居留许可权的县级市。

义乌商业氛围浓厚，市场在全国独树一帜。1982年，义乌率先在全国创办小商品市场；2006年，"义乌发展经验"在全国推广学习；2008年，义乌被列为全国改革开放18个典型地区之一；2011年，义乌国际贸易综合改革试点获批，成为继上海浦东新区、天津滨海新区等之后的第十个国家级综合改革试验区。

目前义乌小商品市场总面积近千万平方米，经营商位7万个，170万种商品，经营人员10万多人，商品90%以上外销全国及世界各地。义乌在全国20多个省市建立了30多个分市场；在南非、乌克兰等国家设立了5个分市场；3000多家境外企业在义乌成立驻义商务代表处。2012年义乌全市集贸市场年成交额为758.8亿元，其中

中国小商品城成交额580亿元，连续22年居全国各大专业市场榜首。全年义乌海关监管集装箱65.4万个标箱，入境义乌的境外客商达41.7万人次。2012全市共举办会展活动158个，其中展览68个，会议、论坛50个，节庆活动40个。在68个展览活动中，商业性展览32个，展览面积62.2万平方米，成交额347.13亿元。国家级展会有义博会、文博会、旅游商品博览会、森博会。

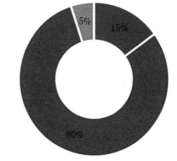

图1　外国人来义乌的原因

图2　常住外国人数占常住人口比例

（根据2007年统计数据绘制）

6

2. 义乌城市发展状况

义乌城建工作突出，城市结构不断优化。城市建成区范围从原来的 5.8 平方公里（1992）拓展到 104 平方公里（2013），城区范围扩大了将近 20 倍。从空间拓展方向来看，义乌城市空间一直围绕着老城区且位于义乌江北侧发展，1999 年跨越义乌江向东南侧拓展。从城市空间分形维度特征来看，2007 年义乌市向东北侧及沿义乌江向东侧拓展。总体上城市发展遵循了由点状—块状—片状的发展模式，各分区中心规模、位置与其所在的功能组团发展定位相结合。

义乌城市地位不断强化，是浙中区域中心城市。根据《浙江省城镇体系规划》2008—2020 和《义乌市域城市总体规划》2006—2020，义乌和金华共同组成浙江省内除杭州、宁波、温州外第四个区域中心

城市，是全省参与全球竞争的国际门户，建设国际贸易中心和国际小商品博览与交易中心。其中，义乌市域人口控制在 185～215 万，形成"三城、四片、两廊"的多中心、多组团、多片区网络型一体化城乡空间格局，重点打造国际小商品贸易中心、国际小商品创造中心、国际小商品会展中心、区域物流高地和区域金融高地，形成在全球具有较高知名度、美誉度的商贸城市。

3. 义乌商务文化中心的规划设计

2002 年，义乌市政府决定启动商务文化中心的规划咨询工作。义乌市住建局正式委托深规院代理商务文化中心的规划咨询工作，邀请了中国香港、澳大利亚、美国三家单位参与商务文化中心的城市设计招标，从此开启了商务文化中心长达十年的规划设计之路。根据规划

设计的重点和范围不同，又可大致划分为两个阶段

第一阶段（2002-2006）：商务文化中心整体规划设计。

在这一阶段，规划咨询和规划设计工作主要集中在整个商务文化中心的整体结构和整体风貌塑造方面，主要包括了商务文化中心国际规划咨询（2002），商务文化中心城市设计（2003），以及商务文化中心的城市设计优化调整（2006）三次重大规划设计工作。

第二阶段（2007-2013）商务区城市设计和文化中心城市设计。

在这一阶段，随着开发模式的不同，商务区和文化中心的规划设计工作逐渐相互独立。其中，商务区的开发模式为政府控制整体规划设计，市场主体自行设计单体建筑并开发建设。因此，商务区的城市设计重在整体的城市设计，主要包括了商务区一期的优化调整（2008），商务区二期城市设计（2010），商务区二期城市设计优化调整等（2013）。另一方面，文化中心需由政府统一开发建设，需同时把控文化中心的整体规划设计和单体建筑设计。因此，为保证文化中心规划建设的高品质，义乌市委市政府分别于 2008 年、2013 年举行了两次国际规划咨询工作。

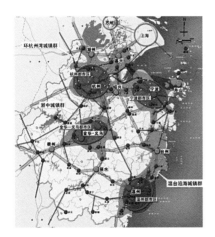

图 3　浙江省城镇体系规划（2008—2020）
　　——城镇空间结构规划图

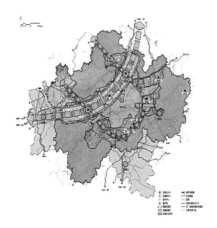

图 4　浙江中部城市群规划
　　——区域规划图

1984

1997

2006

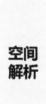

	融合阶段	剥离阶段	分离阶段
时间	第一代市场——湖清门市场（1982—1983）	第二、三、四代市场（1984—2001）新马路、城中路、篁园/宾王市场	第五代市场（2002—今）国际商贸城
城与市关系	城市功能围绕绣湖展开，市场在老城中心区的形成。市与城融合，市场是城市中心服务功能的重要组成部分。	市场迁出中心区，且与中心距离越来越远（0.8～2.5km），但仍在市区内。中心功能不断完善，市场从城市中心剥离出来，但是与城市功能互为补充。	市场选址于城郊边缘区，距老城中心3.5km。城市与市场规模不断扩大，围绕市场的功能要素与城市功能相互干扰，降低运行效率，市场与城分离，城与市独自发展完善。

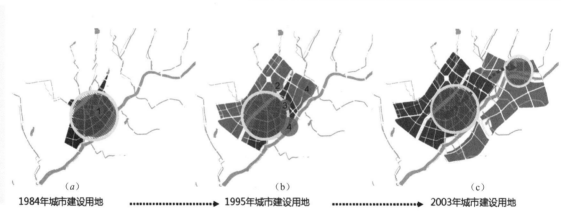

（a）1984年城市建设用地 ▶ （b）1995年城市建设用地 ▶ （c）2003年城市建设用地

图5 城市总体规划和城市建成区：演变图1984—2006

4. 义乌商务文化中心的开发建设

自2009年开始，商务区的开发建设正式提上日程。根据商务区一期的开发计划，一期区块规划面积0.75平方公里，总建筑面积约290万平方米，开发地块单元共44个。目前，商务区内已有世贸中心、五星级酒店、金融机构办公大楼、三鼎广场、稠州商业银行、农村合作银行和国信证券等7个项目的办公大楼已经在建设中，其他项目也将在近两年施工。据估计，2015年前后，金融商务区一期项目将基本完成建设任务，48栋高楼将陆续建成投入使用。义乌金融商务区一期建成后，有望成为浙中地区最具活力的商务核心区、最具潜力的金融发展高地和现代服务业高度集聚的城市精品区。

历经十余年的精雕细琢，我们有理由相信，义乌商务文化中心的规划建设将为义乌经济发展再创新辉煌保障护航，同时，将在我国中小城市的规划设计史上拥有举足轻重的作用。

第一部分
中心区城市设计

第1章　2002中心区国际咨询

时间：2004年

范围：9.2平方公里

参标单位：

a 深规院＋香港都市联合体

b 美国 X—URBAN

c 澳大利亚 Urbis Keys Young

1. 中心区国际咨询背景

（1）义乌商务文化中心规划建设的缘起

2004年，义乌的城市发展进入快速成长期，对城市新中心的需求越来越强烈。

①背景1：义乌已连续10余年成全国最大的小商品集散中心，市场总面积近千万平方米，服务于市场的金融、商务、办公、会展、物流等现代服务业开始兴起，需重点培育。

②背景2：经历五代市场的发展，义乌实体市场规模瓶颈开始出现，需要谋划新的城市发展动力和城市增长极。

③背景3：义乌实际管理人口突破100万，义乌城区规划面积膨胀性扩展到100平方公里，原有的城市中心（绣湖广场）难以满足新形势新要求，需要建设服务水平高、功能完善的新中心区。

④背景4：高端人才、外籍人士的不断涌入，人民群众对城市规划建设的要求不断提高，对建设现代化国际化都市的呼声越来越高。

⑤背景5：未来5—20年，既是城市快速成长并趋于稳定的时期，也是城市核心风貌的形成时期，急需确定未来城市建设的标准和形象。

（2）义乌商务文化中心的选址考虑因子

选址位置：义乌商务文化中心规划建设范围约9平方公里，西靠稠州路和宾王路，北接规划北环大道，东到新03省道，南以江东路为

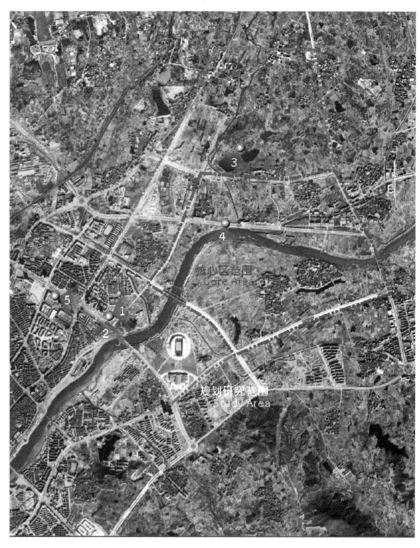

图1-1　规划范围图

界，义乌江从中间蜿蜒而过。核心区由下骆宅大道、03省道、江东路、宗泽路和江宾路围合而成，面积约4.4平方公里。

①与原有中心错位发展：商务文化中心以金融商务功能为主，与原有的行政商业中心绣湖广场相距5公里。

②带动城市边缘地区发展：位于城市边缘地区，商务文化中心东侧和北侧还有大片的未开发地区。

③依托国际商贸城发展：与义乌国际商贸城仅一街之隔，最快形成并发挥城市中心功能。

④最大限度发挥规模集聚效益：与义乌国际博览中心、义乌梅湖体育中心、义乌国际商贸城成团发展。

（3）中心区功能定位设想

①功能定位：商务文化的中心，城市形象的象征，城市生活的焦点。

——商务文化中心，带动未来城市经济和核心产业的发展。

——集中体现国际性和具有地方特色的城市建设风貌，成为城市形象的象征。

——城市生活的焦点，为市民提供充足的公共活动空间，展现城市丰富多彩的魅力。

②包含的功能：市场会展、高档酒店、金融保险、商业零售、公共文化和休闲娱乐。

（4）中心区规划国际咨询的确定

2002年义乌市政府决定开展中心区规划咨询工作。义乌市住建局正式委托深规院代理中心区规划咨询工作，邀请中国香港、澳大利亚、美国三家单位参与中心区规划咨询招标工作。

2. 规划咨询任务书要求

（1）设计目标：

浙中地区的商务、文化中心。

（2）基地基本概况：

①基本路网已确定，部分道路已建。未建道路走向不能大幅修改，但容许作适度及合理调整增加规划整合的灵活性。

②福田商贸城市场用地不能修改。配合北面规划市场用地，布局上决定了未来由南至北市场发展轴的走向。

③城北路以南，稠州路与江滨路之间地块内现有的低层建筑可不作保留。

④义乌江以南，宗泽路与江东路围合地块的功能为文化娱乐，与宗泽路以西已建在建的体育设施一道构建成义乌的体育、文化、消闲和娱乐板块。

⑤已建的中国小商品城会展中心距离未来福田市场群落及商务区中心较远，联系有待强化。

⑥江滨地带提供亲水、绿化开放空间。北部丘陵水库地区需保持自然面貌与城市景观的和谐。两者相连可作为现有滨江花园的延伸，同时构建城市绿化生态系统的主要载体，发挥柔化中心商务区建设硬环境的功效。

⑦义乌江的景观及休闲价值高，但河道宽度不够，需做一定的拓宽。现有及规划跨江道路相距较远，可在合理间距提供跨江步行桥，并善加利用作为城市景观。

⑧沿江拐角地带享地缘优势，地理上是旧城与新中心的交接点，与福田商贸城毗邻，亦位处旧城沿江景观走廊的尽头，视觉焦点效应强烈，是商务区内理想的中心地段。其他沿江地块位置优越，提供中心地段延伸空间。

⑨基地北部距中心较远，有丘陵水库地区分隔，环境相对宁静，可考虑非商业及市场用地功能，例如外商公寓、高端住房等，但须保留足够退距和提供沿路绿化，减少03省道沿线的交通噪声。

（3）计划任务：

①提供合适的土地使用规划，确保福田市场和商务中心的互动。

②合理确定各功能用地

图1-2　现状图（1）

图1-3　现状图（2）

比例，保证安排足够面积的银行、金融机构、证券、保险、律师行、审计行、会计事务所、信息中心、大公司乃至跨国公司等商务办公用地；适当安排部分的居住用地，避免空城现象。

③合理有效组织城市交通，保证日均100万人次的交通流量通畅运行。

④规划设计崭新优良的公共开敞空间景观、建筑环境，确保新中心区的整体形象符合国际化都市标准。

3. 深规院＋香港都市联合体

3.1 整体概念规划

（1）规划理念与目标

贯彻实现对中心区厘定的发展策略，除需要适当适时的产业规划外，亦需合理的规划设计予以配合，发挥基地的区位优势，提供可持续发展的空间基础。中心区

规划设计的基本理念与目标在于：

①遵从市场和未来城市发展轴向，协调中心区发展框架与城市整体格局。

②合理布置核心功能，金融、商业以服务市场为主，布局接近市场地带。

③透过多元功能复合布局，混合金融办公、商业零售、文化娱乐、旅游休闲及高档住房，避免功能单一。

④重视生态环境，改造及整合自然环境成大面积绿化网络，有机融入区内。

⑤强调交通可达性，利用先进及高效率的交通运输系统及公交组织解决区内外人车货流问题。

⑥重视交通环保问题，引入先进环保交通运输系统，减少区内空气及噪声污染，创造宜人步行及活动环境。

⑦创造人性化场所，结合商业街与城市开放空间，

形成舒适的交流场所。

⑧营造一个具市场特征与文化内涵的城市形象，提升中心区的土地价值及义乌市的国际地位。

（2）规划构思

市场的发展在方向和速度上都具有一定的不确定性，但亦可存在较超前的主观设想。国外例子显示物流园区结合电子商贸取代传统商品现货批发市场的情况已经出现。在中国的经济持续发展，特别是加入WTO后越见蓬勃的情况下，义乌的市场在发展方向、模式和步伐方面所出现的变化都会影响中心区未来的规划设计。

有鉴于此，项目组对市场及其他相关产业未来的发展提出两种可能，并就此拟备相关的意向性规划方案。

①可能一

目前现货批发即时交收为主的交易模式较长时间内

维持不变。随着需求不断增加，市场建设与配套设施将延续原有发展脉络，沿同一发展轴由南向北伸延，并结合中心区以北的市场预留用地。

②可能二

信息及物流业发达，第三方物流服务出现，电子商贸大行其道，批发市场及配套用地大量减少，物流设施及用地要求增加。其他第三产业发展蓬勃，出现较多会议展览，旅游休闲及商业服务性设施。环境质量和设计的要求相对较高。

据了解，目前市场设施基本上是供不应求，中心区内的市场规划用地亦相信很快会被完全吸纳。而现货批发，即时交收在中短期内仍会是市场主要的交易模式。因此，意向规划方案一基本上是可以满足中短期内的需要。但考虑到未来经济发展的势头和业态可能发展趋势，有需要为中心区提供一个较为前瞻性的规划框架。综合方案一、二形成综合意向性方案。

（3）功能分区

市场及产品展示区：位于整个中心区的西侧，含市场发展轴及产品展示区。市场发展轴延续现有市场群由南向北延伸，空间上反映多代市场的变迁和演化。整个市场轴北段包括现有的国际商贸城一期及规划中的商贸城二、三期。南段市场用地牵涉拆迁现有建筑，拟作备用长远需要。市场轴与现有的篁园路市场和宾王路市场连成南北直线市场活动带，有效集中与市场有关的人、车和货流。另拟以高架轻轨连接整个南北市场活动带至主要托运

| 意向性方案一、二对比 | 表 1-1 |

意向性规划方案一	意向性规划方案二
篁园路市场，宾王路市场结合福田商贸城沿稠州路由南向北发展延伸，结合将来中心区以北预留的市场用地，形成超大规模市场带。	北部市场预留用地转作物流园用地并结合新增铁路货运站（易亭镇可作物流园的替选位置）。中心区内市场及配套用地减少。
核心功能接近市场带，结合会议展览，金融办公及商业零售设施，满足市场基本需要。	第三产业发展蓬勃，部分服务范围超载义乌。会议展览及旅游业发展用地增加，成为区域性商贸旅游中心。会议展览用地集中布置接近已建会展中心，新展场接近市场带，提供产品长期展示及咨询功能。
酒店及服务式公寓设于市场发展轴及核心区内。	酒店及服务式公寓设于展览区附近。
区内绿化空间以服务市民为主，中央公园及滨江亲水带以静态休闲及景观功能为主。	区内开放空间以商业旅游及休闲用途为主，自然绿化空间结合区内多种人造景观及商业、文化、休闲、娱乐设施，成为宜人的交往场所。
文化娱乐设施为一般标准配套，例如文化宫，剧院，电影院，图书馆，文化艺术中心等。	一般配套之外，增建国际级水平旅游休闲文化设施，例如大型主题公园，博物馆。i-max三维空间电影院，歌剧院，高尔夫球场等
网格方形道路系统，便利物流疏散，主要建筑沿中心广场两侧对称成序列展开，形成南北向的空间轴线。	椭圆形过江轻轨系统环线，界定核心区空间，连接区内各功能节点。建筑群沿环线序列展开，呈富有层次的自由空间结合。

站及中心区以北建议的物流园，并结合新增货运火车站。产品展示区与市场发展轴契合，规划作大规模产品资讯及展示用途。

①商务金融办公区：位处义乌江北岸，部分在黄金圈内，圈外东部商业群规划为扩展用地。部分商务金融办公用地亦会渗入产品展示区作综合发展。整个组团基本上沿东西走向轴线作发展和扩展脉络。

②文化娱乐区：位处黄金圈内南部，与产品展示区和商务金融办公区隔江相对，以江心岛、人工嬉水水道等组成主体板块，规划作国际级文化、娱乐、休闲设施用地。

③福田区体育设施组团：基本维持，同时纳入对岸江滨地带宗泽路与宾王路之间地块作休闲体育设施用地，加强整体供应。

④商业零售及酒店区：主要集中于黄金圈内及市场发展轴旁，配合商旅及旅客需要。

⑤居住区：考虑到居住区在规划方案中应发挥的作用，及利用中央公园作为视觉窗口的效果，高档次别墅和住房，以及外商公寓主要分布于公园的东边，此位置有利于提高住房物业素质和价值。高档次住宅同时规划于中心区东南角，临河而建，

靠近高教用地，部分可考虑作教员公寓和学生宿舍。

⑥文教区：坐落于黄金圈的东缘，义乌江南岸，规划作高等院校用地，建议可参考国外企业大学（Corporate University）的模式，例如麦当劳大学，摩托罗拉大学等成立民办企业大学，以小商品城集团牵头，或设国内外知名大学分校，以物流及商贸为主，为长三角地区以至全国的物流和市场发展提供大量所需人才，切合经济发展需要和整体形象。

⑦中央公园：利用现存的天然丘陵水库和山林，将中心区北部改造成为中央公园，提供动静态休闲康乐活动场所，包括水上活动中心及城市高尔夫球场等。中央公园将肩负城市绿洲和视觉窗口的作用，舒缓繁忙都市里建筑、交通和人流引起的压力。公园更为周边的酒店、服务公寓、高档住房等提供优厚的土地开发条件，吸引经商及旅游人士，提升国际商贸城市的地位。

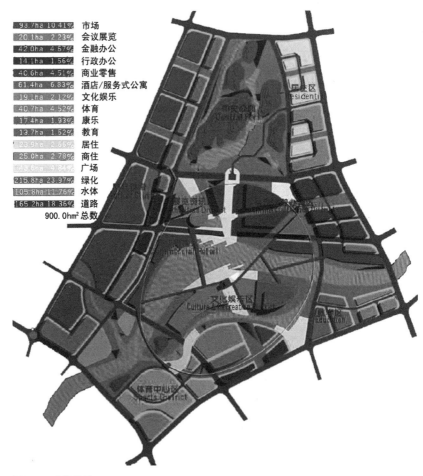

图1-4 功能用地

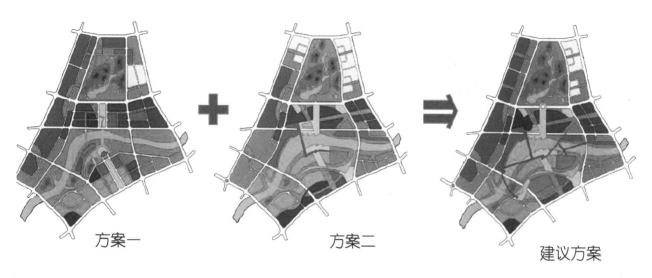

方案一   方案二   建议方案

图 1-5 规划构思及方案演变

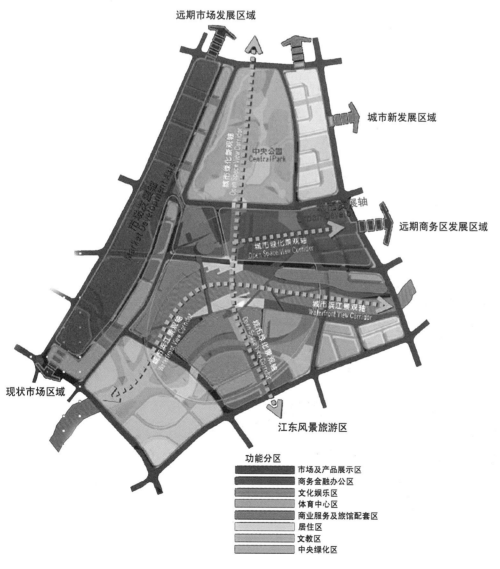

图 1-6 功能分区

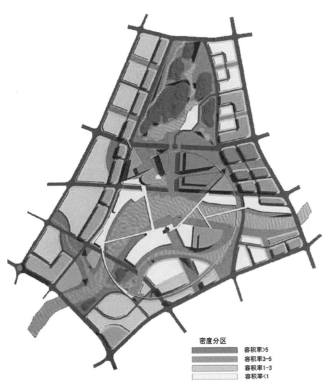

密度分区
■ 容积率>5
■ 容积率3-5
容积率1-3
容积率<1

图 1-7 密度分区

3.2 核心区概念规划

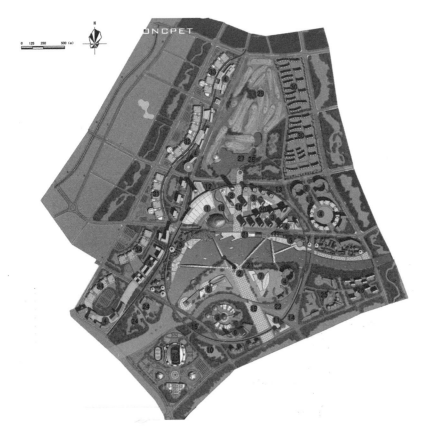

图 1-8 规划总平面图

1	义乌信息交流展馆
2	电视观光塔
3	写字楼群
4	酒店及服务式公寓
5	步行街式商业小区
6	康乐文化表演中心
7	文化艺术及历史展馆
8	世界文化主题公园
9	主题公园酒店
10	主题公园扩建
11	大型购物中心
12	迎宾广场一
13	迎宾广场二
14	迎宾广场三
15	迎宾广场四
16	展示中心广场
17	未来广场
18	朝北大道
19	朝南大道
20	未来大道
21	滨水走廊
22	戏水走廊
23	体育中心
24	江滨休闲运动场
25	企业大学
26	江滨高级居住区
27	中央公园
28	水上活动中心
29	城市高尔夫球场
30	高级别墅区
31	福田商贸城一期
32	福田商贸城二期
33	福田商贸城三期
34	重建区市场

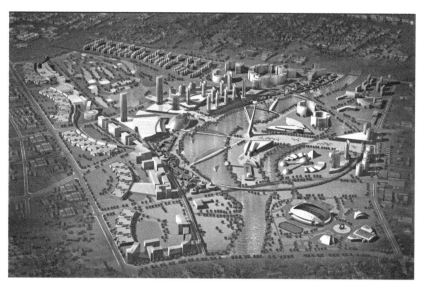

图 1-9　整体规划鸟瞰图

各功能用地具体设计元素、建设开发强度及规划控制指引　　　　　　　　表 1-2

功能用地	规划用途与设计元素	核心区内位置（图内代号）	规划控制指引
会议展览及写字楼综合发展	•用地规划作永久性国际产品资讯及展示、大型会议与办公楼综合发展（取名为 Yiwu Trade Mart）。发展组合中将会以蛋形的信息交流展馆及两幢超高层办公楼为整个发展群的标志性建筑，以至整个核心区和义乌市的新地标。两座超高层办公楼以跨国机构及国内知名企业为主要用户。方案同时建议将宾王路公交车总站迁往用地的西北角，与轻轨车站结合成一个更大的公共交通总汇，方便人群集散。	西北角（1）	•信息交流展馆总建筑面积约 500000m²，会议设施提供总数不少于 50,000 个座位，建筑高度不超过 70m。 •超高层办公楼区位处 Yiwu Trade Mart 东北及西北两角，分别紧握朝北大道与迎宾广场的门廊位置建筑高度控制于 150～250m，办公楼总建筑面积约 500,000m²。 •整项发展需与周围功能协调融合，提供人行路网连接市场轴及滨江地带。建筑设计要求具一定的独特性及前瞻性，作为标致性建筑，应超越时代的局限。 •用途的西北角需预留位置设轻轨车站、公交车站及地下泊车场供泊车转乘。
商业金融办公楼	•沿东西发展轴提供中高层办公楼一般金融服务，咨询及中介机构。裙楼部分可作商业零售设施。	义乌江北岸，朝北大道以东（2），（3）	•沿东西发展轴办公楼群分南分区及北分区。总建筑面积控制于 1,170,000m²。南分区建筑高度控制为 80～150m，北分区为 80～100m。 •南北分区办公楼拟分别向江边及中央公园靠贴，减少分隔走廊的压迫感。
文化娱乐	•建议在核心区内的江心人工岛上设计达到国际水平的文化旅游设施，包括艺术与音乐展馆、博物馆、剧场、歌剧院及电视观光塔；另在核心区南部建以世界各国文化为题的特色主题公园，配合义乌国际化的形象。 •方案中的部分休闲娱乐商业设施靠近岸边，营造活泼动感的亲水气氛。设施包括梯级式堤岸、露天茶座、渔人码头餐馆、水上表演屏幕，以及义乌江两岸水上游等。	义乌江南岸，（7），（8），（10）	•江心人工岛上的文化设施着重公共建筑的亲和性和合理的前卫性，控制建筑高度不超过 30m，但可按具体设计及发展要求略作调节。 •电视观光塔须置于各轴线交会点，成核心区的视觉焦点，总高度控制于 350m，观光层不低于 300m。

续表

功能用地	规划用途与设计元素	核心区内位置（图内代号）	规划控制指引
酒店／服务式公寓	●考虑将来不同人士的需要，核心区内酒店／服务式住宅公寓面向不同类型的服务对象，故档次也有不同。 ●位于核心区东部的酒店／服务式公寓组群最靠近办公楼群，适合商务人士。江心岛上的酒店／服务式公寓景观比较优胜，预计较受旅客欢迎。主题公园南面的地块，预留建酒店作公园的配套。	义乌江两岸及主题公园南面（4），（9），（11）	●义乌江北岸酒店／商务公寓用地位处核心区，毗邻高层办公楼，较适合商务酒店及公寓用途。 ●江心岛及文化主题公园南面酒店／商务公寓用地，建筑设计上需配合主题公园及文化设施。 ●规划总建筑面积约 690,000m²，建筑高度控制于 80～100m。
商业零售	●规划建设三片主要商业用地，加强义乌整体零售功能。 ●东面与西面滨江商业带为欧陆式步行商业小区，营造雅致宜人的氛围，适合较高档次零售商品。 ●南面商业用地拟作大型购物娱乐中心，配合毗邻文化主题公园，营造活泼气氛。	义乌江北岸江滨地带及朝南大道南端（5）、（6）、（12）	●东西两组滨江商业带建筑高度宜控制于15～25m，总建筑面积约 420,000m²。 ●小区规划依据欧陆小镇中心步行街模式，注重自然布局，造出蜿蜒曲折，突然惊喜，另类天地的效果。 ●购物娱乐中心居办公楼群楼部分，容许提供混合型户内购物及娱乐设施，为朝南大道尾端制造活动高潮节点，吸引人流。 ●滨江商业带与购物娱乐中心需预留位置设轻轨车站。
行政办公	●朝南大道南端规划作行政办公楼用地。购物中心上盖可按市场需要转作商业办公楼。	朝南大道南端（12），（13）	●分东西两组，东面总建筑面积约200,000m²（含购物娱乐中心），西面总建筑面积约 220,000m²。
开放空间	核心区的开放空间主要位于区内的南北和东西轴，由广场及公共绿地共同构建，按功能可分以下三大类： ●标志性空间 标志性空间体现一个城市的特性，是代表城市形象建筑的集中地。核心区的标志性空间表现为南北轴线的广场，另包括规划于义乌江以北，Yiwu Trade Mart 两座高耸办公大楼与信息交流展馆之间，以及南岸江心岛上一系列公共建筑与电视观光塔围合的广场，表现了义乌迈向新时代的决心和国际大都会应有的空间尺度。 ●人文空间 市民空间要突出体现休闲性，适合配搭文化、娱乐的建筑。方案把此类空间安排在主题公园和河心小岛上。 ●风景空间 风景空间以自然因素为主，设计尽量和自然风景相协调。义乌江是核心区内宝贵的自然资源，方案根据可持续发展原则，改善河两岸环境，沿河滨长廊，成静态空间。	核心区内的南北、东西轴	●标志性空间着重体现空间应有尺度，南北轴需确保视觉上和设计上的统一性及连贯性，功能上需与周边人文及风景空间配合融合。与义乌江连接处需提供小码头及观光船停泊处，北轴北端需提供跨路式广场延伸连接中央公园。 ●风景空间以滨江亲水地带为主，设计上需注意连贯性和与其他滨水功能协调。

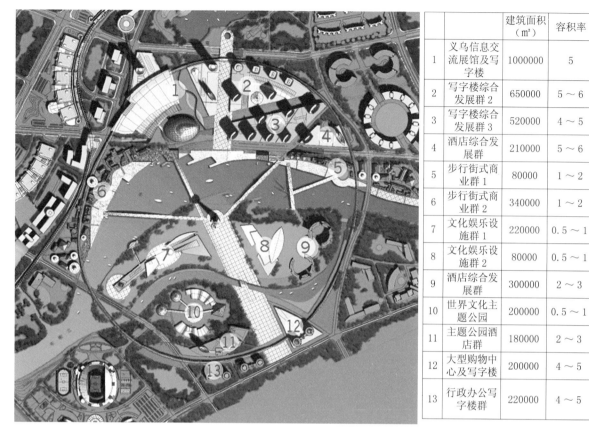

		建筑面积（m²）	容积率	建筑高度（m）
1	义乌信息交流展览馆及写字楼	1000000	5	70～250
2	写字楼综合发展群2	650000	5～6	80～100
3	写字楼综合发展群3	520000	4～5	80～150
4	酒店综合发展群	210000	5～6	80～100
5	步行街式商业群1	80000	1～2	15～25
6	步行街式商业群2	340000	1～2	15～25
7	文化娱乐设施群1	220000	0.5～1	30
8	文化娱乐设施群2	80000	0.5～1	30
9	酒店综合发展群	300000	2～3	80
10	世界文化主题公园	200000	0.5～1	30
11	主题公园酒店群	180000	2～3	100
12	大型购物中心及写字楼	200000	4～5	80
13	行政办公写字楼群	220000	4～5	80

图 1-10　核心区规划平面图

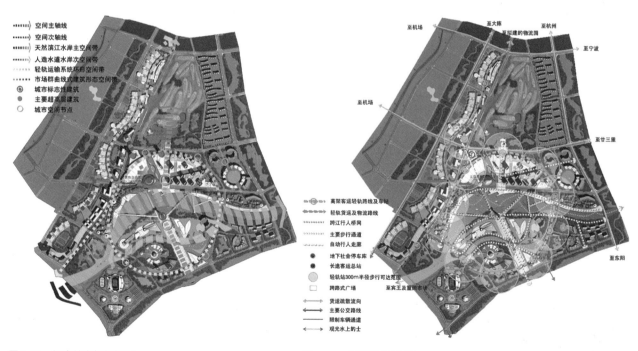

图 1-11　概念性空间规划图

图 1-12　交通发展计划图

图 1-13　主轴线剖面图

图 1-14　核心区景观透视图

3.3 空间形态

本规划方案的主题是通过具戏剧性效果、生动活泼的空间形态，营造充满朝气的都市气氛。方案展示的空间极具立体感，既有高耸的标志性建筑，包括两座呈长方体的办公大楼，江心岛上的尖顶电视塔，河畔圆蛋形的信息交流展馆；又有平面河水带穿插其中。核心区内不同形状的建筑，构成不同层面，不同类型配搭的空间，使整区空间感的对比更强烈，空间形态的类型更丰富，令空间布局的主题更鲜明。

核心区南北建筑的高度面呈现波浪形。义乌江以北建筑的高度最高，故所形成空间较小，置身其中，都市感较强。义乌江南面及近两岸建筑的高度最低，加上宽阔的河水面，形成宽敞的城市空间。河畔的滨江长廊及对岸相呼应的南北广场，为核心区内宽敞的城市空间加添功能上的意义，成为人流聚集的开放式活动场所。跨江步行桥网则为此滨水空间添上层次感，避免过大，单一而缺乏内容的空间场所。相对沿河岸的建筑，核心区内最南部分建筑高度回升，造成由南到北的波浪形建筑高度面，使整个核心区的空间布局紧紧拥抱着河滨。

为了达到戏剧性效果，规划方案寻求突破，于波浪形建筑面的中心最低点，建造达350米高的电视塔，制造视觉空间上的反高潮。整体规划回应布局主题，营造生动活泼的城市空间。

3.4 地块控制指标

示例性地块以 Yiwu Trade Mart 综合发展为例。规划地块以商城大道、江滨北路、城北路及朝北大道广场为界，面积约20公顷，用地性质为展览、商业、写字楼及对外交通。整体容积率为5，总建筑面积控制于100万平方米，其中展馆及相关设施建筑面积不少于50万平方米，写字楼及商业零售面积不多于50万平方米。展馆部分建筑限高为70米，办公楼为250米。地块整体绿化率不少于30%，建筑覆盖率为55%。业主需兴建并容许公众使用地块内的绿化广场，并提供良好景观及开放空间规划与朝北大道广场及江滨地带配合。

地块内需预留位置予高架轻轨进入，并于西北角设包括地面公交车站及高架轻轨车站的公交总汇。另需提供人行桥至福田商贸城二期。

图1-15 示例性地块控制指引图

示例性地块指引：
Indicative Development Control Guidelines

示例性地块指引表   表 1-3

用地性质 Land Use	展览、商业、写字楼、对外交通 Exhibition, Retail, Office, Transport
用地面积 Site Area	20 公顷（大约） 20 hectares（approx.）
容积率 Plot Ratio	3.5
绿化率 Greening Rate	30%
建筑覆盖率 Site Coverage	55%
建筑面积 GFA	总建筑面积不多于 1,000,000m² Total GFA not more than 1,000,000m² 展馆及相关设施建筑面积不少于 500,000m² Exhibition Centre and related facilities not less than less than 500,000m² 写字楼及商业零售面积不多于 500,000m² Office and retail not more than 500,000m²
建筑限高 Building Height	展馆部分建筑限高为 70m Exhibition Centre—70m 办公楼为 250m Office—250m

4. 美国 X-URBAN 方案

4.1 规划目标

（1）体现义乌独具的城市特色，展示城市新形象，树立城市核心区域。

（2）寻找与市场发展模式相对应的城市发展结构。

（3）福田市场建设新结构、新形象的探索。

（4）丰富和完善城市核心区域功能。

4.2 规划构思

4.2.1 "一心二轴三江"——未来型开放式的义乌 CBD。

以 CBD 建设为契机，"一心二轴三江"为义乌未来的发展构筑了一个开放的可持续发展的弹性结构。其中，CBD 区正好处于"二轴三江"的交汇处，地位显赫。义乌江北以及与福田市场隔江滨路相望的 CBD 高层区，共属于以市场建设为发展轴的经济发展带和以义乌江为发展轴的滨江城市景观发展带。

（1）二轴

市场发展轴：新建的第五代福田市场与第四代宾王市场和篁园市场都沿稠州路设置，构成自老城区向北市场为核心的面向未来的市场发展轴。

生活发展轴：沿义乌江自老城区始继续向东发展的城市生活发展轴。

（2）三江

江北景观空间：对义乌江北山塘水库及西侧排洪沟进行功能改造，形成上述市场发展轴沿湖中心生态景观空间。

江东景观空间：义乌江自 CBD 起向东为未来的城市生活发展轴提供了沿江自然景观空间。

老城景观中心：充满活力的义乌江老城区段沿江空间形态。

"三江"交汇，共同构成义乌城市沿水的稳定开放式结构。

（3）一心

核心 CBD 区正好处于"两轴三江"的交汇处，地位显赫。

义乌江北以及与福田市场隔滨江路相望的 CBD 高层区，共属于以市场建设为发展轴的经济发展带和以义乌江为发展轴的滨江城市景观发展带。

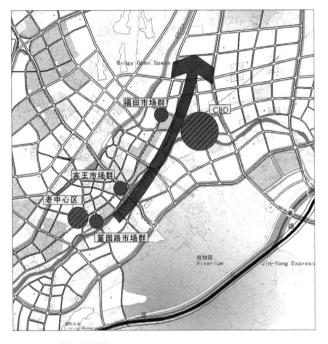

图 1-16　市场发展轴　　　　　　　　　　　图 1-17　城市生活发展轴

图 1-18　主要景观空间

4.2.2　功能分区

（1）生态 CBD

两条生态轴线上将结合义乌江及水库的水体改造，岸线调整，滨河生态景观系统的规划，江心屿的设置，形成一个生态的 CBD。

（2）体育 CBD

已建成的水准一流的体育场、体育馆、游泳馆及各种体育场地集中在义乌江南岸。

（3）金融 CBD

义乌江北岸的国际商贸中心将集中大量主要的酒店、办公、贸易、金融、银行等设施及其配套服务，将是一个以超高层及高层建筑为主的 CBD。

（4）商住 CBD

将专业街与居住功能相结合，丰富城市功能与形态。

（5）休闲 CBD

购物街、专业市场、酒吧街。

（6）市场 CBD

福田市场作为 CBD 的有机重要组成部分。

（7）文化 CBD

露天演剧广场、音乐厅、美术馆、博物馆、图书馆、广播电视中心、青少年宫、工人文化宫、科学馆、电影院、规划展厅等重要文化建筑汇集于江南岸滨江区。

4.3　空间形态

（1）金融区的空间形态

人体尺度：裙房界面所界定的城市公共空间。

通过底层和顶层商业裙房界面后退的方式丰富这一近人尺度的城市公共空间界面。

城市尺度：塔楼所构成的城市公共空间。

图 1-19 "三江"

图 1-20 "一心"

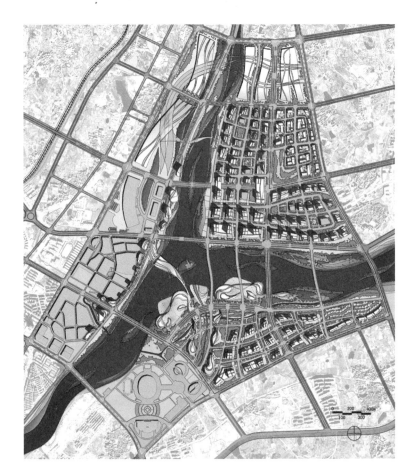

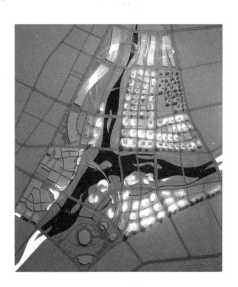

图 1-21 规划总平面图

呼应前述两条城市发展轴，高层塔楼的分布也呈明显的两个方向的带状分布。

（2）文化区的空间形态用更为主动和富有张力的曲线型来构成文化建筑的形态，使其既符合整个CBD流动的风格也具有鲜明的性格特色。

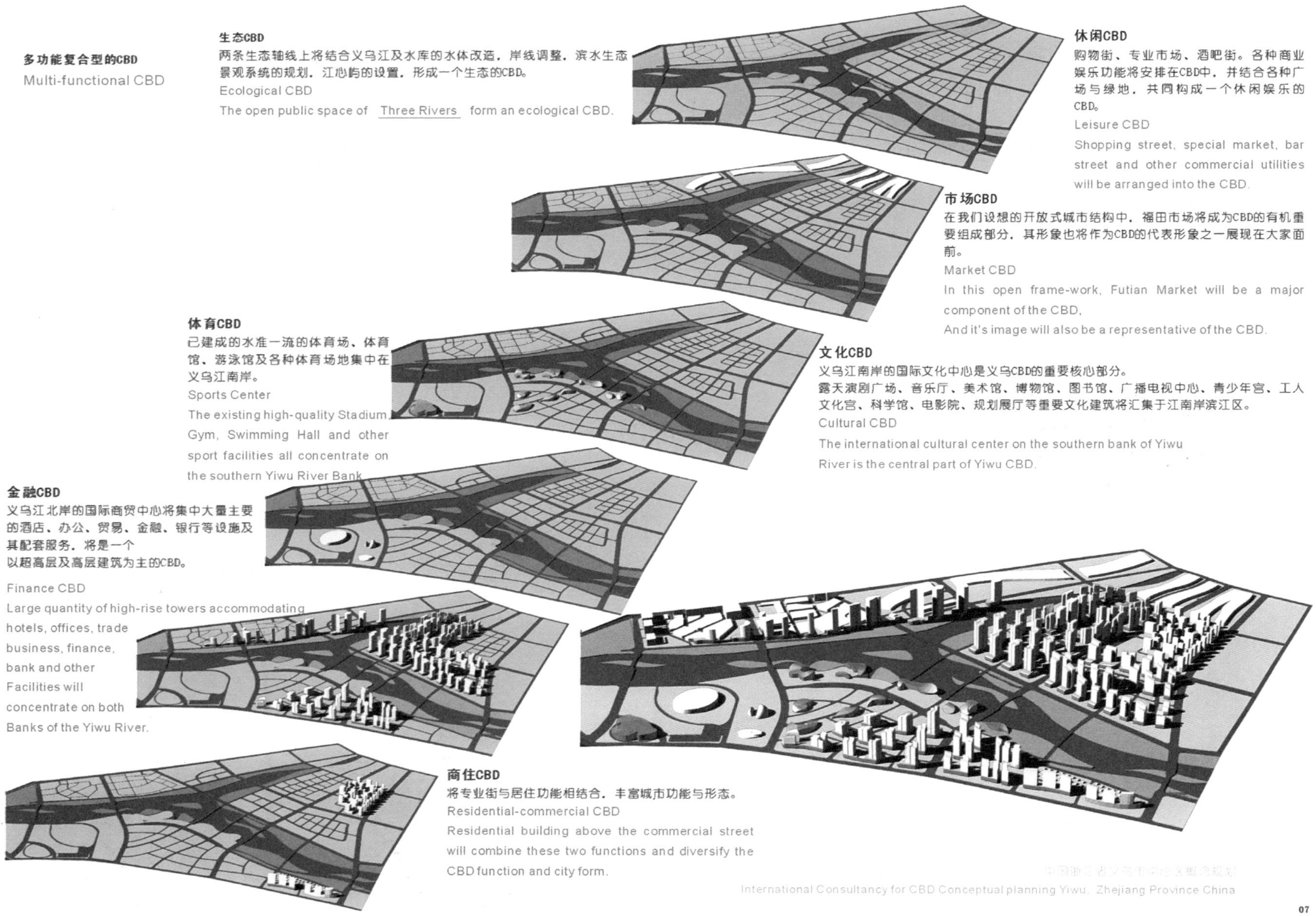
多功能复合型的CBD
Multi-functional CBD
生态CBD
两条生态轴线上将结合义乌江及水库的水体改造，岸线调整，滨水生态景观系统的规划，江心屿的设置，形成一个生态的CBD。
Ecological CBD
The open public space of Three Rivers form an ecological CBD.
休闲CBD
购物街、专业市场、酒吧街。各种商业娱乐功能将安排在CBD中，并结合各种广场与绿地，共同构成一个休闲娱乐的CBD。
Leisure CBD
Shopping street, special market, bar street and other commercial utilities will be arranged into the CBD.
市场CBD
在我们设想的开放式城市结构中，福田市场将成为CBD的有机重要组成部分，其形象也将作为CBD的代表形象之一展现在大家面前。
Market CBD
In this open frame-work, Futian Market will be a major component of the CBD,
And it's image will also be a representative of the CBD.
体育CBD
已建成的水准一流的体育场、体育馆、游泳馆及各种体育场地集中在义乌江南岸。
Sports Center
The existing high-quality Stadium, Gym, Swimming Hall and other sport facilities all concentrate on the southern Yiwu River Bank
文化CBD
义乌江南岸的国际文化中心是义乌CBD的重要核心部分。
露天演剧广场、音乐厅、美术馆、博物馆、图书馆、广播电视中心、青少年宫、工人文化宫、科学馆、电影院、规划展厅等重要文化建筑将汇集于江南岸滨江区。
Cultural CBD
The international cultural center on the southern bank of Yiwu River is the central part of Yiwu CBD.
金融CBD
义乌江北岸的国际商贸中心将集中大量主要的酒店、办公、贸易、金融、银行等设施及其配套服务，将是一个以超高层及高层建筑为主的CBD。
Finance CBD
Large quantity of high-rise towers accommodating hotels, offices, trade business, finance, bank and other Facilities will concentrate on both Banks of the Yiwu River.
商住CBD
将专业街与居住功能相结合，丰富城市功能与形态。
Residential-commercial CBD
Residential building above the commercial street will combine these two functions and diversify the CBD function and city form.
International Consultancy for CBD Conceptual planning Yiwu, Zhejiang Province China
07

图 1-22　多功能复合型的 CBD

中间的曲线型轴线将国际文化中心与北岸国际金融中心密切地联系在一起。

滨水文化建筑的景观大道采用复合型礼仪大道断面形式，以其多功能的复合来强调这条路的景观功能。

（3）义乌江的空间形态

将义乌江面扩宽，并使其岸线呈流线型。扩宽后的义乌江各处均大于150米的防洪断面。

滨河景观以绿地为主，辅以硬地广场。绿地与硬地广场均以流线型的形态出现，在地面层次上呼应"流动"这一设计主题。

高差：滨河地带用台地的方式构成，取代防洪堤的做法。在严格控制防洪标高

六、城市设计要素
Urban Design Elements

1、城市空间形态　Public space

(1) 流动的空间　Flowing space

● 线型——以流畅的曲线线型界定平面形态。
Line type　Plan shapes are defined by flowing curved lines.

线型
Line type

● 界面——以曲线平面形态构成的曲面建筑界面形成了流动的城市公共空间。
Enclosures　Curve-lined enclosures of the buildings define the flowing public spaces.

建筑的曲线界面

界面
Enclosures

(2) 空间网络　Space networks

● 由于概念总体规划所述，CBD位于两条城市发展带的交汇处，两个发展方向的流动空间交织在一起，共同构成CBD区的空间网络。
The CBD lies on the intersection of the Two Axis. The flowing space of these two directions interweave together, forming the space network of the CBD.

双向流动空间
Double-direction flowing spaces

● 在由双向流动空间界定的空间网络里留出公共先街面空间地，形成建筑群落中的走廊，创造CBD共享的城市公共空间。
In the flowing space networks, corridors are preserved to create narrow-shaped public spaces.

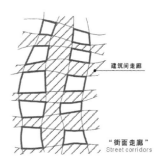

建筑间走廊

"街面走廊"
Street corridors

图 1-23　城市设计要素

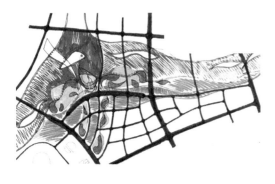

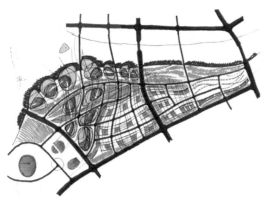

图 1-24　国际文化体育中心区形态

图 1-25　高度分析图

200m≤h
150-200m
100-150m
40-100m
10-40m
H≤10m
现状建筑

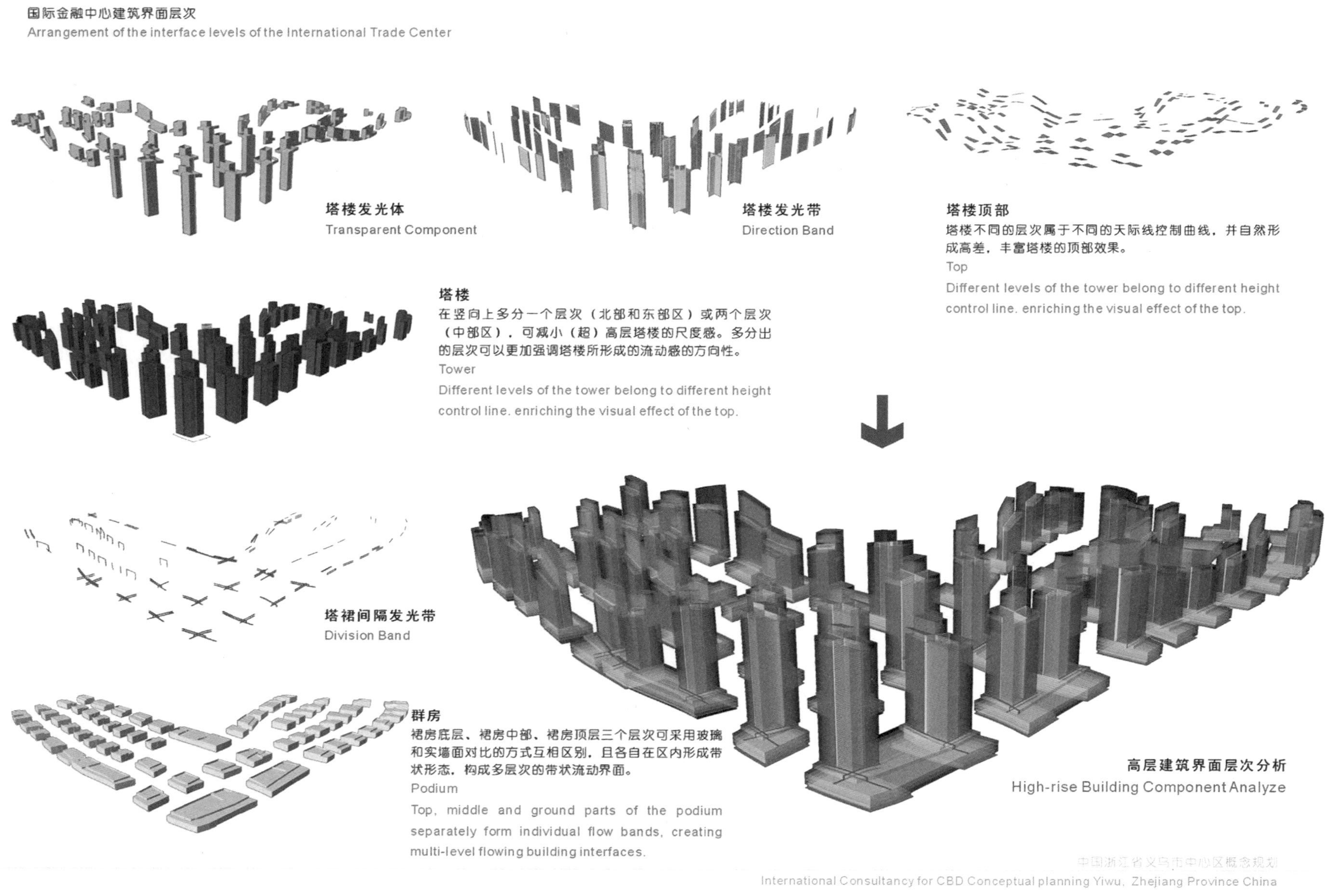

国际金融中心建筑界面层次
Arrangement of the interface levels of the International Trade Center

塔楼发光带
Direction Band

塔楼顶部
塔楼不同的层次属于不同的天际线控制曲线，并自然形成高差，丰富塔楼的顶部效果。
Top
Different levels of the tower belong to different height control line. enriching the visual effect of the top.

塔楼发光体
Transparent Component

塔楼
在竖向上多分一个层次（北部和东部区）或两个层次（中部区），可减小（超）高层塔楼的尺度感。多分出的层次可以更加强调塔楼所形成的流动感的方向性。
Tower
Different levels of the tower belong to different height control line. enriching the visual effect of the top.

塔裙间隔发光带
Division Band

群房
裙房底层、裙房中部、裙房顶部三个层次可采用玻璃和实墙面对比的方式互相区别，且各自在区内形成带状形态，构成多层次的带状流动界面。
Podium
Top. middle and ground parts of the podium separately form individual flow bands, creating multi-level flowing building interfaces.

高层建筑界面层次分析
High-rise Building Component Analyze

中国浙江省义乌市中心区概念规划
International Consultancy for CBD Conceptual planning Yiwu. Zhejiang Province China

图 1-26 国际金融中心建筑界面层次

的前提下，由于曲线型的台地坡岸，在水位少许变化的情况下，岸线也随着水位的变化而呈动态的变化。

义乌江北岸的国际商贸中心将集中大量主要的酒店、办公、贸易、金融、银行等设施及其配套服务，将是一个以超高层及高层建筑为主的CBD。

5. 澳大利亚 Urbis Keys Young 方案

5.1 目标定位

（1）创造良好环境以保

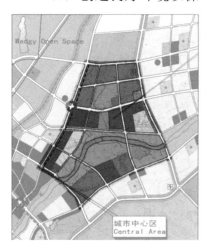

图 1-27　原总体规划图

表：规划经济技术指标

用地性质	面积（ha）	比例
商务办公	88.06	13%
文化娱乐用地	24.70	4%
旅馆商业用地	50.51	7%
市场用地	56.59	8%
会议展览用地	22.96	3%
居住用地	61.51	9%
商住用地	24.61	4%
体育用地	58.09	9%
对外交通用地	3.57	1%
广场及停车用地	12.56	2%
仓储用地	39.21	6%
公共用地	107.88	16%
河流水系	129.21	19%
道路用地	220.53	25%
合计	900	100%

图 1-28　开发强度图

图 1-29　用地功能分析图

证义乌市商品市场经济可持续增长，同时进一步完善城市结构和公共服务设施。

（2）确保全球化经济对市场的影响保持在可控制的范围之内。通过强有力的规划保护当地的环境和经济使其免遭经济全球化的负面冲击。

（3）创造一个富有活力、景色宜人的滨河休闲区和人群集聚区，使其成为城市的象征性中心。

（4）确保环境、社会、经济等问题得到足够的重视。

5.2 规划构思

（1）秩序

一个城市应能抽象整理出一个完整的、理性的结构，使其便于理解并在未来城市发展中可不断增加新内容，进一步强化城市的可识别性和可达性。通过梳理现有的城市网络结构，形成一系列的网络元素，进而创造一个

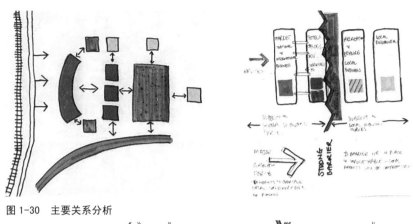

图 1-30 主要关系分析

图 1-31 城市中心的变迁

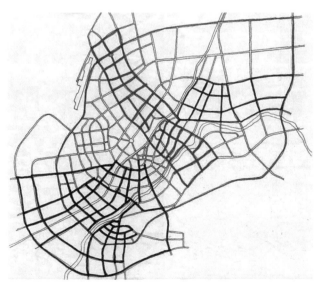

图 1-32 城市现状道路网络

图 1-33 城市发展轴线

清晰的秩序系统，为城市总体规划、城市未来发展以及决策提供技术逻辑和原理。

（2）轴线

组织一系列的序列轴线，并通过现有的和规划的城市元素交织在一起；同时创造一系列进入和离开城市的门户区。

（3）"天平"结构

根据义乌实际，项目组确立了新的城市结构："天平"。其中，"天平"的左边是市场和老城区，代表过去的历史；"天平"的右边是城市新城区和郊区。代表城市现代化的未来；"天平"的中心部分是国际贸易轴

线，代表城市优势力量。"天平"的基础是滨河文化区和绿地空间，代表知识、休闲和环境。

（4）三岛

三岛代表着过去、现在和未来。

老城就像老的商品市场一样作为旅游景点保留下来。自然森林和湿地是当前状态，试图寻求人与自然环境的平衡。滨河娱乐设施拥抱的未来，作为一个集休闲、工作、贸易与一体的协调发展区域。

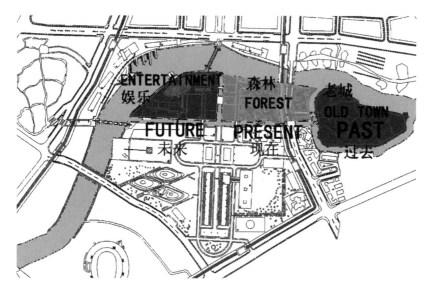

图1-34 三岛

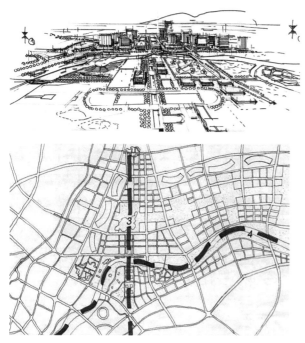

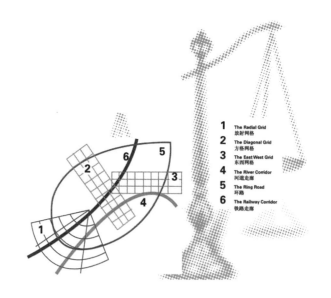

图1-35 城市意向

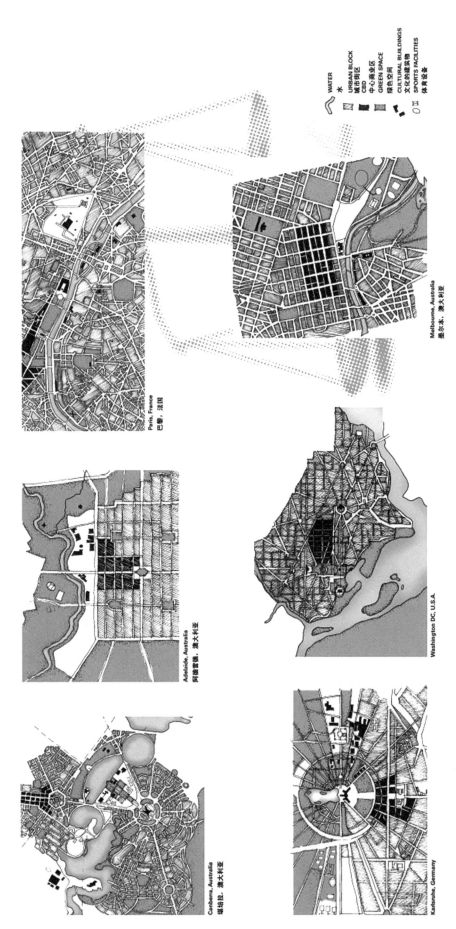

WATER 水
URBAN BLOCK 城市街区
CBD 中心商业区
GREEN SPACE 绿色空间
CULTURAL BUILDINGS 文化的建筑物
SPORTS FACILITIES 体育设备

Paris, France
巴黎, 法国

Melbourne, Australia
墨尔本, 澳大利亚

Adelaide, Australia
阿德雷德, 澳大利亚

Washington DC, U.S.A.
华盛顿, 美国

Canberra, Australia
堪培拉, 澳大利亚

Karlsruhe, Germany

图 1-36 文化和城市规划

5.3　总体规划

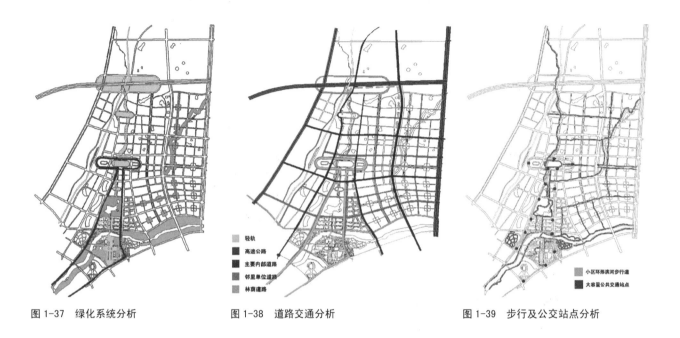

图 1-37　绿化系统分析　　　　　　图 1-38　道路交通分析　　　　　　图 1-39　步行及公交站点分析

轻轨
高速公路
主要内部道路
邻里单位道路
林荫道路

小区环海滨河步行道
大容量公共交通站点

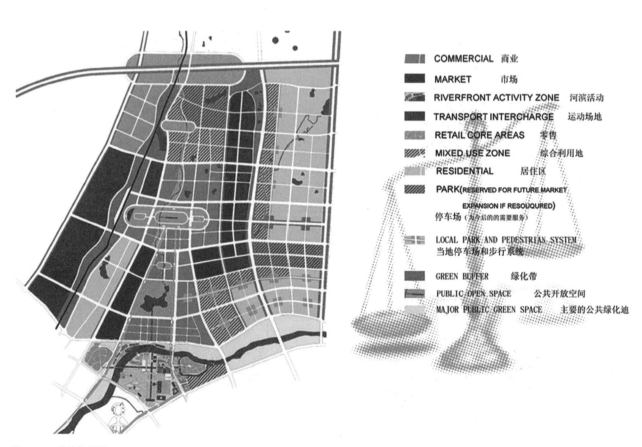

COMMERCIAL　商业

MARKET　市场

RIVERFRONT ACTIVITY ZONE　河滨活动

TRANSPORT INTERCHARGE　运动场地

RETAIL CORE AREAS　零售

MIXED USE ZONE　综合利用地

RESIDENTIAL　居住区

PARK(RESERVED FOR FUTURE MARKET
　　EXPANSION IF RESOUQURED)
停车场（为今后的的需要服务）

LOCAL PARK AND PEDESTRIAN SYSTEM
当地停车场和步行系统

GREEN BUFFER　绿化带

PUBLIC OPEN SPACE　公共开放空间

MAJOR PUBLIC GREEN SPACE　主要的公共绿化迪

图 1-40　总体规划图

图1-41 鸟瞰图

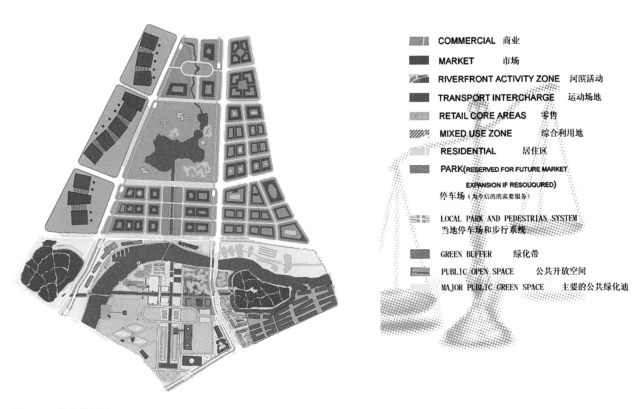

图 1-42　总体规划图

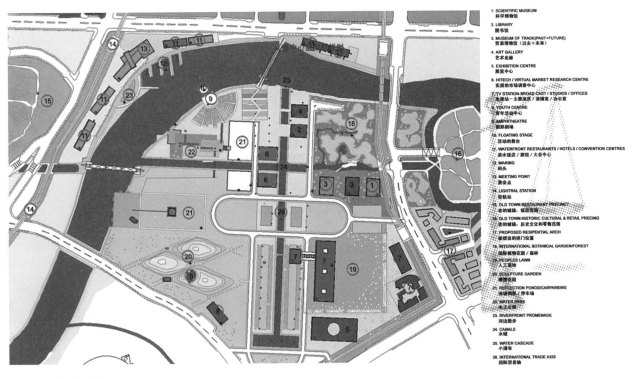

图 1-43　详细的区域

第2章　2003中心区城市设计

时间：2003年
总面积：2.58平方公里
设计单位：深规院

1. 项目背景

1.1　区位分析

中心区位于城区东北部，距旧城中心区4.5公里，通过稠州路、江滨路与城区联系。义乌中心区由商城大道、江滨路、宗泽路、江东北路和商博路围合而成，总面积2.58平方公里。基地西南面为体育中心和会展中心一期，西面为福田商贸城，北面为规划的中央公园，东面为廿三里镇。

1.2　基地分析

基地依山傍水，义乌江自东向西从基地中部穿过，可北眺齐庐山，南望青岩山，整体环境优雅。基地地形大部分平整，江北有少量低山丘陵，整体地势北高南低，属沿江冲积平原。周边主要路网框架已经成形。北城路、江滨路、商城大道、宗泽路、江东路已建成，商博路正在建设。北城路作为主城区和廿三里镇联系的交通干道，有碍于与滨水岸线的联系。义乌江具有较好的景观休闲价值，但是现状岸线较为单调，必须进行改造，以形成景观层次丰富的具有特色的滨水空间。

1.3　任务要求

对2002年的概念规划成果进行扬弃，配合中心区即将实施的重大项目，提供务实的规划设计，形成一套具有创意和可操作性的城市设计成果。

2. 规划方案

2.1　功能定位

（1）具有活力的商务文化中心——适应义乌市经济和新兴产业的发展趋势和建设国际商贸城市的要求，义乌中心区应该建设成为具有国际水准的、具有现代化功能和设施的城市新中心区。

（2）具有魅力的城市形象中心——凭借其优越的地理区位和自然禀赋，通过高档次、高水平的规划设计和开发建设，塑造具有特色的滨水城市中心区形象，成为未来义乌城市形象的象征。

（3）富有吸引力的城市生活焦点——尊重义乌的城市发展脉络和市民生活的风俗习惯，完善城市功能构成，为市民提供丰富多彩的高素质的城市生活。

义乌市中心区应该包含的功能为：

一市场会展
一高档酒店
一金融保险
一商务办公
一商业零售
一文化咨询和休闲娱乐

2.2　方案研究

义乌市中心区城市设计的规划编制过程分为三个阶段：

第一阶段：在概念规划国际咨询的基础上，提出中心区城市设计的基本理念和结构框架。为拓宽思路进行了多方案的比较，提供了两个比较成熟的方案进行汇报，并最终确定了方案一为深化方案。

第二阶段：在方案一整体结构的基础上进行深化，在空间组织形态上进行了两个方案的比较，2003年7月7日在义乌市进行了方案的初次评审，评审结果以方案一为基础进行深化完善。

第三阶段：在评审会议纪要的基础上修改深化，进行方案成果编制。

2.3　规划布局

2.3.1　规划结构

空间结构将形成"碧水

第
一
阶
段
方
案

方案一   方案二

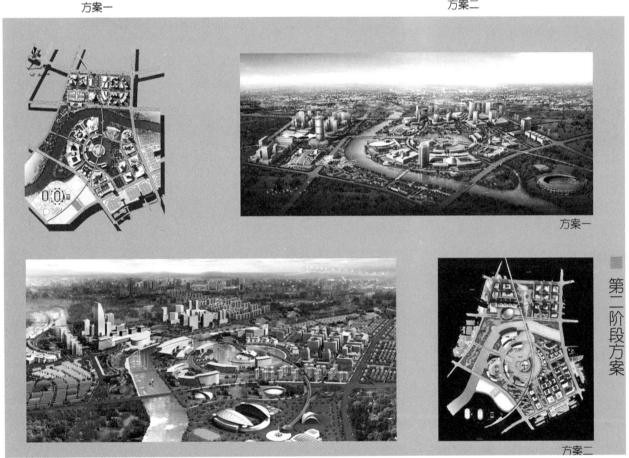

方案一

方案二

第
二
阶
段
方
案

图 2-1   第一、二阶段方案展示

生辉，绿脉纵横"的格局，设计主要手法之一是在中心部分造一圆形人工湖，从义乌江引水入内，为文化设施的空间布置提供了全方位面水的可行性，大大提高了亲水景观的视野和基地的区位独特性；规划的南北绿化轴和滨江绿带则成为整个基地景观构图框架。以水空间为中心和聚焦点，以滨水绿化空间、街道空间为纽带串联各节点的绿化广场、商业广场、文化娱乐广场，使整个中心区的公共空间成系统，相互连接。

2.3.2   功能分区

适应建设多功能和综合性中心区的要求，规划分成6个功能区。功能布局上，公共活动性强的功能区靠近义乌江，文化、娱乐区位于义乌江两侧。

①商务金融区：位于北

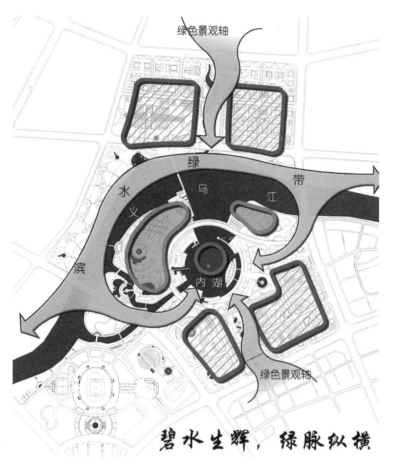

碧水生辉，绿脉纵横

图 2-2　规划结构

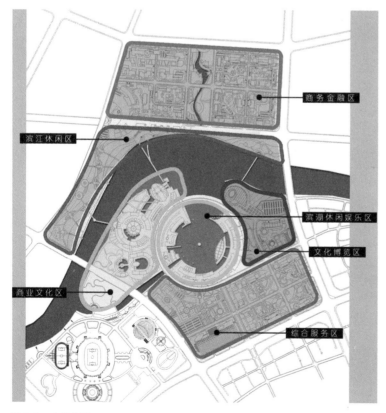

图 2-3　功能分区

城路以北，靠近福田商贸城，用地规模约 53 公顷。商贸办公区以商务、会展、金融、办公、高档公寓为主要功能。

②滨江休闲区：位于义乌江北岸，延续滨江绿化休闲体系，用地规模约 23 公顷。主要功能包括餐饮、娱乐和连续的滨江休闲步行道。

③商业文化区："活力"之岛，位于义乌江的中央，四面临水，是中心区公共活动和视觉景观的中心，规划布置音乐厅、精品展览馆、商业步行街、公共活动场所和高档酒店。

④滨湖休闲娱乐区：围绕湖面形成商业娱乐区，以商业、酒吧、表演场所等的滨水建筑组成，营造尺度宜人、丰富热闹的商业氛围。

⑤文化博览区：位于义乌江南岸商博路西侧，布置博物馆、科技馆、群众文化中心等文化教育和博览设施，作为近期建设的启动区，是义乌市的文化活动中心。

⑥综合服务区：位于中心区的东南面，作为北岸商务金融区功能的重要补充，以商业、服务、办公为主。空间布局力求整体化和紧凑性，形成较为密集的高层商业服务区。

2.3.3　总平面图

2.3.4　图底关系

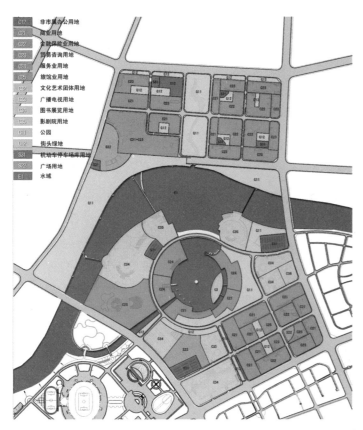

图 2-4　土地利用规划图

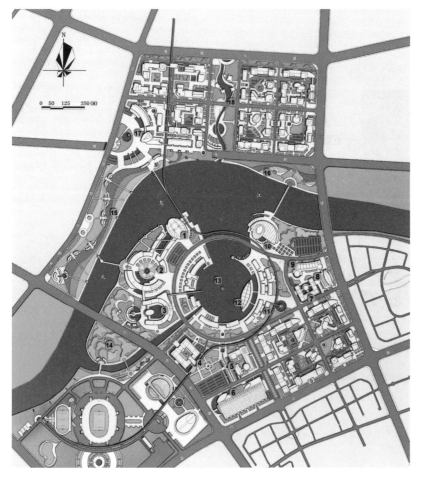

1	义乌市立音乐厅
2	义乌精品展示中心
3	五星级酒店
4	图书馆、档案馆
5	广电中心
6	会展中心
7	义乌博物馆
8	群众文化艺术中心
9	科技馆
10	义乌大剧院
11	休闲酒吧街
12	临水舞台
13	百米喷泉
14	生态绿岛
15	滨水休闲绿带
16	滨水湿地公园
17	世贸中心广场
18	北区休闲公园

图 2-5　规划总平面

2.3.5　开发强度分区

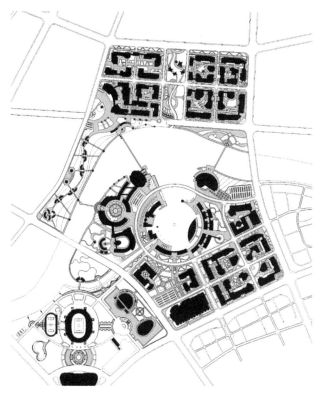

图 2-6　建筑及场地图底关系

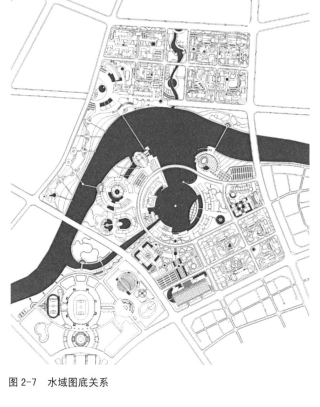

图 2-7　水域图底关系

图 2-8　绿化图底关系

图 2-9　建筑与水域图底关系

土地开发强度呈现"内低外高"的趋势，沿义乌江及湖面两侧开发强度较低，向南北两侧逐渐增加。基本形成四个层次的密度分区：

①容积率<0.5：滨江休闲区、滨湖休闲娱乐区及商业文化岛的南端开发强度最低，围绕江面与湖面保持一定的开敞度，形成低密度的绿色休闲空间。

②容积率0.5—1：商业文化岛的大部分及滨江南岸的部分用地保持适宜的开发强度，建筑以3—4层为主，形成尺度宜人、空间连续的商业界面。

③容积率1—3：包括图书馆、档案馆、科技馆、博物馆、群众艺术中心、世贸大厦和会展中心等近期建设项目，具备一定的建设量，保持较高的容积率。

④容积率>3：商务金融区、综合服务区作为中心区高层密集区，对核心地区形成围合空间，在中心区内的容积率最高。

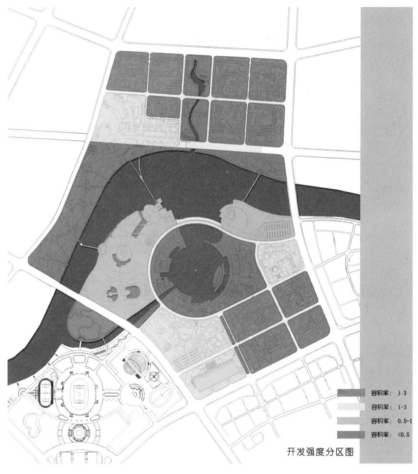

开发强度分区图

容积率：＞3
容积率：1-3
容积率：0.5-1
容积率：<0.5

图 2-10　开发强度分区图

图 2-11　鸟瞰图

2.3.6　道路交通组织

（1）轻轨

以轻轨快速客运系统连接主要的大型设施：体育中心、二期会展中心、音乐厅和世贸广场，对大量聚集的人流进行快速疏散。

（2）车行交通

过境交通为商城大道、03省道和北城路，尽量减少北城路穿越中心车流对义乌中心区的干扰和对滨水岸线的隔离。

北面商贸金融区路网结构比较方正，划分了严整的地块。义乌江南面以一条弧线道路贯穿商业文化岛、文化博览区和综合服务区。重要交通疏散广场和重要地块设置大型停车场。

（3）步行系统

步行空间是中心区最具人性和活力的区域。义乌江沿岸和商业文化岛规划为完全的步行空间，组织一系列丰富的活动和设施，以创造一个为义乌全体市民所共享的公共活动空间。商贸金融区和综合服务区可以通过南北两个公园步行到达江滨。

2.3.7　行人及水上交通

（1）滨水步行带：以水为核心，围绕滨江两岸和湖面建立一个连续、完整的滨水步行系统，为市民提供亲水空间。

（2）商业步行街：在各个特色街区形成步行网络，

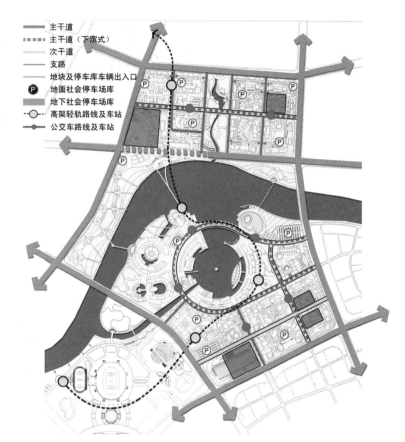

图 2-12　交通综合规划图

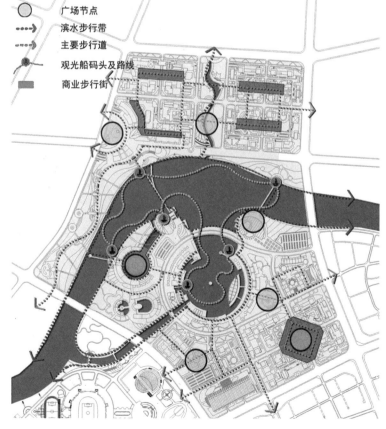

图 2-13　行人及水上交通组织图

以商业街道、人行道、二层步行道、人行天桥等交通方式将主要公共空间相串联，形成便捷安全的步行网络。

（3）重要广场：在人流密集地段及重要的城市节点，包括世贸中心、商业文化岛、会展中心等重要建筑附近形成广场空间，汇集人气，展示中心区的魅力。

（4）水上交通：水上交通主要满足娱乐的目的，观光客船在义乌江及人工湖面穿行，可以到达每个重要活动节点，观赏沿岸景色，每隔一段距离设置小码头可自由上落。

2.3.8 绿化及景观组织

（1）保证沿江和南北方向空间的开敞性，北面公园可以直通中央公园，南面文化公园可以眺望青岩山。南北公园周边区域也应该保持空间开敞性，保证视线景观不受阻碍。

（2）滨江北岸的世贸中心将是未来义乌经济蓬勃发展的象征，在义乌江桥上或文化岛上可以看到宽阔的水面、江上的倒影、滨江的绿化带、标志性的世贸中心和高层建筑群共同谱写着动人的乐章。

（3）商业文化岛既是观赏四周景观的场所，也是视觉景观的焦点，在北岸公园朝南远望，可以看到商业文化岛犹如义乌江上的绿洲。

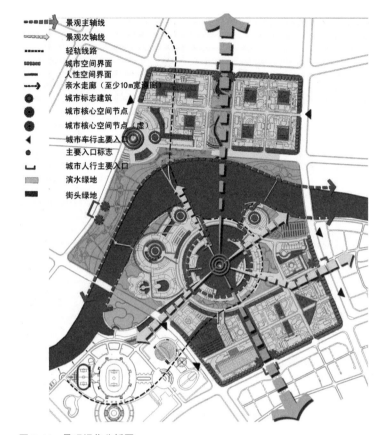

图 2-14 景观绿化分析图

图 2-15 分期建设规划图

2.3.9 分期建设

按照统一规划，分期实施的原则，规划区开发建设分为三期：

第一期（2004—2005年）：依托现有的道路基础设施等建设条件，作为整个规划区的启动区，包括图书馆、档案馆、广电中心、科技馆和世贸大厦等建设项目，初步形成中心区的建设雏形。

第二期（2006—2010年）：包括会展中心、商业文化岛、滨江休闲区、滨湖休闲娱乐区四个区，打造滨水商业休闲带，完善配套设施建设，提升环境品质，基本形成中心区格局。

第三期（2011—2015年）：随着第一、二期的建设，中心区的土地价值将得到迅速提升，三期的开发以商贸金融和服务办公为主，完善中心区的功能。

2.4 空间形态

2.4.1 整体空间形态

中心区的整体高度形态呈波浪形，中间低南北两侧高，在空间上形成怀抱状。

滨水区和商业文化岛的建筑高度最低，加上宽阔的水面，形成低平的开敞空间，北面、东面和南面为高层办公区，竖向的办公建筑群和滨江部分的文化建筑在空间上形成对比，大大强化了整体空间的围合感。

地标建筑：世贸中心位于两个开敞空间带的结合部，建筑高度220米，是义乌市最高的建筑，将成为义乌城市形象的代表。

2.4.2 天际轮廓线控制

2.4.3 城市空间肌理分析

本次规划从中心区的金

图 2-16 城市立面 1

图 2-17 城市立面 2

图 2-18 城市立面 3

融、办公、服务、文化、娱乐、休闲等功能出发，以不同的城市空间肌理组织来满足这些功能，并充分发挥中心区的活力和魅力。

（1）网格状规整商务空间肌理

从中心区商务及服务功能出发，义乌江北岸和中心区南部以方格网形式来组织空间和城市建筑。方格网的城市肌理既能满足商务和服务用地小地块、灵活分割的

特点，又增加了地块的可延伸性，为向各个方向发展提供可能性。

（2）带状开放式滨水空间肌理

中心区滨水绿廊沿义乌江两侧呈带形东西展开，其间以广场、小品等低矮建筑点缀，视线开阔，南北各有一开口，使江景能够渗入整个中心区。

（3）圈层式休闲商业空间肌理

中心区内以内湖为中心向外递进的开放式圈层空间，包括向内湖的滨湖休闲娱乐圈层和向外滨江的文化商业圈层，满足人们休闲、娱乐、观光、购物、餐饮等多方面的需求，聚集了人气。

不同空间肌理的相互渗透，有效地组织了中心区的各项功能，使中心区成为一个有活力的有机整体，并推动其不断自我更新和向前发展。

2.4.4 城市设计控制准则

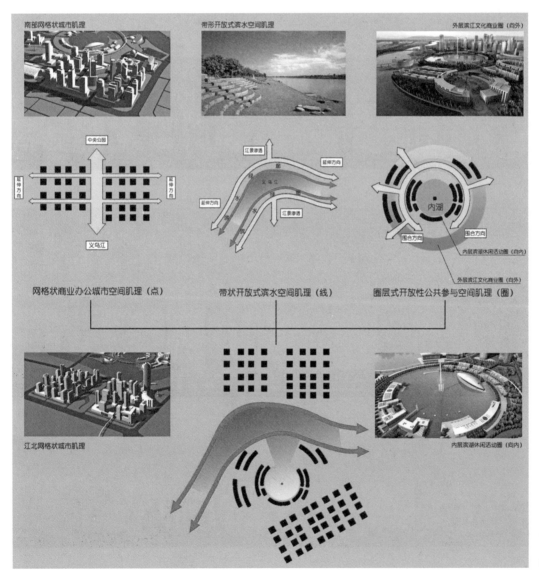

图 2-19
城市空间肌理分析

2.4.5 重点建筑控制要求

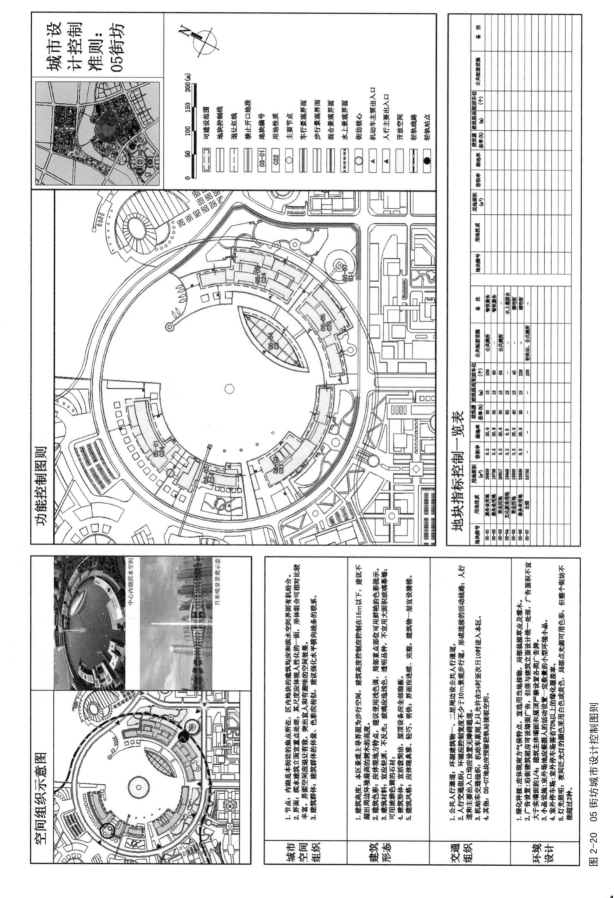

图2-20 05街坊城市设计控制图则

2.4.6 世贸广场地块控制要求

作为义乌全球大市场组织枢纽的世贸中心，它不仅是中心区的标志，还是义乌城市建设一次飞跃的里程碑。

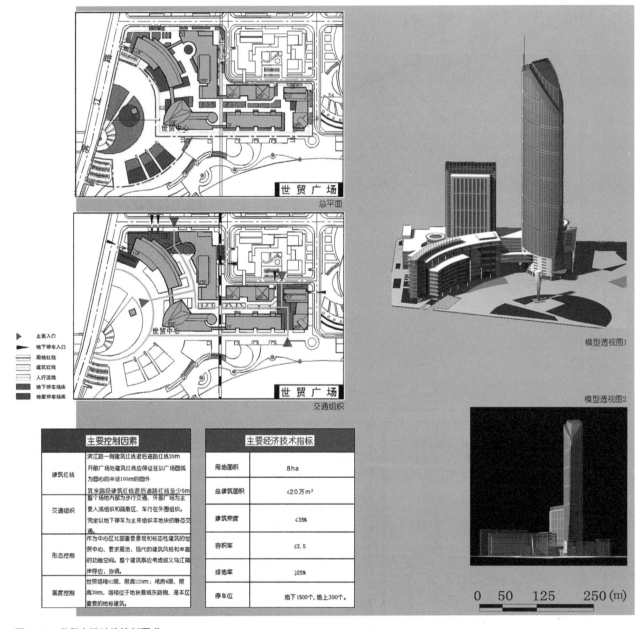

图 2-21 世贸广场地块控制要求

第3章 2006中心区城市设计优化

时间：2006年
范围：4.2平方公里
设计单位：深规院

基地现状：现状建成度较低，除部分村民住宅用地外，其余为大面积的农田。基地外围主要的路网框架已经成形。北城路、江滨路、商城大道、宗泽路、江东路已经建成，商博路施工图已经完成。

1. 任务要求

1.1 委托背景

义乌中心区城市设计由深圳市城市规划设计研究院和香港都市规划顾问有限公司联合编制，于2004年初获得批准实施。随着整体发展环境的变化，需要对义乌中心区城市设计进行动态检讨。

这些变化主要体现在：

——随着城市的发展，新中心区的建设已经进入实质操作阶段。一些项目的选址和规模已经基本明确，需要通过规划将这些安排进行落实。

——上次城市设计批准实施已经过去将近3年，在实际应用当中发现了一些问题，例如设计成果偏重于空间形态的研究，和城市规划日常管理应用之间存在一定的差距，需要建立更为有效的控制体系进行落实。

——随着周边地区建设的实施，中心区周边的环境（主要指道路接口方面的要求）已经发生了一定的变化，需要在规划设计中及时体现上述的变化，并落实相应的衔接要求。

为此，建设局于2006年9月委托深规院对义乌中心区城市设计进行深化工作。目的在于制定能够反映上述变化，并符合城市规划日常管理需求的发展蓝图以指导地区的实施建设。

1.2 委托内容

（1）要求1：结合案例研究，检讨中心区的功能构成；

（2）要求2：在保证基本空间形态不变的前提下，

图3-1 基地卫星影像

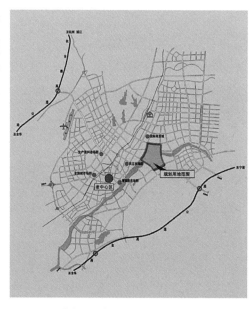

图3-2 区域位置示意图

从多视点推敲建筑群的相互关系，优化原有空间序列，深化建筑高度、体量、形态控制要求；

（3）要求3：深化落实公共设施、市政以及地下空间等方面的利用；

（4）要求4：落实地块

开发建设指南，为规划管理提供充分的依据。

1.3 委托成果要求

（1）规划说明书

图3-3 基地全景

图3-4 基地现状照片

（2）规划控制系列图则

（3）分图控制图

2. 优化方案

2.1 原方案解读

由于本次工作是对原城市设计进行深化、调整和完善，因此本次工作应建立在对原有设计思路的深刻理解的基础上。

（1）主要特点：

①功能区划合理

②构思有新意

③整体形态的塑造突出

④路网结构较为简洁

（2）存在不足：

①建筑经济性不足。原方案中多数高度在100—150

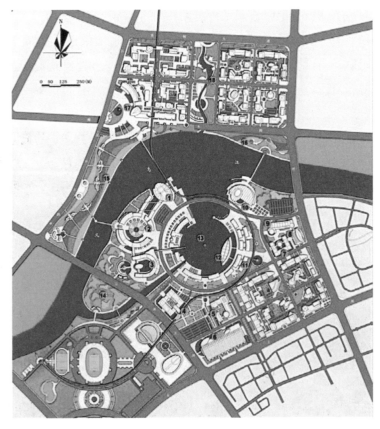

图3-5 原方案总平面图

米的高层建筑标准层面积不足 1200 平方米，从常规经济合理性上来讲，建筑平面尺度偏小。

②建筑界面处理存在不足。建筑临街界面不连续，尤其是支路层面，不利于商业气氛的形成。

③道路处理不够精细。道路网与周边地区的衔接不够。如与国际商贸城一期部分的路网未能形成有效衔接，造成丁字路口过多。商博路跨江引桥对道路交通的影响未作充分研究。此外，北部金融商贸区的道路技术指标偏低，容易形成交通瓶颈。

④规划操作层面的研究存在不足。规划对于形态方面的研究较为深入。但对于其他体系的研究存在缺失，如地下空间利用、市政工程、道路竖向等。

（3）解读结论：

总体而言，原有城市设计方案已经为中心区奠定了良好的基础，本次工作的主要任务在于：

——结合案例研究，检讨中心区的功能构成；

——在保证基本空间形态不变的前提下，从多视点推敲建筑群体关系，深入研究建筑高度、体量、形态，优化空间序列；

——从道路衔接入手，优化中心区的道路交通网络，

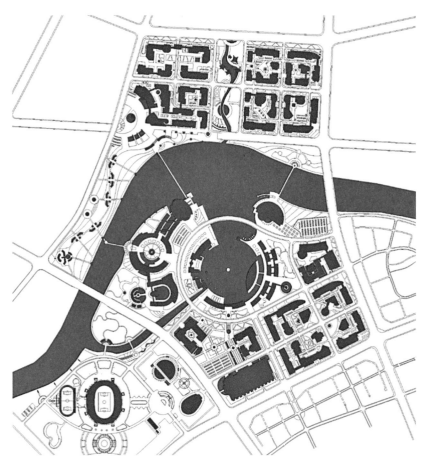

图 3-6 图底关系

使之与未来中心区的开发规模相适应；

——深化地下空间利用的研究；

——补充完善相关市政工程专项规划内容。

2.2 规划构思

2.2.1 目标定位

规划紧扣国际性商贸城市的总体目标，提出中心区的功能定位为：商务文化的中心，城市形象的象征，城市生活的焦点。

中心区应当包含的功能为：市场会展、高档酒店、金融保险、商业零售、文化咨询和休闲娱乐。

2.2.2 设计理念

"活力"是义乌商贸业发展的特征，也是中心区极力塑造的氛围。规划通过商业休闲岛及环湖商业街，布置一系列步行的商业活动空间，提供大量购物休闲的场所，聚集人气，体现商贸名城的无限活力。打造一个充满"魅力"的中心区是本次规划追求的目标，规划充分利用基地的自然禀赋，围绕水作文章，通过沿江、环湖等滨水空间的设计，塑造具有鲜明特色的滨水城市形象。成为未来义乌城市形象的代表。

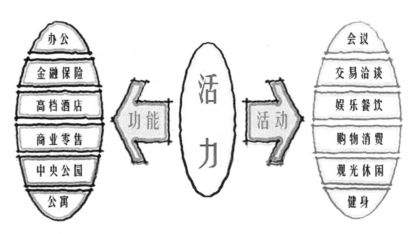

图 3-7　设计理念

图 3-8　鸟瞰图

2.2.3　深化思路

（1）规模控制深化思路

随着土地资源的日益紧缺，提升土地开发的效益是未来发展的必然选择，原有规划方案对于中心区的整体规模未做充分的论证，有必要进行适当的检讨。

综合以上案例的比较，通常中心区的整体开发强度在 2.0 左右。考虑到义乌中心区内部有相当面积属于不可开发的自然水域（扣除水域和河道绿化后实际可开发用地约为 1.8 平方公里），建议未来中心区适宜的控制规模应控制在 360 万平方米左右。

根据中心商务区一般的功能分配经验，典型的商务功能（如办公）占 50%，非典型商务功能（如商业）占 30%，辅助性功能（如居住）占 20%。具体到义乌中心区

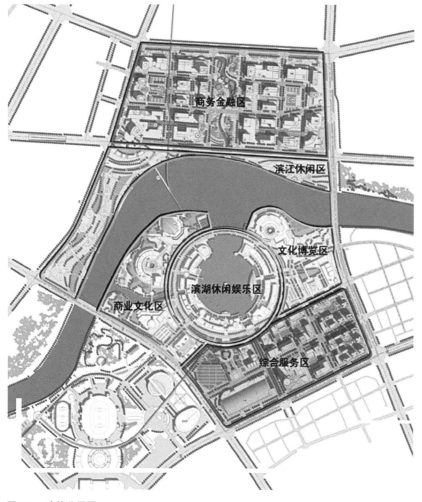

图 3-9 功能分区图

而言，建议未来中心区规模分配为：办公占 40%，约为 150 万平方米；商业占 25%，约为 90 万平方米；居住占 15%，约为 60 万平方米，服务性设施占 10%，约为 36 万平方米；文化占 10%，约为 36 万平方米。

（2）功能优化思路

增加居住功能，促进中心区功能利用的混合性；增加地块兼容性，加强空间层面的功能混合使用。

（3）空间塑造优化思路

提供多样化的空间环境满足不同的需求；强化公共空间环境的界定与界面的塑造。

（4）道路交通调整思路

保持与外部道路系统的顺畅衔接；完善支路系统；提供多种交通工具的可选择性；实现与地上、地下空间的有效衔接。

2.3 规划设计方案

2.3.1 规划结构

（1）空间框架

规划在中心部分造一圆形人工湖，从义乌江引水入内，为文化设施的空间布置

提供了全方位面水的可行性，大大提高了亲水景观的视野和基地的区位独特性；以人工湖为中心，南北绿化轴和滨江绿带则成为整个基地构图框架。

（2）功能分区

在此基础上，规划划分了六个特色街区：商务金融区、滨江休闲区、商业文化区、环湖建设的滨湖休闲娱乐区、南部的文化博览区和综合服务区。它们在功能和空间上互相渗透，协调中心区功能避免过于单一的弊病，激活中心区在夜间的商业娱乐活动，使区内日夜人气充沛。

①商务金融区：以商务、会展、金融、办公、高档公寓为主要功能；

②滨江休闲区：位于义乌江北岸，延续滨江绿化休闲体系，布置适量的商业娱乐设施。

③商业文化区："活力"之岛，是中心区公共活动和视觉景观的中心，布置大剧院、商业步行街、公共活动场所和高档酒店。

④滨湖休闲娱乐区：围绕湖面形成商业娱乐区，营造尺度宜人、丰富热闹的商业氛围。

⑤文化博览区：布置图书馆、档案馆、广电中心等文化教育和博览设施。

⑥综合服务区：作为北

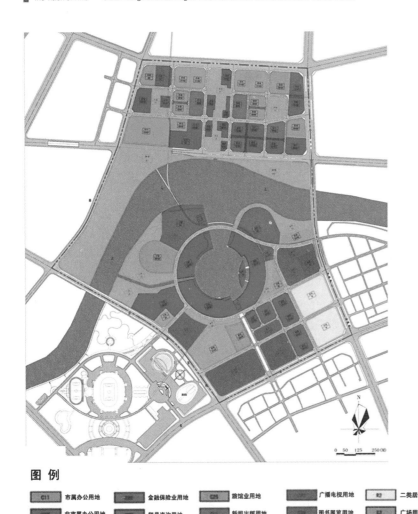

图例

C11 市属办公用地	金融保险用地	C25 旅馆业用地	广播电视用地	R2 二类居住用地	
非市属办公用地	贸易咨询用地	C41 新闻出版用地	图书展览用地	广场用地	
C2 商业用地	服务业用地	文化艺术团体用地	影剧院用地	S3 社会停车场库用地	
G1 公共绿地	市政公用设施用地				

图 3-10 用地规划图

岸商务金融区功能的重要补充。

2.3.2 规划布局

（1）用地布局

①行政办公用地

规划行政办公用地13.17公顷，占总用地的5.06%。主要安排在商务金融区。安排市属大型机构、重点企业和外地驻义乌机构的办公用地。

②商业金融用地

规划商业金融用地58.7公顷，占总用地的22.5%。

南北分开布置，北岸主要考虑为国际商贸城配套服务，重点向东发展，南岸侧重为城市配套服务。

③文化娱乐用地

规划文化娱乐用地29.9公顷，占总用地的11.5%。集中布置在义乌江南岸。

④居住用地

规划居住用地8.17公顷，占总用地的3.1%。主要布置在南岸，作为中心区的配套。此外考虑在北岸结合

商务金融区布置部分酒店公寓，可以作为小型办公、单身白领居住等用途，预计规划区可以容纳2.0万人。

⑤绿地

规划绿地48.81公顷，占总用地的18.7%。

⑥道路广场用地

规划道路广场用地38.66公顷，占总用地的14.8%。其中道路用地31.91公顷，广场和社会停车场用地6.75公顷。

2.3.3 重大项目安排

①世贸中心：选址位于江滨路和北城路交叉口的东北角，处于河道处，规划用地5.2公顷，约合78亩。

②市立音乐厅：选址位于滨江半岛上，与世贸中心隔江相望，三面临水，是整个中心区的视觉焦点。规划用地面积4.1公顷，约合61亩。

③大剧院：选址位于音乐厅东侧，规划用地面积4.3公顷，约合65亩。

④新会展中心：选址位于宗泽路与江东路交叉口。规划包括展览馆、中心广场和五星级酒店等项目，规划用地面积为13.3公顷，约合200亩，规划建筑面积约18万平方米。

⑤广电中心：选址位于会展中心东侧，规划用地面积3.3公顷，约合50亩，规划建筑面积近10万平方米。

①	世贸中心	⑦	板式高层办公楼	⑫	轨道站	⑰	广电中心	㉒	义乌市立音乐厅	㉗	步行索桥
②	购物娱乐中心	⑧	中高层办公楼	⑬	中心公园	⑱	展览中心	㉓	电影城	㉘	点式住宅
③	世贸广场	⑨	酒店宾馆	⑭	科技馆	⑲	档案馆	㉔	水上商业街	㉙	板式住宅
④	步行商业街	⑩	中心广场	⑮	博物馆	⑳	义乌文化娱乐广场	㉕	水上餐厅	㉚	酒店公寓
⑤	商业裙房	⑪	下穿道路	⑯	群艺馆	㉑	五星酒店	㉖	义乌大剧院	㉛	文化休闲步行街
⑥	点式高层办公楼										

图 3-11　规划总平面图

⑥义乌精品展示中心：选址调整至南部靠近宗泽路位置，规划用地面积 4.3 公顷，约合 65 亩。

⑦义乌影城：规划选址位于滨湖休闲娱乐区，结合滨湖商业休闲设施建设，规划用地面积 3.7 公顷，约合 55 亩。

⑧110kV 商务变电站：选址位于金融商贸区西区，结合未来轻轨站点建设，两项目合计预留用地 0.7 公顷，约合 10 亩。

2.3.4　空间塑造

（1）开发强度与空间形态

开发强度呈现"内低外高"的趋势，沿义乌江及湖面两侧开发强度较低，向南北两侧逐渐增加。中心区的

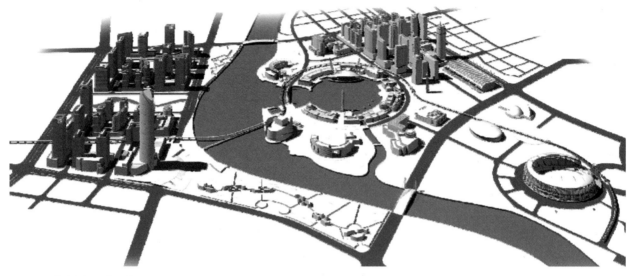

图 3-12　整体空间形态示意

整体高度形态呈波浪形，在空间上形成环抱状。整体上形成五个层次的密度分区：

——容积率≤0.5：保持相当的开敞度，形成绿色休闲空间。

——容积率0.5—1.5：滨江的开发，建筑以3—4层为主，保证宜人的滨水界面。

——容积率1.5—2：保证视觉走廊和开敞空间，便于人们亲水。

——容积率2—4：保证一定的建设量，同时兼顾其他用地的滨江景观不受阻挡。

——容积率≥4：将形成中心区的高层密集区。

滨水区和商业文化岛的建筑高度最低，加上宽阔的水面，形成低平的开敞空间，北面、东面和南面为高层办公区，竖向的办公建筑群和滨江舒展的文化建筑在空间上形成对比，大大强化了整

图 例

容积率<0.5		容积率2.0-4.0
容积率0.5-1.5		容积率>4
容积率1.5-2.0		

图 3-13　开发强度分区图

体空间的围合感。

地标建筑——世贸中心位于两个开敞空间带的结合

部，建筑高度220米，是义乌市最高的建筑，将成为义乌市形象的代表。

（2）空间肌理

规划将现状城市中已经存在的南北向网格延伸到中心区。网格的价值在于它的简洁：它很容易被扩展和分割，鼓励可预知的、协调的生长，但又在方向和使用方面提供了无限的灵活性。

规划以南北景观轴为骨干，在中心区商务金融区和综合服务区发展网格型的城市肌理，地块里的高层建筑根据格网有序地排列布置，成为一个有序的城市空间矩阵。以南北轴线相交点作圆心发展同心圆建筑群结构，这放射状空间结构清晰地划出滨水空间的独特之处，打破了南北部网格矩阵硬直的空间形态。两组空间形式配搭使整个中心区的建筑有序又富变化的排列，空间感的对比更强烈，空间形态和城市建筑景观层次更丰富、更鲜明。

（3）高度控制与天际轮廓线

中心区高度分区共分为5级。

——24米以下，主要为滨湖休闲娱乐区。

——24—36米，主要为大型文化建筑和大型购物中心

——36—80米，主要包括高层建筑裙房和住宅。

——80—150米，包括

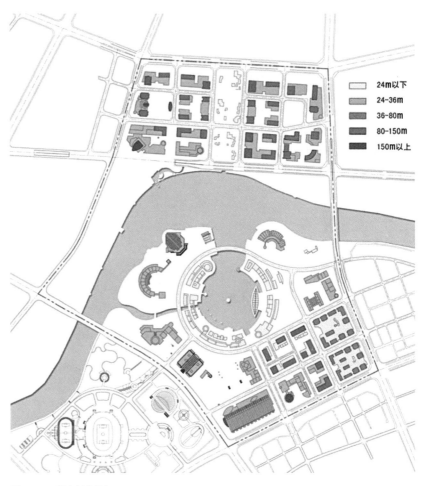

图 3-14　高度控制图

大多数办公、写字楼和宾馆。

——150米以上，主要是中心区内的标志性建筑，如世贸中心、广电中心等。

2.3.5　交通组织

（1）道路系统

参照以上层次规划，规划将中心区道路系统划分为四个等级——城市主干路、城市次干路、城市支路和地块辅助道路。其中城市主次干路以对外疏散功能为主，支路以内部联系为主，辅助道路作为消防紧急通道和街区微循环使用。

城市主干路：包括商城大道、北城路、江滨路、宗泽路、江东路和商博路，红线宽度42—60米不等。

城市次干路：规划红线宽度24米，双向4车道。

支路：规划红线宽度18—20米，均为双向两车道，车道宽度12米。

（2）轻轨系统

规划高架环保轻轨系统于跨江人行道上，有效贯通区内各大主要活动节点，包括未来的中央公园、朝北广场、大剧院、中心岛露天演艺场、科技馆、观景楼、湖滨公园和体育中心，提高通

图 3-15 商城路立面

图 3-16 江东路立面

图 3-17 江滨路立面

图 3-18 商博路立面

达性，在大型活动举行时疏解人流，又是一种理想的旅游观光交通工具。

这种环保型的交通系统，主张用一种叫Cable-liner的拉索钢缆式架空轨道车，在世界多个先进城市都有采用。其好处是体积轻巧，方便安装，可进入各主要城市公共建筑物，如大剧院、世贸中心等。而且设置极具弹性，只需在预计轨道路线经过的公共空间如广场、桥梁预留少量位置，将来在适当的时机安装高架轨道。

（3）步行系统

根据本中心区特点，以水空间为核心，建立一个连续、完整的滨水步行系统，为人的亲水行为提供空间。在各个特色街区形成步行网络，以滨水步道、人行道、商业街道、二层步行道等多样化的步道和人行天桥、地下通道、电梯等交通方式将主要公共空间相串联，形成便捷安全的步行网络、富有人情味的步行区域。

中心区北部的世贸中心作为支撑市场业发展的服务中心，拟建大型平台跨越北城路，经此平台把人流引入商贸区东西向的商业大道或世贸中心前的世贸滨水广场。商业大道沿车道旁设15米宽绿化步行道，贯通一系列由商业楼群组合围成的广

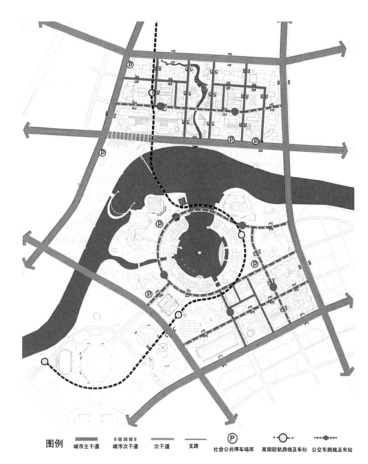

图 3-19 道路交通规划图

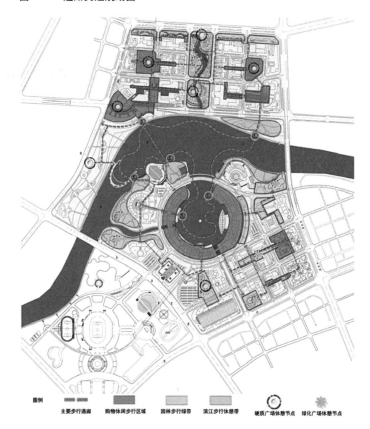

图 3-20 步行系统及水上交通规划图

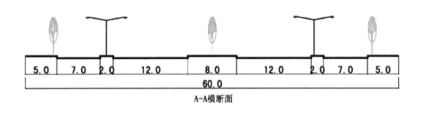

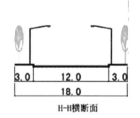

A-A横断面

H-H横断面

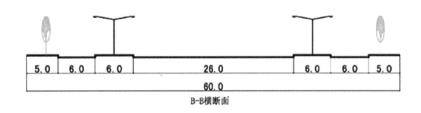

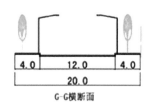

B-B横断面

G-G横断面

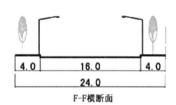

C-C横断面

F-F横断面

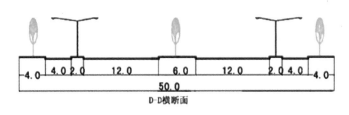

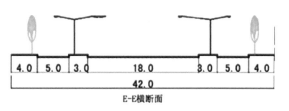

D-D横断面

E-E横断面

图3-21 主要道路断面图

场式街道，营造出一条舒适的步行购物大道，直通东边的城市未来发展地区，相信这条商业大道在未来一定会延续。中央绿带提供了向北连贯城市中央公园美好的步行环境。

一条跨江行人桥连接滨江两岸的滨水绿化带步行道，穿越区内多个活动中心及节点，包括世贸中心广场、大剧院、艺术馆、露天演艺场，湖滨公园及科技馆。

中心区南部步行系统主要结合各公共文化建筑的广场系统沿水边布置，创造宜人的滨水景观。

（4）水上交通

水上交通主要满足娱乐的目的。观光客船可以在发展区域的水系内穿行，到达岸边每个重要活动节点，并让旅游者和当地居民都可以饱览沿河景色。在岸边，每隔一段距离设置小码头，让乘客可以自由地上下。

2.3.6 绿化景观

在景观布局上，充分发掘水的优势，使两岸及水系沿线的景点联系起来，以取得综合景观效应，并以此控制岸线、滨水道路、建筑设计等规划设计内容。

规划以水空间为中心和聚焦点，以滨水绿化空间、街道空间为纽带串联各节点的绿化广场、商业广场、文化娱乐广场，使整个中心区的公共空间成系统，相互连接。

开辟垂直江岸的绿色走廊，使江景有更大的进深感，丰富沿江景观的层次，同时也为沿江观赏的行人提供赏心悦目的视觉通廊，通过水面的倒影变幻，前景、主景和对景的层次轮廓变化，烘托出城市的活跃氛围。营造"碧水生辉，绿脉纵横"的景观意象。

两个重点发展项目——世贸中心及国际文化中心分别放置于滨江两岸城市视觉走廊上最显眼的位置，加上富有地方色彩的建筑设计，作为城市的地标凸显其在经济和文化上的重要性。

2.3.7　地下空间

地下空间作为城市空间资源的重要构成，其合理利用程度将直接影响地面的功能运行状况。

规划中心区未来地下空间以2层为主，根据地面功能条件设置相应的停车功能和商业服务功能。根据地面功能的情况，在中心区南北各规划了两个地下商圈。建议开发一个有生气、有自然通风和自然阳光相结合的地下商业休闲街。

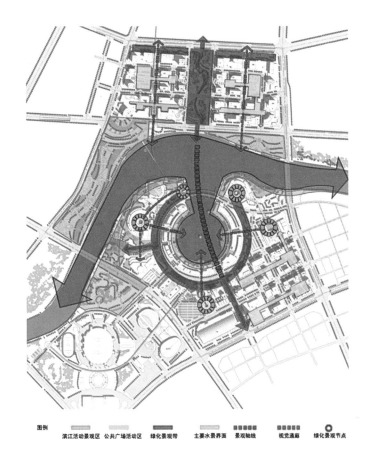

图 3-22　绿化景观规划图

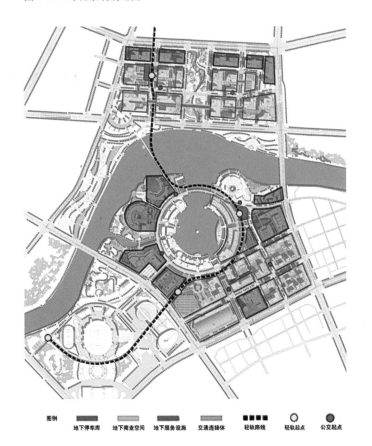

图 3-23　地下空间利用规划图

2.3.8 地块控制

（1）地块划分

规划将中心区划分为 11 个街坊，共 75 个地块。

（2）混合使用

为倡导土地混合使用，根据混合使用的功能种类和混合程度划分混合使用街区，作为地块开发的指导。

①高混合街区：指包含商业零售、餐饮服务、办公、商业金融、酒店、SOHO 居住等四种功能类型以上的街区。

②中混合度街区：指包含办公、商业服务、酒店等三种功能左右的街区。

③低混合度街区：指混合程度较低，通常只包含一种主要功能，附带少量服务功能的街区。通常为大型公共建筑或高档写字楼、宾馆、酒店。

④商住街区：是指以居住为主，内部涵括商业、小型办公、服务等内容的街区。

（3）建筑退线

建筑退线控制包含两个层面的内容。一是高层裙房和多层建筑需要后退的距离。二是高层主体需要后退的距离。

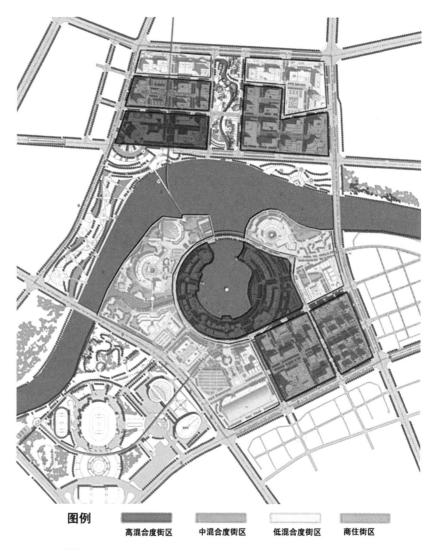

图例　■ 高混合度街区　　中混合度街区　　低混合度街区　　商住街区

图 3-24　功能混合利用规划图

第一层面的退线要求：主干道退 10 米，次干道退 8 米，支路退 6 米。地块间需要控制公共通道的，沿地块分隔线各退 12 米。

第二层面的退线要求根据城市界面景观要求和主体高度综合确定，最小要求退 12 米。

2.3.9 建设时序

分期建设尽可能实现各类功能区的同步建设，以取得相互的支撑。建议中心区开发分为三期进行。

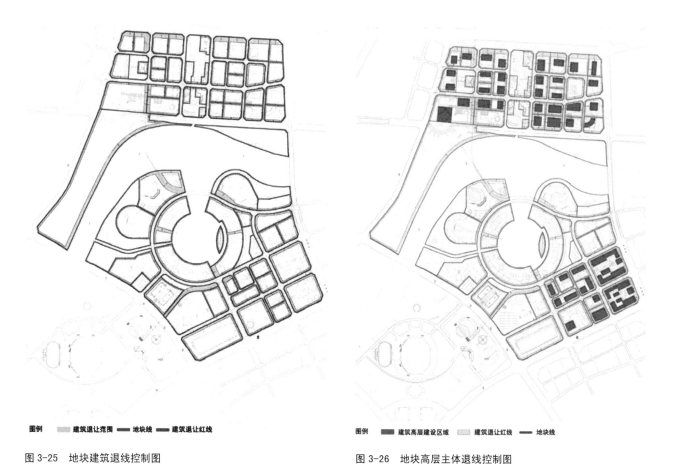

图例　　建筑退让范围　　地块线　　建筑退让红线

图 3-25　地块建筑退线控制图

图例　　建筑高层建设区域　　建筑退让红线　　地块线

图 3-26　地块高层主体退线控制图

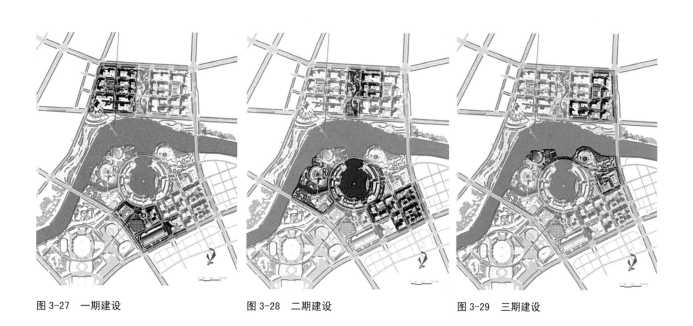

图 3-27　一期建设

图 3-28　二期建设

图 3-29　三期建设

规划用地平衡表　　　　　　　　　　　　　　　　　表 3-1

用地代码		用地性质	用地面积	百分比
大类	中类		(ha)	(%)
R	R2	二类居住用地	8.17	3.14%
C	C1	行政办公用地	13.17	5.06%
C	C2	商业金融业用地	58.7	22.53%
C	C3	文化娱乐用地	29.9	11.48%
S	S1	道路用地	31.91	12.25%
	S3	社会停车场用地	6.75	2.59%
U	U1+U2	交通设施用地＋供应设施用地	1.25	0.48%
G	G1	公共绿地	48.81	18.74%
E	E1	水域	61.83	23.74%
合计		总用地	260.49	100.00%

经济技术指标　　　　　　　　　　　　　　　　　表 3-2

名称		指标
总建筑面积（万 m²）		383
其中	住宅（含公寓）（万 m²）	65
	行政办公（万 m²）	25
	酒店（万 m²）	85
	商务办公（万 m²）	147
	文化娱乐	40
	其他建筑	25
容积率		1.47
绿地率		35%
建筑密度		40%
总人口数（人）		20000

第二部分
中心区之商务区城市设计

第4章　2008商务区一期设计优化

时间：2008年
范围：66.7公顷
设计单位：深规院

基地现状：现状为空地。基地外围主要的路网北城路、江滨路、商城大道、商博路已经建成。

1. 任务要求

1.1 委托背景

2004年，义乌市建设局委托深规院展开"义乌中心区城市设计"工作，并于2006年完成了"义乌中心区城市设计深化"成果，提出了将义乌中心区打造成为"商务文化的中心，城市形象的象征，城市生活的焦点"的设计目标，确立了以义乌江为中心的空间框架，布置了金融商务区、滨江休闲区、商业文化区、滨湖休闲娱乐区、文化博览区和综合服务区等六个特色街区。

随着开发建设工作的推进，规划管理对城市设计成果提出了一些新要求。鉴于此，2008年3月，义乌市建设局再次委托深规院对中心区北片的金融商务区块进行设计优化，规划范围北至商城大道、南至北城路、东至商博路、西至滨江路，总面积66.7公顷。

1.2 委托内容

根据开发建设与规划管理的需要，经与义乌市建设局沟通，本次调整优化任务主要集中在以下几方面：

（1）功能设置：着眼于打造"金融商务的中心"，功能设置上需要进一步集中金融保险、商务办公、行政办公等功能，而零售业，尤其大型购物中心等商业服务功能需要进一步缩减规模。

（2）布局结构：要进一步突出金融保险业等主要功能用地的主体地位，将服务业、公寓等用地调整到相对外围的地带。

（3）开放空间：结合功能布局调整，进一步研究公共绿地的可达性，形成更适宜步行的公共空间网络。

（4）其他方面：结合功能布局、地块划分的调整，对交通组织、城市形态等内容进行进一步调整优化。

通过调整优化，将本区切实打造成城市金融商务中心，构筑更适宜步行的开放空间体系，塑造具有标志性的城市形象，着力服务上一轮深化工作提出的"商务文化的中心，城市形象的象征，城市生活的焦点"这一设计目标。

本次设计优化工作拟在上一轮深化成果的基础上，结合规划实施，从地块划分入手，调整路网格局与用地性质，在此基础上对开放空间、建筑布置与高度等内容进行优化，最终通过功能控制与空间控制两个图则，将调整优化要求落实到各个地块。

1.3 委托成果要求

（1）规划说明书

（2）规划控制系列图则

（3）分图控制图

2. 地块优化方案

2.1 地块规模调整思路

上一轮深化成果将金融商务区划分为30个地块（不含中央公园），单个地块规模控制在1—1.5公顷。从提高土地利用集约度和营造适宜步行街廓尺度的角度出发，借鉴相关案例的基础上，本次优化提出金融商务区块的单个地块大小宜控制在0.6—1公顷之间。

以此规模为基础，在原有路网框架内重新进行地块划分，调整之后较深化方案

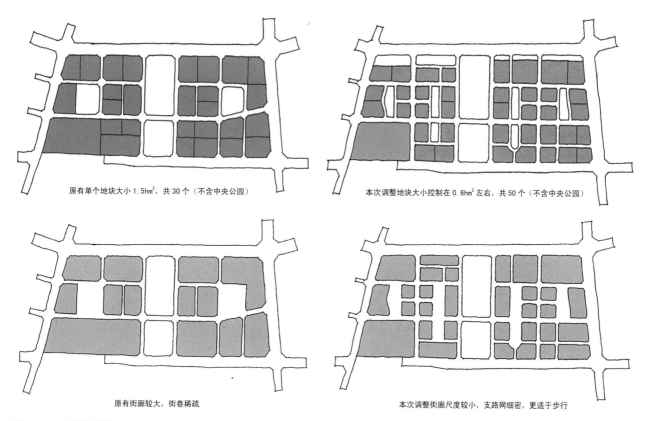

原有单个地块大小 1.5hm²，共 30 个（不含中央公园）　　　　本次调整地块大小控制在 0.6hm² 左右，共 50 个（不含中央公园）

原有街廓较大，街巷稀疏　　　　本次调整街廓尺度较小，支路网细密，更适于步行

图 4-1　地块优化构思

可增加地块 20 个（包括增加开放空间地块 4 个）。

从功能构成来看，更有利于控制建筑裙房规模，缩减商业功能面积，同时强化商务办公功能。

从交通组织来看，支路网更细密，有利于疏解干道交通压力。同时地块大小控制在 100 米 ×75 米左右，较原方案 200 米 ×150 米尺度更为怡人，更支持步行。

2.2　开放空间调整思路

开放空间是组织城市公共活动的重要载体，在地块细分、数量增多的前提下，开放空间布局有可能覆盖更广的范围，本次优化总体思路是在保持绿地总规模与上轮深化方案持平的情况下，缩小单个绿地面积，增加绿地数里，使分布更为均匀，可达性更好。此外，为充分营造良好的外部空间环境，本次优化更进一步对开放空间周边地块提出一些控制要求，主要包括如下几个方面：

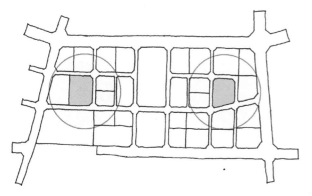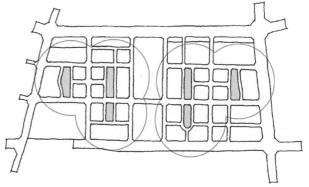

原有单个开放空间大小 1.5ha，东西各一，共 3ha　　　　本次调整开放空间为 6 个，单位大小 0.5ha。分布更均匀，可达性更好

图 4-2　开放空间优化构思

（1）地块人行出入口面对开放空间和主要大街设置。

（2）地块停车出入口尽量设置在地块远离公共开放空间的一侧，使面向公共空间一侧的地块不受车行交通的影响。

（3）为使公共开放空间具有清晰的结构与良好的形态，应严格控制相邻地块的建筑退线与界面高度，并落实到城市形态设计中去。

（4）东西向景观通廊串联了多个开放空间，是联系本区东西两个部分的主要纽带，应着重设计，形成有节奏的空间序列。

2.3 空间形态调整思路

城市形态首先要做到结构合理，然后再考虑在真实的形态下去塑造形象。

本次优化设计从片区整体结构入手，以中央景观大道组织城市形态，重点从城市界面、天际轮廓线、街坊界面等几方面进行设计控制。

（1）城市界面：面对义乌江、中央公园的界面是金融商务区形象主要展示面，应予以重点塑造。

（2）中央景观大道是金融商务区主轴，应以此组织整个区块东西向天际轮廓，形成与平面空间格局相对应的三维空间形态。

（3）南北向以中央景观大道为脊，形成山峰形城市轮廓。

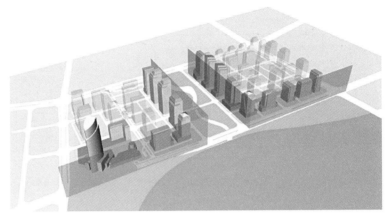
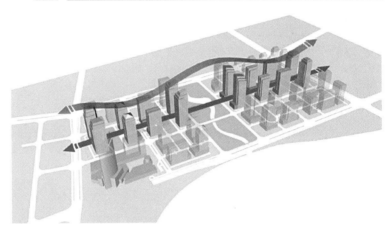
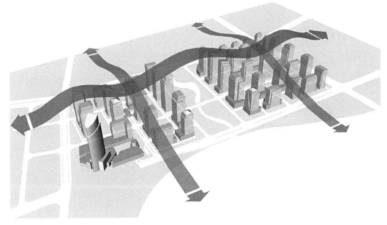
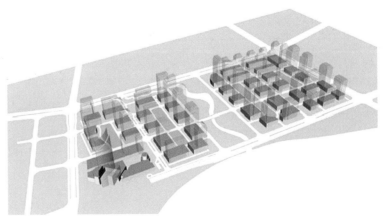

图 4-3　城市形态优化构思

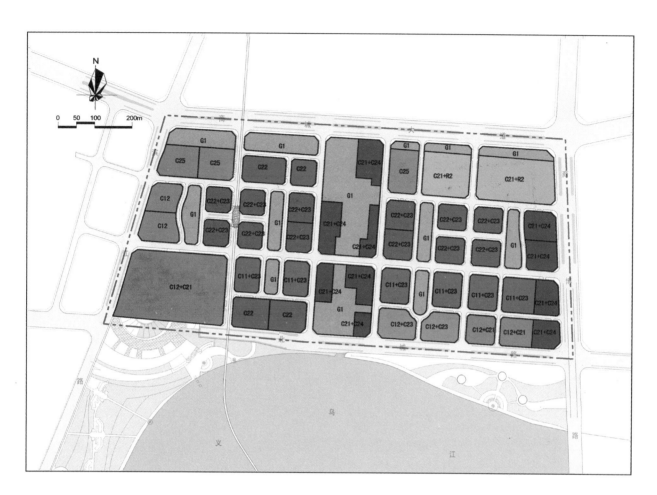

图例

C11+C23	市属办公用地+贸易咨询业用地
C12	非市属办公用地
C12+C23	非市属办公用地+贸易咨询业用地
C12+C21	非市属办公用地+商业用地
C21+C24	商业用地+服务业用地
C22	金融保险业用地
C22+C23	金融保险业用地+贸易咨询业用地
C25	旅馆业用地
C21+R2	商业用地+二类居住用地
G1	公共绿地

用地代码	用地性质	街坊01		街坊02		街坊03		义乌金融商务区块规划范围	
		用地面积（公顷）	百分比（%）	用地面积（公顷）	百分比（%）	用地面积（公顷）	百分比（%）	用地面积（公顷）	百分比（%）
C11+C23	市属办公用地+贸易咨询业用地	1.19	4.31	—	—	2.91	9.97	4.11	6.16
C12	非市属办公用地	1.37	4.96	—	—	—	—	1.37	2.05
C12+C23	非市属办公用地+贸易咨询业用地	—	—	—	—	1.49	5.10	1.49	2.23
C12+C21	非市属办公用地+商业用地	4.95	17.92	—	—	1.24	4.25	6.19	9.27
C21+C24	商业用地+服务业用地	—	—	3.16	31.89	2.37	8.12	5.53	8.29
C22	金融保险业用地	2.80	10.13	—	—	—	—	2.80	4.20
C22+C23	金融保险业用地+贸易咨询业用地	2.76	9.99	—	—	3.24	11.10	6.00	8.99
C25	旅馆业用地	1.61	5.83	—	—	0.89	3.05	2.49	3.73
C21+R2	商业用地+二类居住用地	—	—	—	—	3.87	13.25	3.87	5.80
G1	公共绿地	3.18	11.51	4.35	43.90	2.47	8.46	10.00	14.98
S	道路广场用地	9.77	35.36	2.40	24.22	10.72	36.71	22.89	34.30
小计		27.63	100.00	9.91	100.00	29.20	100.00	66.74	100.00

图4-4 调整后的土地利用规划图

（4）裙房是界定城市空间人体尺度强调连续性，围合街坊内部开放空间。

3. 调整方案

3.1 土地利用

本次调整优化在强化原方案十字形绿化轴线结构的基础上，对原土地利用布局进行调整，强化金融保险业用地布置，同时将行政办公、酒店等功能用地进行布局位置调整，而配套公寓则集中布局于区块东北侧。

3.2 地下空间

地下空间作为城市空间资源的重要构成，其合理利用程度将直接影响地面的功能运行状况。

借鉴香港开发建设经验，本次优化建议金融商务区未来地下空间开发以地下1—3层为主，根据地面功能条件设置相应的停车功能和商业服务功能。建议中央公园地下开发大型公共停车场，地块内部空间的开发原则上地

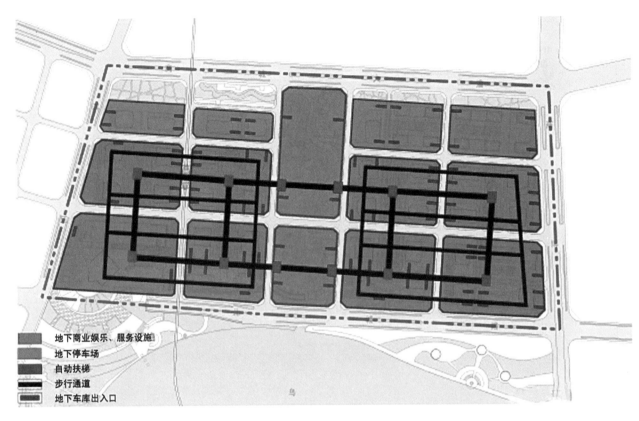

地下商业娱乐、服务设施
地下停车场
自动扶梯
步行通道
地下车库出入口

图 4-5 地下一层功能布局示意

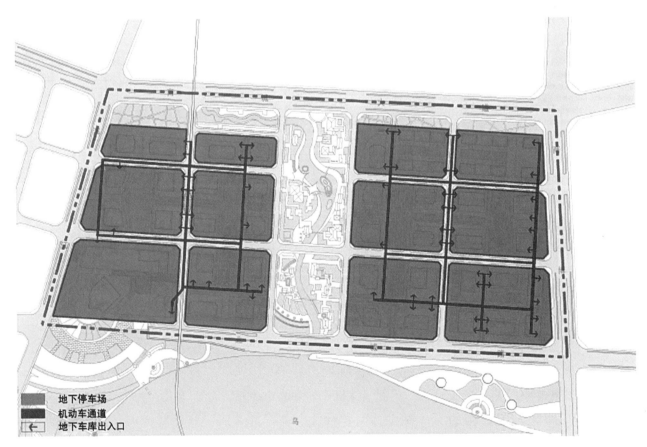

地下停车场
机动车通道
地下车库出入口

图 4-6 地下二、三层功能布局示意

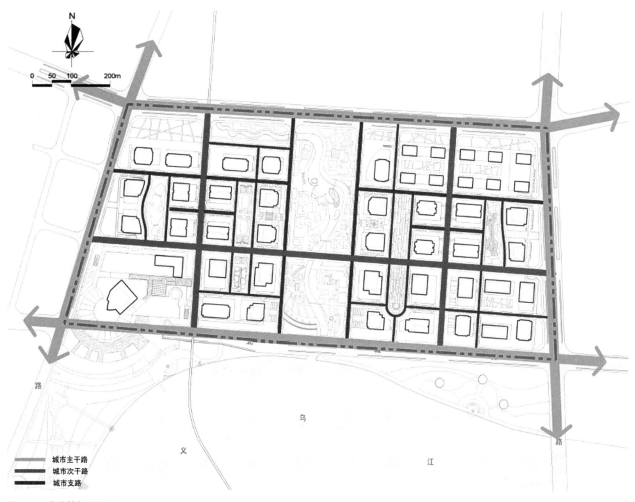

城市主干路
城市次干路
城市支路

图 4-7　道路等级规划图

下一层布置商业服务，建议开发一个有生气、有自然通风和自然阳光相结合的地下商业休闲街，地下二、三层为停车设施。

需要说明的是，本次优化调整工作的地下空间开发布局示意仅为原则性指引，具体功能与平面布置等内容建议进行地下空间开发专项规划后综合确定。

地下二层、三层为地块内部配建停车场，并建议布设地下车行公共通道。地下停车应有明确的方向标志，

便于顾客、上班及工作人员使用。在设计上应同时为通勤车辆规划出留置区，适当安排停车出入口，缓解地面交通拥挤。设备机房也位于地下二层，一些基础设施，如瓦斯和电力服务、通信、供水、暴雨排水及污水等系统将根据线路安排，结合地下空间结构予以设计。

3.3　道路等级

道路等级及相应路网密度反映了城市用地的各类道路间距。在规划时各地块上的道路间距应比较均匀，才

能使道路发挥网络的整体效益。较密且适宜的道路密度使得用地划分更有利于分块出售开发，也便于埋设地下地上管线、开辟较多的公共交通线路，有利于提高城市基础设施的服务水平。根据城市道路交通规划设计规范，城市中心或者商业繁华地区，支路的路网密度要求很高，可达 10—12 千米／平方千米，以使该地区有较大的交通容量，以利于人流交通聚散。

规划区四周为城市主干道，根据上一轮深化方案，

规划主要街道
地块主要出入口
规划服务性道路
地块服务与停车出入口
地块次入口
中央景观大道
规划步行流线

图 4-8 交通流线组织图

内部主要布局一条次干路和众多支路，相应路网密度指标为：次干路 1.79 千米 / 平方千米，支路 5.13 千米 / 平方千米。路网密度偏低，因此本次优化增加了支路数量，相应为 3.5 千米 / 平方千米，支路网密度为 10 千米 / 平方千米。

3.4 道路职能划分

按照"前门正街，服务后巷"的原则，对区块内部道路进行职能划分。

横向及紧邻中央公园的道路规划为主要街道，组织起相邻地块主出入口；南北向及街坊内部道路作为服务与停车通道。紧邻街坊绿地的道路提供了良好的步行环境，组织地块次入口。

中央景观大道以步行为主，联系中央公园与街坊内部绿地。

3.5 空间布局优化

以六块街头绿地为节点，东西向景观大道为轴线，组织整个基地内部建筑布局。并形成如下特点：

（1）建筑裙房退线控制在最小距离，形成连续的街廊界面，围合街坊内部开放空间。

（2）建筑塔楼面向街坊绿地一侧直接落地，塑造公共空间的竖向。

（3）世贸中心是金融商务区标志性建筑，为空间第一高度，其次是沿中央景观大道、中央公园两侧的建筑形成第二高度，沿外围城市干道布局的建筑为第三高度。

（4）地块主要出入口布置在主要街道上，面向开放空间一侧布局人行出入口，而地下车库入口布局在远离开放空间的支路上面，两条南北向次干路是区块内部主要车行通道。

3.6　天际轮廓

天际轮廓线沿主要景观界面形成错落有致的丰富形态。

（1）A—沿北城路天际线：西侧以世贸中心为空间标志点，高度控在 220 米以内，中部以中央公园两侧建筑为制高点，限高 150 米，东侧以临商博路建筑为制高点，限高 100 米。三大制高点形成对周边建筑群的统领，天际轮廓呈波浪形起伏。

（2）B—01 街坊东立

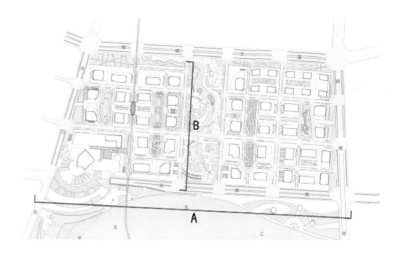

图 4-9　天际轮廓线 A、B 段（平面）

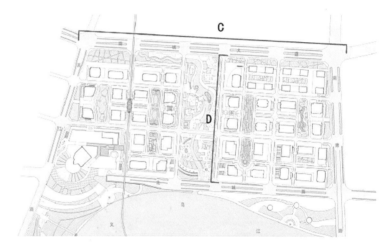

图 4-10　天际轮廓线 C、D 段（平面）

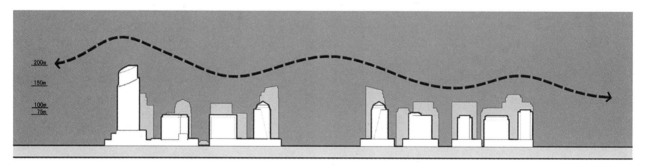

图 4-11　A- 沿北城路天际线

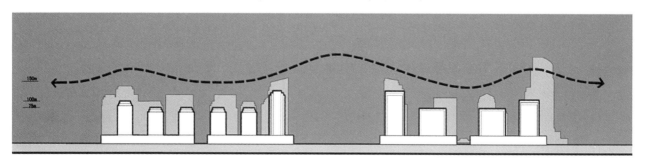

图 4-12　C—沿商城大道天际线

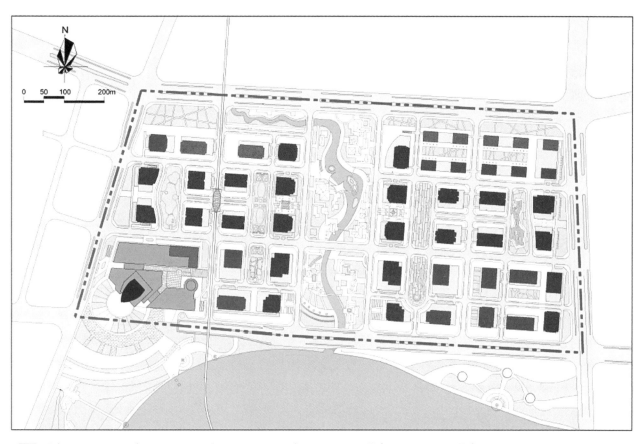

□ 限高24m　■ 限高36m　■ 限高75m　■ 限高100m　■ 限高150m　■ 限高200m

图 4-13　高度控制图

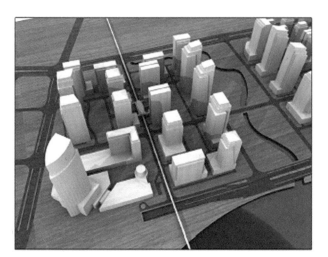

图 4-14　模型局部 1

图 4-15　模型局部 2

面天际线以中部建筑为制高点，限高 150 米，天际线呈抛物线由中部向两边跌落。

3.7　高度控制

根据天际轮廓控制要求，

本次优化调整片区高度分区共为 6 级。

①限高 24 米：建筑裙房区域

②限高 36 米：片区边缘

地带局部裙房高度。

③限高 75 米：片区边缘地带大部分办公、公寓酒店建筑。

④限高 100 米：片区局

部公办、公寓建筑。

⑤限高150米：主要是沿中央景观大道两侧大多数办公、写字楼和酒店。临中央公园标志性建筑。

⑥限高200米：金融商务区块标志性建筑世贸中心。

3.8　塔楼设计指引

（1）建筑高度：

——建筑临街高度控制：应尽量与相邻建筑物的临街高度保持一致，以形成连续统一的街墙；原则上主次干道沿线控制在地面以上30—40米范围，支路沿线控制在地面以上20—30米范围。

——建筑高度控制：按照建筑高度控制规划执行。

——道路两侧建筑物高度退让：建筑超出规定的临街高度的部分应后退，通常离人行道高40米后应退进1.5—3.0米，100米的塔楼在90米后应继续后退1.5—3.0米，150—200米的塔楼可在其高度的85%—90%处退后1.5—3米。

（2）建筑体量：

——中央绿带沿线的建筑，其高层主体部分的外国

周长应控制在150米以下，单层标准层面积应控制在1500—1700平方米左右。

——建筑高度大于18米且小于或等于54米的高层建筑，其最大连续面宽不宜大于100米；建筑高度大于54米的高层建筑，其最大连续展开面宽不宜大于80米。

（3）建筑形式：

——中心区内鼓励多样化的建筑形式。

——建筑造型应采用现代建筑设计手法，突出简洁、明快、规整、轻巧的造型风格。

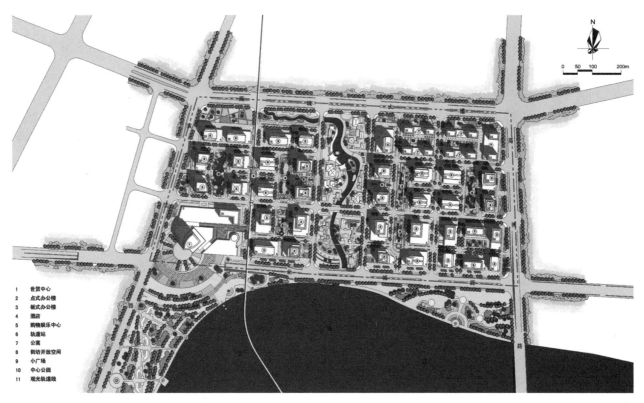

1　世贸中心
2　点式办公楼
3　板式办公楼
4　酒店
5　购物娱乐中心
6　轨道站
7　公寓
8　街坊开放空间
9　小广场
10　中心公园
11　观光轨道线

图 4-16　规划平面图

73

图 4-17　效果图

图例

地块线

01-05 地块编号

图4-18 地块编码

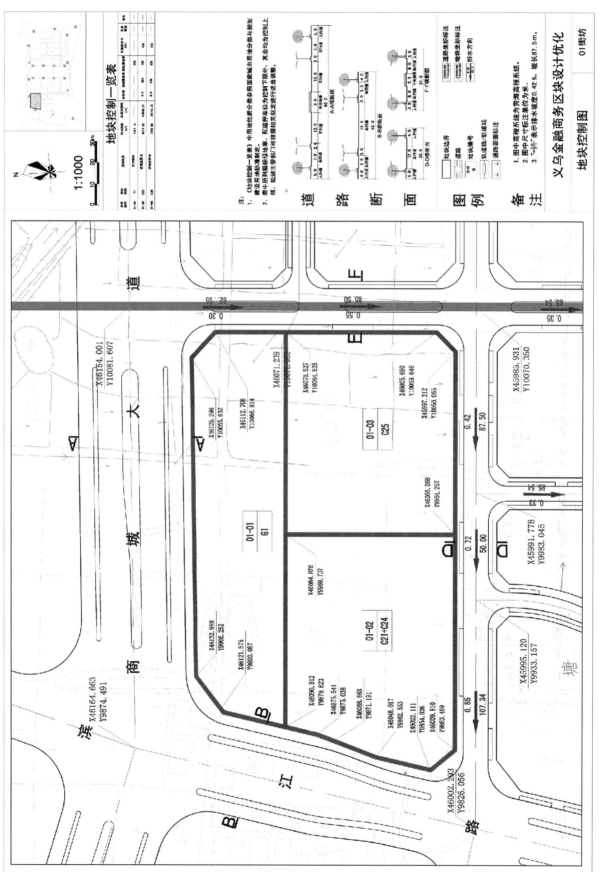

图 4-19 地块控制图 (方案一)

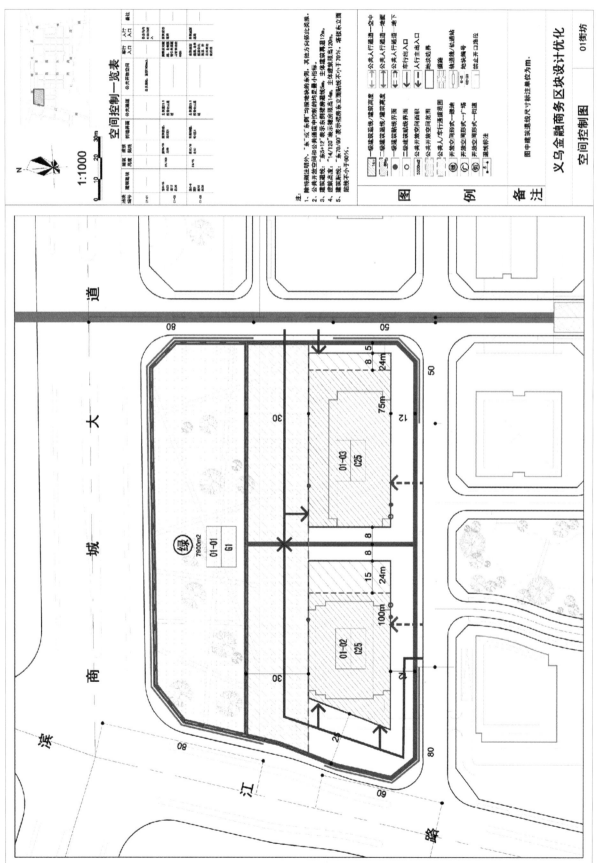

图4-20　地块控制图（方案二）

地块控制指标一览表

表4-1

地块编号	用地性质代码	用地性质	用地面积(m²)	总建筑面积(m²)	容积率	建筑密度	绿化覆盖率	建筑限高(m)	机动车停车位(个)
01-01	G1	公共绿地	7927.13	—	—	—	80%	—	400
01-02	C25	旅馆业用地	8312.33	54030.15	6.5	35%	45%	100	300
01-03	C25	旅馆业用地	7749.50	38747.50	5.0	43%	35%	75	400
01-04	C12	非市属办公用地	6069.97	67099.67	11.0	50%	30%	150	430
01-05	C12	非市属办公用地	7631.94	72531.93	9.5	50%	30%	150	430
01-06	G1	公共绿地	6190.36	—	—	—	80%	—	350
01-07	C22+C23	金融保险业用地+贸易咨询业用地	4339.99	52070.88	12.0	55%	25%	150	350
01-08	C22+C23	金融保险业用地+贸易咨询业用地	4507.00	54084.00	12.0	55%	25%	150	400
01-09	C12+C21	非市属办公用地+商业用地	49463.05	272046.78	5.5	50%	30%	200	1800
01-10	G1	公共绿地	9361.97	—	—	—	80%	—	300
01-11	C22	金融保险业用地	7811.00	39055.00	5.0	40%	40%	75	300
01-12	C22	金融保险业用地	1923.00	56337.50	12.5	35%	35%	150	400
01-13	C22+C23	金融保险业用地+贸易咨询业用地	4176.13	50113.55	12.0	53%	25%	150	390
01-14	C22+C23	金融保险业用地+贸易咨询业用地	4337.00	52044.00	12.0	55%	25%	150	350
01-15	G1	公共绿地	5302.05	—	—	—	80%	—	—
01-16	C22+C23	金融保险业用地+贸易咨询业用地	5940.72	68049.72	13.5	45%	35%	150	500
01-17	C22+C23	金融保险业用地+贸易咨询业用地	5206.50	70287.75	13.5	43%	35%	150	500
01-18	C11+C23	市属办公用地+贸易咨询业用地	5886.00	49861.00	8.5	65%	20%	100	350
01-19	G1	公共绿地	3113.00	—	—	—	80%	—	500
01-20	C11+C23	市属办公用地+贸易咨询业用地	6048.00	72576.00	12.0	60%	20%	150	450
01-21	C22	金融保险业用地	7714.51	61716.08	8.0	60%	20%	100	450
01-22	C22	金融保险业用地	7970.66	76721.37	9.5	60%	20%	150	530
02-01	C21+C24	商业用地+服务业用地	7113.96	2134.16	0.3	50%	50%	12	30
02-02	G1	公共绿地	28537.94	2853.76	0.1	—	80%	6	30
02-03	C21+C24	商业用地+服务业用地	7019.13	2105.74	0.3	50%	50%	12	30
02-04	C21+C24	商业用地+服务业用地	4220.68	1366.20	0.3	50%	50%	12	30
02-05	C21+C24	商业用地+服务业用地	6195.94	1858.78	0.3	50%	50%	12	30
02-06	C21+C24	商业用地+服务业用地	4399.37	1319.81	0.3	50%	50%	12	30
02-07	C21+C24	商业用地+服务业用地	14971.46	2994.29	0.2	50%	80%	6	30
02-08	G1	公共绿地	2080.79	804.24	0.3	—	50%	12	30
03-01	C25	旅馆业用地	1544.87	—	—	—	80%	—	450
03-02	C21+R2	商业用地+二类居住用地	8858.47	66438.53	7.5	45%	30%	150	800
03-03	C22+C23	金融保险业用地+贸易咨询业用地	14574.47	801159.59	3.5	30%	45%	100	550
03-04	C22+C23	金融保险业用地+贸易咨询业用地	5833.93	78758.01	13.5	50%	30%	150	550
03-05	C21+C23	商业用地+贸易咨询业用地	6025.50	78331.50	13.0	50%	30%	150	—
03-06	G1	公共绿地	5155.59	—	—	—	80%	—	350
03-07	C22+C23	金融保险业用地+贸易咨询业用地	5017.93	50179.30	10.0	55%	25%	150	350
03-08	C22+C23	金融保险业用地+贸易咨询业用地	5232.00	52320.00	10.0	55%	25%	150	315
03-09	C11+C23	市属办公用地+贸易咨询业用地	7003.50	73536.75	10.5	65%	20%	150	—
03-10	G1	公共绿地	4000.94	—	—	—	80%	—	350
03-11	C11+C23	市属办公用地+贸易咨询业用地	7025.00	52695.00	7.5	65%	20%	100	530
03-12	C12+C23	非市属办公用地+贸易咨询业用地	7533.67	53396.70	10.0	55%	25%	150	415
03-13	C12+C23	非市属办公用地+贸易咨询业用地	7412.81	59392.48	8.0	55%	25%	100	—
03-14	G1	公共绿地	2855.68	—	—	—	80%	—	—
03-15	G1	公共绿地	5029.52	—	—	—	80%	—	—
03-16	C21+R2	商业用地+一类居住用地	24096.71	132531.91	5.5	40%	40%	100	1300
03-17	C22+C23	金融保险业用地+贸易咨询业用地	5017.93	517706.20	11.5	55%	25%	150	400
03-18	C22+C23	金融保险业用地+贸易咨询业用地	5232.00	60168.00	11.5	55%	25%	150	415
03-19	G1	公共绿地	5763.91	—	—	—	80%	—	—
03-20	C21+C24	商业用地+服务业用地	6376.08	70136.88	11.0	55%	25%	150	415
03-21	C22+C23	金融保险业用地+贸易咨询业用地	6416.77	70984.47	11.0	50%	35%	150	415
03-22	C11+C23	市属办公用地+贸易咨询业用地	7026.00	45669.00	6.5	45%	35%	100	315
03-23	C11+C23	市属办公用地+贸易咨询业用地	8064.78	52551.07	6.5	45%	50%	150	350
03-24	C12+C21	非市属办公用地+商业用地	5674.87	56748.70	10.0	37%	40%	100	350
03-25	C12+C21	非市属办公用地+商业用地	5802.38	49921.93	8.5	40%	40%	75	350
03-26	C12+C21	非市属办公用地+商业用地	6690.44	56103.71	8.5	40%	40%	75	400
03-27	C21+C24	商业用地+服务业用地	5235.17	70671.80	13.5	40%	40%	100	500
合计	—	—	438465.80	2811173.33	—	—	—	—	18860

第5章　2010 商务区二期城市设计

时间：2010 年

范围：91.9 公顷

设计单位：深规院

基地现状：以耕地为主，占总用地面积的 61%；南部有集中的村镇建设用地和工业用地，建筑质量较差，各占总用地面积的 11%。周边城市主干道基本已建成。

1. 任务要求

1.1　项目范围

（1）研究范围——中央活力区范围

东到春风大道（现 37）省道、南至宾王路及江东东路、西侧为稠州北路、北至诚信大道，包括国际商贸城、福田中心公园、中心区、三片安置居住片区以及本规划基地，总用地面积约为 894.7 公顷。

（2）设计范围——基地范围

东到春风大道（现 37）省道、南至北城路、西侧为商博路，北至银海路，总用地面积约为 91.9 公顷。

1.2　定位：中央活力区（CAA）

以中央商务区（CBD）或中心区为核心，在更大的范围内布置城市各种生活功能，形成功能复合，满足各样人群活动需求，24 小时高活力运转的中央活力区。

1.3　设计目标

在中央生活区（CAA）的整体构思下，填补缺少功能环节，打造高品质的城市生活链。进一步整合金融文化中心区资源，促成国际商贸城、商务区、文化中心的联动发展，实现城市核心的动态完善和整体优化。

1.4　设计任务

从设计目标出发，本次规划的主要工作包括：

图 5-1　现状航拍图

（1）对中央活力区（CAA）资源进行梳理整合，提出整体优化策略；

（2）基于中央活力区的整体优化，对基地进行功能定位，优选功能业态；

（3）为基地寻找合理的开发强度；

（4）组织体现城市形象与品质的城市空间；

（5）落实地块开发建设指引，为规划管理提供依据。

1.5 设计原则

2. 案例借鉴与校核

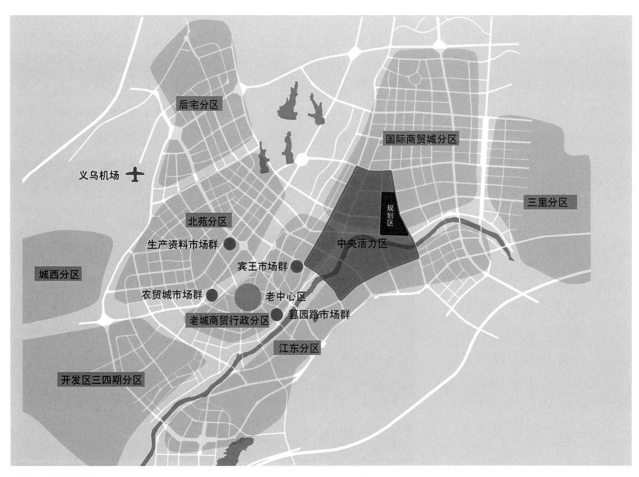

图5-2 区位关系图

	设计原则	表5-1
Diversity　多样性	Dynamic　动态性	Durability　持续性
多样功能与空间的混合 以满足多样人群的活动需求	兼顾近、远期的发展需要 对片区的动态完善过程进行指导	精心安排功能业态、建设时序 保证片区24小时活力的持续

2.1　规模与功能配比

（1）案例借鉴

根据城市等级及经济地位不同，其中心区／中央商务区的用地规模及各功能比例会有所差异，但集中于一定的合理范围里。其中：

用地规模：250—700公顷。

主导功能建筑比例（以国内案例为主要参考）：办公30%—55%，居住20%—25%，商业10%—25%，文化娱乐5%—15%。

（2）规划校核

对中央活力区（CAA）范围建筑功能（本规划除外）进行统计如下图表，发现居住建筑比例不足，需对规划区内土地利用性质进行深化调整，合理安排一定的居住用地，并根据需要安排办公、商业及文化娱乐等用地，打破原有规划粗放、单一的土地使用性质。

2.2　布局模式

（1）案例借鉴

①整体布局模式：

中心区的四大主导功能：办公、居住、商业以及文化娱乐并非以纯粹、单一的功能分区组合成整体，而是以以下规律混合布局：

· 大型公共建筑（文化娱乐）集中布局于相对中心区域；

· 商务办公相对集中，形成产业聚集效应；

· 商业服务设施按服务半径及等级配套于整体当中；

· 居住均衡布局于周边相对外围区域。

②功能区的混合布局模式：

大型公建区、办公区的活动具有时段性，商业与居住混合配套其中是保证中心区24小时活力持续的关键，其混合布局模式如下：

· 以500米半径的步行可达范围，为办公区、公建区配以商业与居住；

· "活力单元"中，办公用地与居住用地规模接近1：1。

规模与功能配比　　　　　　　表5-2

	用地规模（ha）	主导功能及比例
深圳	414	居住26%，商业11%，办公59%，文化娱乐5%
北京	700	居住25%，商业25%，办公50%
南京新街口	255	居住20%，商业23%，办公32%，文化娱乐业25%
芝加哥	409	居住7%，商业7%，办公为56%，其他为30%
圣地亚哥	585	居住9%，工业5%，公共政府22%，绿地3%，商业19%，办公42%
明尼阿波利斯	486	居住7%，商业13%，办公为50%，其他为30%

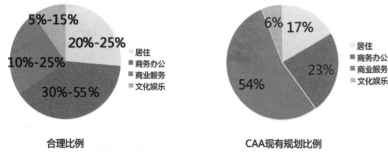

合理比例　　　　　CAA现有规划比例　　　　　中心区城市设计比例

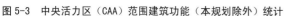

图5-3　中央活力区（CAA）范围建筑功能（本规划除外）统计

③地块混合布局模式

• 地块功能混合的主要形式有商务商业功能混合及商住功能混合:

• 混合度与活力成正比,越核心的区域,混合度越高。活力单元核心区往往以商业、商务、公寓、停车等功能组成城市综合体。

（2）规划校核

CAA功能布局如图5-14。其中国际商贸城、体育中心及三片居住安置片均为已建成区,因此主要对中心区的规划功能布局进行校核,并对本规划区进行初步布局。

以上案例借鉴所得结论进行校核可得:

图 5-4　以深圳中心区为例

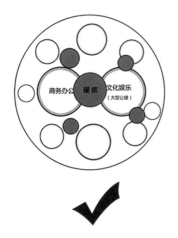

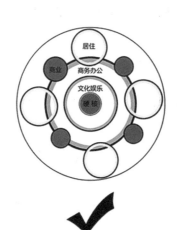

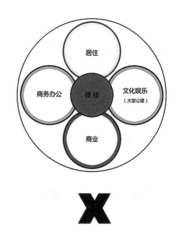

图 5-5　布局模式示意

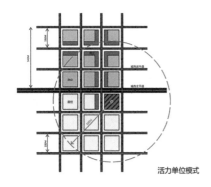

图 5-6　活力单位模式

商住功能混合模式

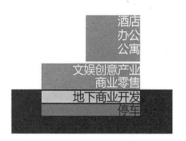

商务商业功能混合模式

图 5-7　地块混合布局模式

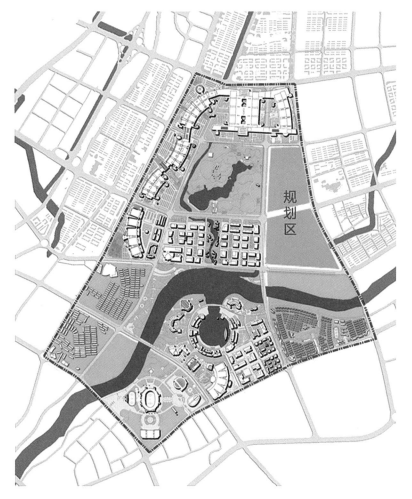

①金融商务区、中心区南部、规划区南部、规划区北部应形成四个活力单元；其中，金融商务区、规划区南部、规划区北部以办公、商业、居住功能形成活力单元；中心区南部以公建、商业、居住功能形成活力单元。

②金融商务区、中心区南部现规划居住用地规模不足。

（3）规划优化调整

①方案一：兼容功能

基于现有规划土地性质，于商业金融业用地中兼容公寓功能。

优点：便于规划管理操作。

缺点：功能分区较为明显，影响活力；不利于分片成熟，一次性投入较大。

图 5-8　CAA 范围城市设计总平面

图 5-9　CAA 现有规划功能布局结构

图 5-10　规划校核（除去建成区）

②方案二：理想模式

基于活力单元中办公用地与居住用地接近1∶1的理想模式，改部分商业金融业用地为居住用地。

优点：功能组合理想，易于形成活力；利于分片投入，分片成熟。

缺点：金融商务区规模缩减一半，办公功能分散，难以形成聚集效应。

③方案三：综合推荐方案

于金融商务区西南角用地兼容公寓功能；金融商务区东北角及中心区东南角改为居住用地。

优点：功能组合理想，易于形成活力；利于分片投入，分片成熟；保留金融商务区的布局结构。

缺点：短期内，金融商务区居住规模未达到最理想配置。

图 5-11　方案一

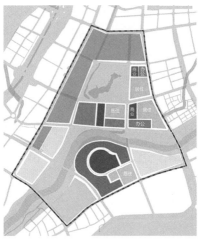

图 5-12　方案二

图 5-13　方案三

2.3　道路交通

（1）案例借鉴

中心区／中央商务区内部一般具有多样有效的交通组织方式，包括：

• 高密度的道路体系（12—17千米／平方千米）

• 高效的内部高架轻轨体系／快速公交体系

• 立体化的交通组织

• 有效的静态交通组织

• 安全化的步行区域设置

（2）规划校核

中央活力区（CAA）现有规划路网密度较低，为5.8千米／平方千米，国际商贸城的大体量建筑使加大路网密度造成一定障碍，目前国际商贸城周边道路已出现上下班高峰时段堵塞情况。随着金融商务区及规划区的投入使用，现规划路网密度将难以支撑。

（3）优化调整

对此，《义乌中心区及国际商贸城地下空间控制性

道路信息一览表　　　　表 5-3

	总用地面积（km²）	道路总长度（km）	道路网密度（km/km²）
深圳	4.14	48.4	11.7
圣地亚哥	5.85	100.9	17.25
明尼阿波利斯	4.86	60.3	12.4
芝加哥	4.09	62	15.17

图 5-14　地面交通路网图

详细规划》提出了一定的地下交通改善措施，项目组通过本次规划，把地面、地下结合进一步优化。具体如下：

①措施一

目的：减少过境车流对中心区的影响

方法：建立福田路与北城路的地下快速路

修改建议：

· 建立福田路与商城大道的地下快速路

· 稠州北路主要路口地下化

②措施二

目的：加强中心区南北交通联系

方法：建立中心区中部下穿地下快速路

修改建议：

建立内部高架轻轨线加强整个 CAA 内部联系，同时与城市轨道系统对接。

③措施三

目的：疏散内部车流及停车

方法：结合地下停车体系，建设地下环廊

修改建议：

地下环廊、停车体系、轻轨站点、步行区域统一设置，建立立体化交通组织，梳理汽车流、公共交通、步行的分流与对接关系。

3. 优化策略

3.1　CAA 整体优化策略

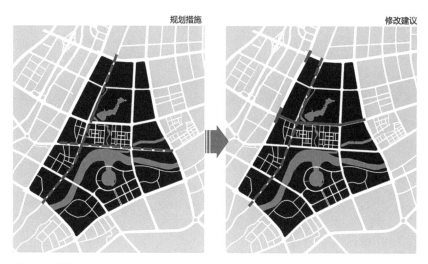

规划措施　　　　修改建议

图 5-15　措施一

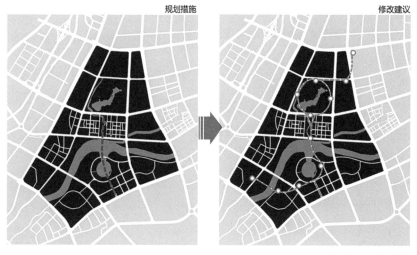

规划措施　　　　修改建议

图 5-16　措施二

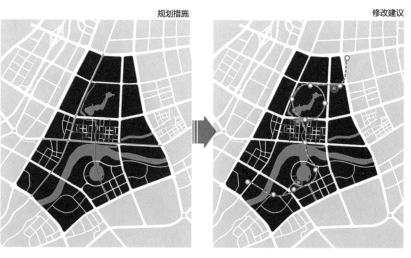

规划措施　　　　修改建议

图 5-17　措施三

（1）空间结构——双轴，双芯，七大功能版块

整合中央活力区空间、景观、功能等资源，构建"双轴，双芯，七大功能版块"的空间结构。

①双轴——"一主一副，一蓝一绿"的轴带体系

主轴：以义乌江为主导的沿江休闲蓝色主轴线；

副轴：以连接义乌江和福田中心公园的绿色副轴线；

②双芯——"北绿—南蓝"的双芯格局

以福田中心公园和中心区南岸的内湖形成南北交相辉映的蓝绿双芯结构。

③七大功能版块——各具特色，协同发展的功能版块

北：围绕绿核网络聚合式发展——特色商贸&商务、商业为主，辅以高端居住；

南：沿江组团式发展——文化，休闲为主，会展，体育，居住。

（2）功能分区——主导功能＋多功能复合

在构建功能完备的中央活力区的目标下，整合区内资源，划定七大功能分区。分区功能既强调自身特色，同时兼顾活力对混合功能的要求，每分区由主导功能＋辅助功能形成多功能复合的分区：

①特色商贸区：小商品

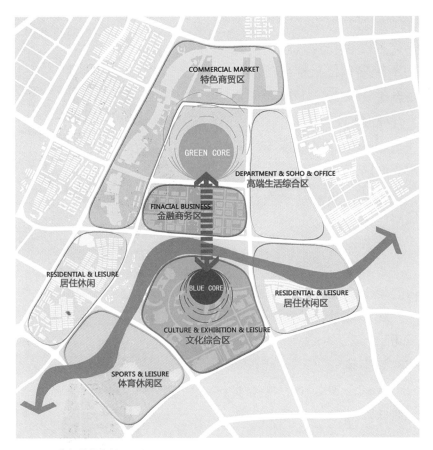

图 5-18　空间结构分析

图 5-19　功能分区

市场为主导特色功能，酒店、餐饮、旅游服务等为辅助性功能；

②金融商务区：商务金融为主导功能，商业、娱乐、公寓等为辅助性功能；

③高端生活综合区：高端居住和商业为主导功能，商务办公、酒店、娱乐等辅助性功能；

④文化综合区：文化、会展为主导功能，商业娱乐、高档酒店、商务金融、公寓等为辅助性功能；

⑤体育休闲区：体育设施为主导功能，餐饮、休闲等为辅助性功能；

⑥居住休闲区：居住为主要功能，商业、餐饮、娱乐等为辅助性功能。

（3）交通组织——区域对接 + 内部完善

为支撑未来中央活力区的开发建设，需提高区域交通对片区的支撑作用，片区内外公共交通系统应形成立体复合的对接：区内通过动态、静态交通的有序组织，提高道路通行能力同时减少交通流量。具体措施如下：

①立体复合的区域公共交通衔接

改轨道三号线位为沿商城大道向东至廿三里分区，提出对中心区的覆盖率；

对接中心区高架轻轨与城市轨道交通及地面巴士

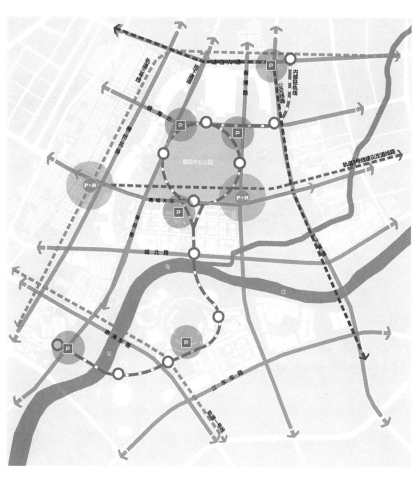

图 5-20 交通组织分析

系统的走向和站点，形成区内外立体复合的公共交通体系。

②静态交通和 P+R 模式的交通优化措施

强调停车区与公共交通体系的接驳，将停车、公交站点、轻轨站点结合设置，提高接驳效率；

通过外围大型停车场的设置来控制区内车行的组织，减少交通流量。

③完善道路系统，加强交通管制

提高道路网密度，形成优化合理的支路体系；

设置单线环路，通过交通管制提高道路通行能力。

（4）景观结构——双轴双芯 + 立体网络渗透

①双轴双芯

依托义乌江、福田中心公园等大型景观资源，以及中心区确立的内湖和绿色廊道，构筑整个 CAA 片区蓝绿交错的"双轴双芯"结构。

②立体网络渗透

在大型景观资源的基础上，引入次一级的绿色走廊至七大片区，形成次一级的开放空间节点，构筑主次有序，网络立体的景观体系。

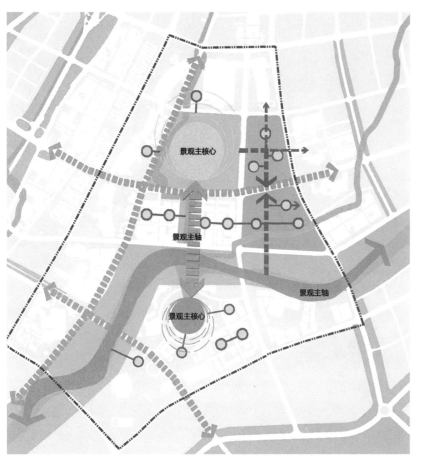

图 5-21　景观结构分析

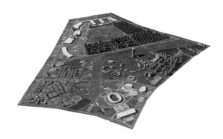

图 5-22　开发强度示意

3.2　基地开发策略

（1）功能业态——打造完整的城市生活链。

在 CAA 的整体协同发展下，本规划区的功能定位为：以高端居住和商业为主，集办公、休闲娱乐为一体的高端生活综合区。

其具体功能业态策划应满足以下两个板块的功能需求：

①完善 CAA 功能业态需求

为构建功能完善的中央活力区（CAA），填补高档居住、集中百货商业等高端生活性功能。

②满足现实发展需求

应对现实发展及市场需求，补充周边发展所需的配套服务，包括为国际商贸城配套的公寓、商务办公，为周边居住区配套的片区级商业服务设施等，体现片区的动态完善过程，保证片区 24 小时活力持续。

（2）开发规模

整体开发强度：地块的开发强度与其所在区位、功能类型相关联。本规划区位于城市中心，功能包括住宅、商业，属于中高开发强度地区，容积率应处于 1.5—4.0 之间。

由以上分析及案例借鉴可判断，本规划区不宜突破 3.0 的毛容积率；进一步考虑与周边地块的整体协调（见左模型）

本规划区的整体毛容积率宜为 2.5—3.0。

开发总量分配：以 3.0 的容积率，地块总开发量为 276 公顷。

依据之前对现状功能比例与理想功能比例的对比核算，结合拆迁安置等现实需求确定规划区内各四类主要功能开发规模及比例为：

居住：124.2公顷，45%（其中安置住宅面积为35公顷）

商业服务：69.0公顷，25%

商务办公：69.0公顷，25%

休闲娱乐：13.8公顷，5%

4. 设计方案

4.1 构思推演

4.2 方案设计

4.2.1 功能布局

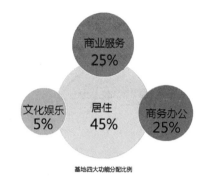

图 5-23 基地四大功能分配比例

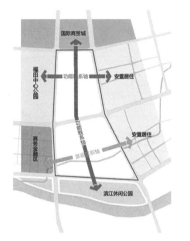

01 联系轴线

打通东西向福田中心公园与东侧居住区的联系，南北向滨江休闲公园与基地的渗透关系，形成十字景观、功能联系轴线。

02 功能分区

综合考虑景观、交通以及与周边功能的配套利用因素，形成功能分区。

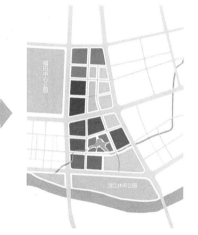

03 结构建立

在功能分区基础上，与周边次干道、支路形成路网衔接，形成大体结构。

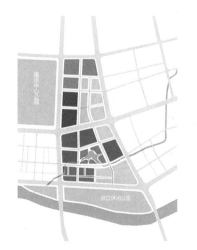

04 地块细化

以合理的街坊、地块规模进一步细分地块。

05 空间优化

进一步优化公共空间、景观结构。

06 肌理导入

根据各功能导引建筑肌理，形成方案。

图 5-24 规划构思推演

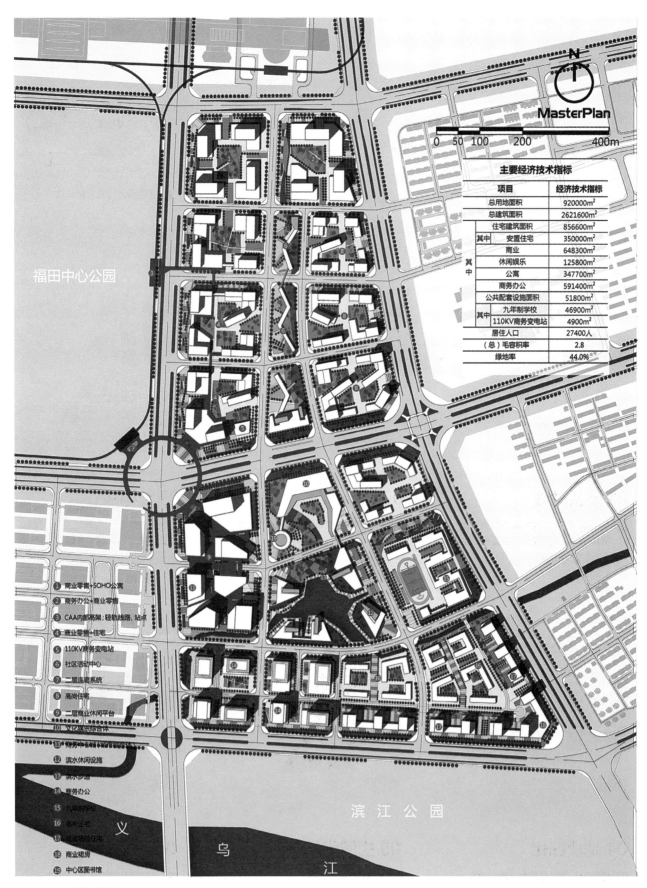

福田中心公园

主要经济技术指标

项目		经济技术指标
总用地面积		920000m²
总建筑面积		2621600m²
其中	住宅建筑面积	856600m²
	安置住宅	350000m²
其中	商业	648300m²
	休闲娱乐	125800m²
	公寓	347700m²
	商务办公	591400m²
	公共配套设施面积	51800m²
其中	九年制学校	46900m²
	110KV商务变电站	4900m²
居住人口		27400人
（总）毛容积率		2.8
绿地率		44.0%

① 商业零售+SOHO公寓
② 商务办公+商业零售
③ CAA内部高架；轻轨线路、站点
④ 商业零售+住宅
⑤ 110KV商务变电站
⑥ 社区活动中心
⑦ 二层连廊系统
⑧ 高尚住宅
⑨ 二层商业休闲平台
⑩ 文化广场示范百樯
⑪ 商务中心裙楼
⑫ 滨水休闲设施
⑬ 滨水步道
⑭ 商务办公
⑮ 九年制学校
⑯ 福州住宅
⑰ 滨江塔楼住宅
⑱ 商业裙房
⑲ 中心区图书馆

滨江公园

义 乌 江

图 5-25 方案总平面图

图 5-26　整体鸟瞰图

图 5-27 局部鸟瞰图

（1）功能结构

功能布局体现功能配套衔接、景观交通资源利用以及混合布局的原则，具体布局如下：

①十字休闲娱乐街：把餐饮、休闲娱乐等服务设施与绿地、广场结合布局，引入福田中心公园、滨江休闲绿地资源，并于基地南部形成休闲娱乐中心，形成基地中心贯通东西、南北向的十字休闲娱乐街。

②国际商贸城综合配套区：基地北部与国际商贸城接壤，其功能应为国际商贸城配套，形成相互带动作用。包括酒店、公寓、商业服务业及商务办公。

③片区级商业＋居住区：基地西北侧紧邻福田中心公园及两城市主干道，地块价值决定其商业价值，该片为商住区，底层宜形成贯通的片区级商业街区。

④城市商业综合体：于商城大道南，紧邻金融商贸区，形成功能高度混合，凝聚活力的城市商业综合体。其功能包括高档百货、酒店、公寓以及影院等娱乐设施。

⑤商务办公区：于基地西南角延续商务办公功能，可根据市场需求灵活调配商业办公与公寓配套的建设规模。

⑥高档居住：与基地东

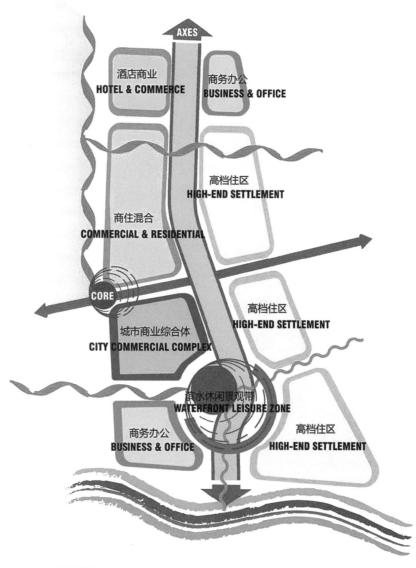

图 5-28 功能结构分析

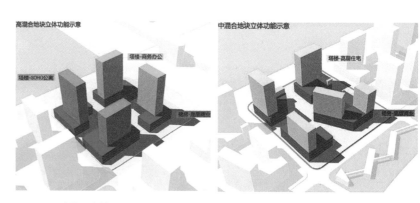

图 5-29 功能混合使用

侧安置居住集中布局，共同配套衔接利用公共服务设施。

（2）功能混合使用

为倡导土地混合使用，根据混合使用的功能种类和混合程度划分混合使用街区，

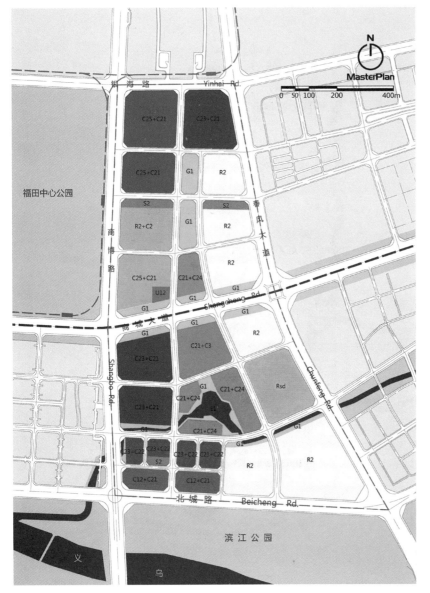

图 5-30 土地利用规划图

作为地块开发的指导。

①高混合街区：指包含商业零售、餐饮服务、办公、商业金融、酒店、SOHO 居住等三种功能类型以上的街区。

②中混合度街区：指包含办公、商业服务、酒店等两种功能左右的街区。

③低混合度街区：是指混合程度较低，通常只包含一种主要功能，附带少量服务功能的街区。通常为居住社区或者大型公共建筑和高档写字楼等。

4.2.2 土地利用

区域土地利用规划：

结合上节规划校核对已有土地使用的优化调整，中央活力区土地使用布局如下：

4.2.3 公共服务设施布局

规划根据周边公共服务设施现状和用地规划，结合轨道站点、滨水休闲以及居住区布置多个公共服务节点，

规划用地性质 Proposed Landuse	规划用地面积 Proposed Landuse Area (ha)	百分比 %	商务办公用地+商业用地 C23+C21 Medical Facilities	8.74	9.49%
用地平衡表					表 5-4
二类住宅 R2 Residential Type 2	17.83	19.36%	旅馆业用地+商业用地 C25+C21 Cultural	6.14	6.67%
九年制学校用地 Rsd Residential Type 2	4.02	4.37%	公共绿地 G1 Open Space	5.61	6.09%
二类居住用地+商业用地 R2+C2 Residential+Retail / Commercial	5.55	6.02%	供电用地 U12 Education / R+D	0.32	0.35%
非市属办公用地+商业用地 C12+C21 Retail / Commercial	2.23	2.42%	道路用地 S1 Sports / Recreation	29.22	31.73%
商业用地+服务业用地 C21+C24 Administration / Office	4.44	4.82%	广场用地 S2 Manufacturing / Processing	1.25	1.36%
商业用地+文化娱乐用地 C21+C3 Integrated Transportation Hub	2.77	3.01%	水域 E1 Water	1.65	1.79%
商务办公用地+金融保险业用地 C23+C22 Convention + Hotel	2.23	2.52%	总计 All	92.09	100%

居住用地

旅馆业用地+商业用地

非市属办公用地+商业用地

贸易咨询用地+金融保险用地

服务业用地+商业用地

二类居住用地+商业用地

广场用地+社会停车场库用地

公共绿地

水域

图 5-31 区域土地利用规划

布置各公共服务设施满足服务半径的要求。

在国家范围要求的基础上中心区适当提高指标，按照居住人口2.7万人来算，用地范围内规划设置必要的公共服务设施。

4.2.4 开发强度控制

根据土地开发强度控制要求，本规划容积率控制共分六级：

（1）容积率不大于2：控制滨水文化娱乐休闲用地及学校用地；

（2）容积率不大于4：控制文化娱乐用地；

（3）容积率不大于6：控制居住区、商业+办公用地；

（4）容积率不大于8：控制商业性办公用地；

（5）容积率不大于10：控制滨水办公用地及地铁站周边商业办公用地；

（6）容积率大于10：控制商业+办公用地。

4.2.5 道路交通

道路等级：

规划区内道路以周边城市主、次干道形成体系对接并基本以180x180的间距形成支路网体系，在此基础上，根据地块功能进一步划定支路，规划路网密度达13.7千米/平方千米。

规划将道路系统划分为四个等级——城市主干路、城市次干路、城市支路。其

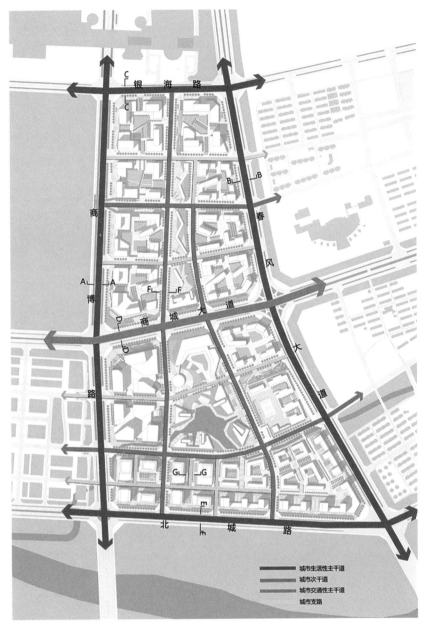

图 5-32 规划区道路交通分析图

中城市主干路，包括商城大道、北城路、银海路、春风大道和商博路，红线宽度42—60米不等；城市次干路，规划红线宽度24米，双向4车道；城市支路，规划红线宽度18—20米，均为双向两车道，车道宽度12米。

4.2.6 公共空间

（1）公共空间系统

根据基地特点，以中央活动空间为核心，建立一个连续、丰富的公共空间系统，为人的各种日常活动提供空间。在各个特色街区形成步行网络，以滨水步道、人行道、商业街道、二层步行道等多样化的步道和人行天桥、地下通道、电梯等交通方式将主要公共空间相串联，形

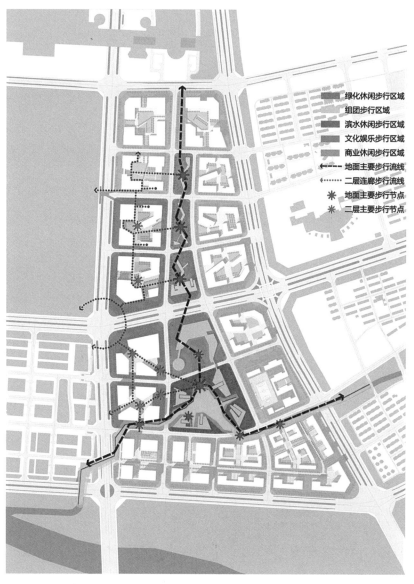

图 5-33　公共空间系统图

图 5-35　公共空间意向

成便捷安全的步行网络、富有人情味的公共空间。

（2）二层连廊空间系统

为建立一个多样、完整的步行系统，为人的各种日常活动提供空间，在主要商业步行街区建立二层连廊步

图 5-34　效果图

行系统,将主要的公共空间、商业空间以及公共交通设施相串联,形成便捷安全的步行网络、富有人情味的二层步行区域,同时尽量地解决中心区的人车冲突问题。

4.2.7 地下空间

为了有力的保障中央商务区二期良好的运行,地下空间的开发与规划是保障重点之一。根据系统集约开发的原则,充分结合《义乌中心区及国际商贸城地下空间控制性详细规划》相关内容,建议分三层进行系统控制,功能包括地下商业娱乐设施、下沉式广场、地下社会停车库、地下配建停车库、地下步行道以及地下车行环线等。

①地下一层:地下一层为重点开发区域。结合地铁站点开发地下商业步行街,并通过与下沉广场相连,与地面步行系统对接。同时设置地下车行环线,各地下车库与其相连,组织地下停车交通,地下车行环线与北城路的地下快速路接驳。

②地下二层:地下二层空间为地块配建停车库以及社会停车库。

③地下三层:沿商城大道地下三层为地铁线及其站点;在地铁站点周边地块及滨江商务办公地块地下三层布置配建停车库。

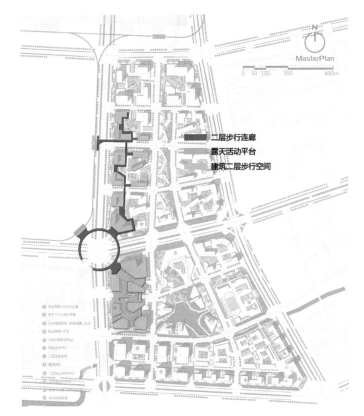

图 5-36 二层连廊空间系统图

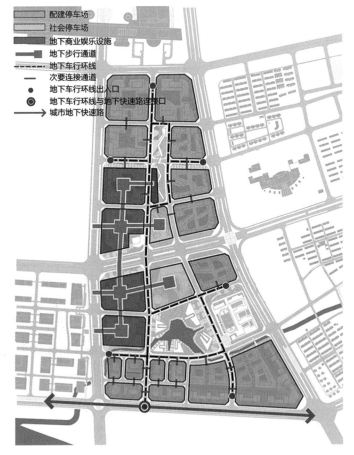

图 5-37 地下一层空间功能布局图

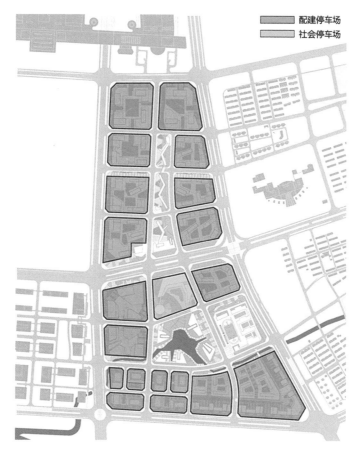

图 5-38　地下二层空间功能布局图

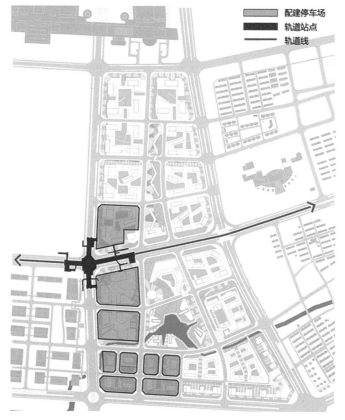

图 5-39　地下三层空间功能布局图

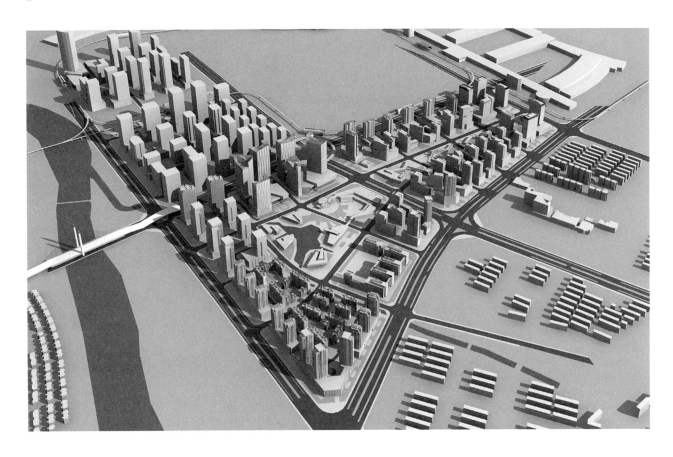

图5-40 公共空间构架及整体高度秩序

第6章 2012商务区二期设计优化

1. 任务要求

1.1 委托背景

2012工作背景发生了如下重大变化：

（1）时隔两年，规划范围周边片区的城市建设发生了一些新情况，特别是国际商贸城的开发和投入使用对规划片区的交通组织和外围过境交通的压力造成了影响，由义乌市城市规划设计研究院与华中科技大学编制的《义乌金融商贸区地区交通研究》指出，"必须采取更合适的交通发展政策或者减少地区土地利用开发规模，以实现交通网络系统与土地利用开发的平衡。"需对目前的外围交通进行重新评估调研，以便更精准的预测开发规模以及对物业功能的进行优化；同时，国际商贸城的开发和运营使得原有的实体商贸更加强大，同时也为电子商务的发展提供了有利的契机。

（2）规划范围内涉及东前王村的拆迁问题，《义乌市城乡新社区集聚建设实施办法（试行）》已于7月正式颁布并实施，《办法》对于村庄拆迁赔换的权益面积制定了新的标准准则，同时本片区的规划也需结合《义乌市稠城街道社区集聚规划》，统筹安排村庄的拆迁安置等相关事宜。

有鉴于此，义乌市建设局委托深规院开展了《义乌金融商务区二期城市设计优化调整》的编制工作。旨在原有城市设计的基础上，扩展与完善中心区的功能，提升其活力及形象，并完成了针对片区的功能策划、系统设计、实施操作三个层面，涉及功能布局、土地使用、城市设计、交通组织、开发强度、公共空间、地下空间、分区导控等八个方面的工作。

1.2 核心议题

在已有的规划研究成果基础上，针对本项目的实际开发情况，将梳理筛选影响片区发展的诸多影响要素，统筹考虑周边地区新的城市发展情况和开发意愿。校核片区的发展定位，合理的开发规模和开发模式，通过适应性的调整使得中央商务区二期符合城市地区的整体性发展战略；其次，吸纳《义乌金融商贸区地区交通研究》及《义乌市稠城街道社区集聚规划》相关内容，进一步完善中央商务区二期城市设计的研究内容。

最后，落实到城市空间层面中，制订详细的分区管控要求，并为下一步建筑方案设计提供为管理部门认可的、明确的技术指引细则。

1.3 二期调整目标定位

（1）要求1：开发规模及功能优化：在新的城市发展背景下，着眼于打造具有人气与活力的义乌中央商务区，缓解交通压力，提出依托现有国际商贸城建立电子商务园区、提倡职住平衡的营城理念，基于案例对比及借鉴国内外成功案例经验，进一步论证合理的开发规模以及功能配比，提出复合功能的空间分配模式等内容。

（2）要求2：布局研究：根据开发规模和功能策划研究，同时纳入东前王村庄拆迁安路的意愿要求，优化土地使用布局，深度达到中类及部分小类用地，并核算地块开发强度。

（3）要求3：空间形态方案及控制：结合功能布局调整，调整空间布局方案，进一步研究节点、地标、边界、不同功能对应不同的建设形态的控制和引导。

（4）要求4：交通系统组织：充分吸纳《义乌金融商贸区地区交通研究》相关成果内容，优化片区交通组织（车行交通组织，步行系统组织，静态交通组织，道路断面设计等），并统筹考虑地下空间。

（5）要求5：分区导控及分期开发计划：把空间研究落实到城市设计的控制语言，有效地转化为管理语言的管理准则；同时结合地块开发现实条件，对片区的开发时序进行安排。

1.4　主要工作成果内容

依据开发建设与规划管理的需求，本次调整优化工作任务主要集中在以下几个方面：

（1）开发规模及功能优化：在新的城市发展背景下，着眼于打造具有人气与活力的义乌中央商务区，缓解交通压力，提出依托现有国际商贸城建立电子商务园区、提倡职住平衡的理念，基于案例对比及借鉴国内外成功案例经验，进一步论证合理的开发规模以及功能配比，提出复合功能的空间分配模式等内容。

图6-1　区位图

（2）布局研究：根据开发规模和功能策划研究，同时纳入东前王村庄拆迁安臵的意愿要求，优化土地使用布局，深度达到中类及部分小类用地，并核算地块开发强度。

（3）空间形态方案及控制：结合功能布局调整，调整空间布局方案，进一步研究节点、地标、边界、不同功能对应不同的建设形态的控制和引导。

（4）交通系统组织：充分吸纳《义乌金融商贸区地区交通研究》相关成果内容，优化片区交通组织（车行交通组织，步行系统组织，静态交通组织，道路断面设计等），并统筹考虑地下空间规划。

（5）分区导控及分期开

发计划：把空间研究落实到城市设计的控制语言，有效地转化为管理语言的管理准则；同时结合地块开发现实条件，对片区的开发时序进行安排。

2. 调整思路

2.1 调整原则

项目地块周边恰好是义乌最大的国际商贸城，具有

图6-2 效果图

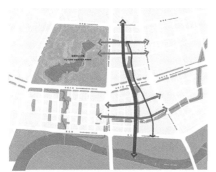

1 友好的步行街块

2 文化纽带的植入

3 独特的社区划分

4 多模式交通系统的刺激

5 片区中心强化混合功能使用

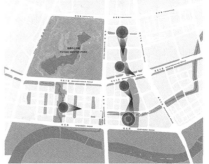

6 打通地标建筑视线通廊

图6-3 基地规划策略

强大的实体商贸流通能力。

（1）差异化发展

义乌金融商务区二期地块紧邻国际商贸城和金融商务区一期，在功能选择方面，应充分考虑与这二者之间有明显的区别，形成功能错位和补充的效果。电子商务平台成为基地内部功能首选，形成差异的同时又对周边功能进行了有效的补充。

（2）服务性需求

真正的产业集聚需要大量的服务性机构存在，生产性服务也为企业提高附加值服务，生产性服务业包括为生产、商务活动提供服务的部门，如金融、保险、银行、法律等，应运而生的是金融办公综合体、科研综合体、会展综合体、教育培训综合体等。

（3）居住性配套

产业的发展离不开工作人员，为各层次人才提供居住、商业服务、文化娱乐服务等成为留住产业人群的有效手段，实现职住平衡，为城市的良性发展提供基础性保障。

2.2 目标定位

（1）打造以电子商务为核心，集商务办公、居住、文化休闲为一体的金融商务区。

①迎合商贸转型大势，建立电子商务试点

电子商务在全球商贸流通中占的比重越来越大。

2012 全球电子商务交易额达到 253 万亿元。中国占到 8.1 万亿，同比增长 28%。全球商贸模式从实体商贸到电子商务已是大势所趋。因力借势，以用商贸转型契机，建立义乌电子商务城市成为一种可能。

②依托实体商贸流通业发展电商平台

义乌具有强大的实体商贸流通业。目前义乌国际商贸城的流通额已经突破 500 亿元人民币。依托义乌强大的实体商贸流通业，建立电商平台，可以形成对实体商贸的有效补充，并促进实体商贸的转型

③完善城市配套服务，营造综合商贸服务体系

电子商务园区的培育发展不仅要满足企业的发展需求，兼顾各类企业对工作环境、城市服务、物业类型的需求。同时也要符合电子商务从业人员的工作、生活需求。只有能吸引到最高级的电子商务人，解决他们生活、工作的后顾之忧，才能更好地促进电子商务业的集聚。形成具有国际影响力的电子商务园区。

（2）合理的开发规模与开发模式

《义乌金融商贸区地区交通研究》研究论证了中心区开发的交通瓶颈。明确指出必须采取更合适的交通发展政策或者减少地区土地利用开发规模，以实现交通网络系统与土地利用开发的平衡。在新的城市发展背景下，结合城市发展需求，从经济测算方面进一步论证合理的开发规模以及功能配比：

提出复合功能的空间分配布局模式，通过利用义乌现有强大的实体商贸模式，建立以电子商务为核心，并提供相应的城市服务配套的金融商务区。提倡职住平衡的营城理念，缓解交通压力。着眼于打造具有人气与活力的义乌金融商务区。

（3）融入周边环境的开发框架

义乌金融商务区二期应与正在建设中的金融商务区一期、国际商贸城、福田中心公园、义乌文化中心区有机地结合在一起，共同达成可持续发展、统一、互动和富有文化底蕴的商务环境。这种区域空间协作的关系决定了片区的整体空间格局。

同时，在金融商务区开发的过程中，在这样的规划框架下可以根据未来市场业态需求，经济的发展和生活方式的改变而不断调整。未来的金融商务区将提供多样的功能与设施，满足商务，人群的生活学习、工作玩乐需求，创造一个可识别的地区，体现义乌工作

和生活新概念。

（4）提供一个便捷的公交出行方式

规划轨道交通 3 号线沿金融商务区二期西侧与北侧穿过，在规划范围内分别设商城大道站与银海路站两个站点。

片区鼓励不依赖小汽车的生活方式，强调公交先行，通过沿商博路以及银海路各增设一处公交枢纽站实现公交零换乘的公交接驳模式，使得片区公共交通便捷可达，支持整个地区的发展。

（5）以行人为主的商务办公区街道

通过街区公园，林荫街

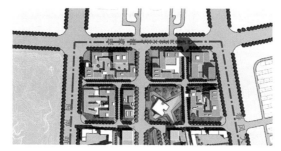

图 6-4　电子商务园区效果图

土地利用规划
LAND USE

土地利用规划更多考虑功能的融合，在基地内实现功能混合以增进城市活力。酒店或服务式公寓与办公的结合形成众多混合功能塔楼，商业功能不再以均匀的方式分布到各个地块，而是更加集中于地铁站点周边地块与中央文化公园两侧，促进城市空间共享，提升都市活力。

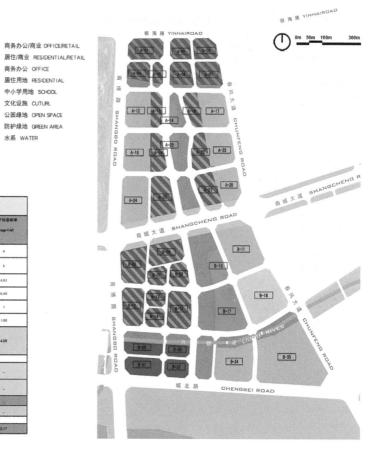

用地面积
LAND USE AREAS

开发基地面积 Gross Site Area (Ha)	92.09ha			
用地功能 Land Use	用地面积 Parcel Area (Ha)	比例 % of Site Area	建筑面积 GFA （万m²）	建筑面积比例 % of Total GFA	地块平均容积率 Average FAR
二类居住 R2 Resident	20.25	21.99%	81.0	40.6%	4
居住/商业 Resident/Retail	13.3	14.44%	66.6	33.4%	5
办公/商业 B2+B1 Retail	5.55	6.02%	25.6	12.8%	4.61
商务办公 B2 Office	3.02	3.28%	19.6	9.8%	6.49
文化设施 A2 Culture	3.6	3.91%	3.6	1.8%	1
中小学用地 A33 Education	3.1	3.37%	3.1	1.6%	1.00
可开发地块用地 DEV. PARCEL SUBTOTAL	48.8	52.99%	199.5	100%	4.08
公园绿地 G1 Green Space	9.2	9.99%	--	--	--
防护绿地 G2 Green Space	2.06	2.26%	--	--	--
水面 E1 Water	0.97	1.05%	--	--	--
道路 S1 Roads	32	34.75%	--	--	--
基计 TOTAL	92.09	100%	199.5		2.17

图 6-5　土地利用规划图

道与穿越地块的步行通道，最大限度地提升商务区的步行联系，保证街道商业界面的连续性，打造步行的街道和公共空间。

（6）促进社会交往的文化舞台

义乌金融商务区二期强调以人为本的精神，通过中央文化公园、广场和建筑入口等公共空间的设计为城市提供多样的文化设施与活力动线，丰富市民体验，加强社会交往的机会，增加商务交流和提倡健康生活的理念，共同创造一个社会交往的平台。

3. 结构方案

3.1 公共空间重组

深化设计通过对现有城市设计的规划框架进行优化，对绿色空间的重组确保了公园绿地系统的延续性，改善了地区的日照，通风和景观视线。通过适当拔高楼宇，释放出更多的绿地空间，分配到各个地块内部，地块内部新增的小尺度步行系统为各个地块提供了更好的可达性，形成完整的景观系统，与外部公共空间体系形成有效的互动渗透，并与相邻地铁站点及公交首末站相连，大大增加了地块的均好性和整体价值。

3.2 电子商务园区城市设计

充分考虑企业和从业人员的需求。根据 TOD 理论，轨道站点 200 米内为核心价值区域，200—800 米范围内则为其有效距离，因此片区内进行空间格局设计时，充分提高银海路东侧地块的容积率，并呈现由东向西递减的态势。注重对空间形象的雕琢和功能的合理配比。

3.3 土地利用

土地利用规划更多考虑功能的融合，在基地内实现功能混合以增进城市活力。酒店或服务式公寓与办公的结合形成众多混合功能塔楼，商业功能不再以均匀的方式分布到各个地块，而是更加集中于地铁站点周边地块与中央文化公园两侧，促进城市空间共享，提升都市活力。

第三部分
中心区之文化中心城市设计

第 7 章　2008 文化中心国际咨询

时间：2008 年
范围：36.7 公顷
投标单位：
华墨国际
华南理工
安道国际
上海嘉博
上海现代
深圳建筑院

1. 规划咨询任务书要求

1.1　设计目标

义乌市文化中心，集商业、文化、休闲、娱乐等多功能的综合街，建筑规模约35 万方。地块拟以"活力无限、魅力永恒"为主题，营建标志性的亲水公共空间和交流场所，展示城市形象。

1.2　项目基本概况

1.2.1　基地现状

义乌中心区 10、11 号街坊位于义乌中心区南部，环湖路与商博西一路围合的范围，项目地块居于文化中心核心位置，是中心区南北景观轴线和滨江轴线的交汇点。规划总用地约 36.7 公顷（其中内湖面积 10.5 公顷）。地理环境优越，地貌平整。

1.2.2　基地周边设施条件

地段现状用地北临义乌

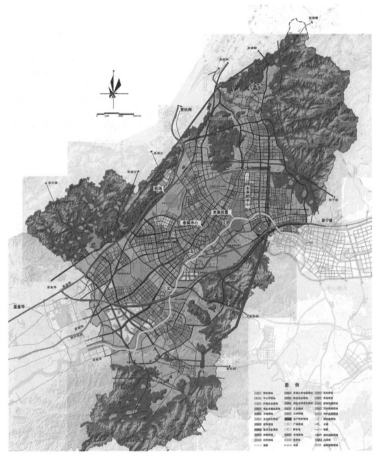

图 7-1　区位图

图 7-2　基地范围

江，东西南面均临城市主要干道，用地内主要为农田及苗圃用地，有一部分为村庄建设用地，地块内水渠、池塘、水面和植被良好。整个用地地势平坦，用地条件优越，周边用地大部分正成规模开发建设。西面体育场馆和南面大片居景观面，正对对岸城市中轴线，是义乌市中心城区的景观和形象节点。地块内目前绿化植被为主，村庄夹杂其中，周边一些重要公建已形成，新城中心区的景观尚未形成。

1.2.3　建筑功能要求

10 号街坊是集商业、文化、休闲、娱乐等多种功能的综合街区，安排影城、商业零售、餐饮、休闲等内容。其中，10.01 地块为市政配套项目，安排变电站与观光轻轨站；11 号街坊是集娱乐、休闲等功能的综合街区。

1.2.4　容量控制要求

整个街坊预期建筑面积为 35 万平方米，设计可将上述地块进行细分或合并，开发总量应控制不变。绿地和停车场用地的规模在地块细分合并后应保持不变。

1.2.5　建筑密度控制

设计控制范围内的建筑密度不大于 40%。

1.2.6　绿地控制

设计控制范围绿地率不小于 25%。

1.2.7　退界控制

10、11 号街坊内各地块建筑退界要求，详见地块规划条件图。

1.2.8　高度控制

10 号街坊的建筑高度不超过 24 米，11 号街坊的建筑高度不超过 50 米。

图 7-4　现状图 2

图 7-3　现状图 1

规划用地汇总表　　　　　　　　　　　　　　　　表 7-1

规 划 用 地 汇 总 表

地块编号	用地性质代码	用地性质	用地面积(m²)	容积率	绿地率(%)	建筑密度(%)	建筑限高(m)	居住人口(人)	配建车位(个)	公共配套设施	备注
10-01	U21+U12	公共交通用地+供电用地	7781.6	0.8	30.0	40	36	–	–	轨道站、110kv变电站	按整体地块计算
10-02	G12	街头绿地	14767.0	0.0	85.0	–	–	–	–	公共厕所、垃圾收集站	按整体地块计算
10-03	S31	机动车停车场库用地	8020.0	0.0	0.0	–	–	–	380	社会公共停车场	可设置地下停车场或停车楼
10-04	C21+C24	商业用地+服务业用地	58965.6	1.8	25.0	50	24	–	600	公共厕所	按整体地块计算
10-05	C35	影剧院用地	5417.0	1.8	25.0	40	24	–	–	公共厕所	按整体地块计算
10-06	C21+C24	商业用地+服务业用地	47122.0	1.8	25.0	50	24	–	500	公共厕所	按整体地块计算
10-07	C21+C35	商业用地+影剧院用地	37717.0	1.8	25.0	50	24	–	300	义乌国际影城、邮政所	按整体地块计算
11-01	S31	机动车停车场库用地	8164.0	0.0	0.0	–	–	–	400	社会公共停车场	可设置地下停车场或停车楼
11-02	C24+C25	服务业用地+旅馆业用地	43655.0	1.8	30.0	45	50	–	650	义乌娱乐广场	按整体地块计算
11-03	G12	街头绿地	30238.4	0.0	90.0	–	–	–	–	公共厕所	按整体地块计算

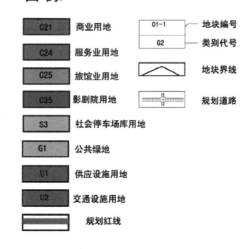

图 例：

C21	商业用地	01-1 / G2	地块编号 / 类别代号
C24	服务业用地		地块界线
C25	旅馆业用地		规划道路
C35	影剧院用地		
S3	社会停车场库用地		
G1	公共绿地		
U1	供应设施用地		
U2	交通设施用地		
	规划红线		

图 7-5　土地利用图

2. 华墨国际

2.1　设计构思

2.1.1　设计目标

（1）打造新的商业模式，提升义乌的国际竞争力

（2）塑造一个具有义乌自身文化特性的国际化商业区，使之成为义乌的城市名片

（3）创造"活力无限，魅力永恒"的城市滨水休闲区

（4）三维功能组织塑造人性化城市空间

2.1.2　定位

有意识地将文化娱乐、休憩购物、商业办公和产业开发等公共空间功能复合在一起，尊重城市已有形态与肌理，新旧之间以协调补充的姿态展开对话，构筑高度互动的城市格局和丰富的都市体验，实现一个整体、有机、舒适、便捷、高效的现代复合型可持续发展的滨水休闲商业区。

2.1.3　设计理念

（1）功能复合：打造综合性的集休闲、娱乐、购物等多种功能于一体的复合型商业区，每一个独立的商业区块多种功能的集合体。

（2）人性化滨水空间：通过多变的建筑立面和形体，创造多个具有趣味性的空间体验，并赋予其功能属性，形成满足人们不同需要的场所。

（3）高效的交通组织方式：通过建筑内外空间的合理设计，建筑内外的交通组织更合理更有效率。

（4）标志性的城市景观：运用合理的建筑设计手法，使整个建筑群体给人以美感并引起人们心灵的震撼，使之成为义乌的标志性建筑群。

2.1.4　设计构思

湖畔的泼墨画卷：运用太极及其衍生理论，使城市水脉与交通流线以一种螺旋、层进的方式组织，并在大型商业建筑的顶部把江南水乡的城市网格以六十四卦的空间组织方式布置，并且取义乌的乌字，将中国水墨的痕迹带入其中，一气呵成。

通过建筑与外部空间的不同组合方式，创造出各种有特定的功能属性，又不乏趣味性的场所。这些场所共同构成一个具有中国传统人文特性的人性化的空间组合。

2.2　建筑总体布局说明

2.2.1　功能区划分

地块内功能以商业为主，兼顾各种互补功能，发挥多元性市场综合效益。

2.2.2　总平面布局

在总平面上分为综合商业区，品牌商业区，文化休闲区，办公商业区，公共设施服务区、绿化水系六大功能块，结合竖向的三个空间功能层面，形成立体布局。

总平面图源自易经的方位对应关系，共分八个建筑体块，依据功能分别为：

（1）A地块——大型综合商业中心，沿湖布置品牌餐饮、健身会所、美容会所等与周边歌剧院和音乐厅互动消费设施。

（2）B/1地块——公共设施服务区块，包括观光轻轨、巴士停靠站、的士停靠点和与其配套的公共服务设施。

（3）B/2地块是在公共设施服务区块的基础上延伸到商业中心内部的，以餐饮为主体的综合商业区块。

（4）C地块和D-1地块，是结合义乌当前经济模式提出的集品牌展示、专卖、代理办公、设计、VIP接待等为一体的21世纪独立复合商业单元。

（5）D-2地块和E地块是文化娱乐区块，设有电影院、KTV等中心文化娱乐设施，并针对其和B-1地块的位置对应关系，枢纽位置，周边消费人群的人流集中集散的特性，部分作为公共设施服务设置巴士站台、的士停靠点，和相应配套公共设施。

（6）F地块结合周边绿地和五星级宾馆，音乐厅的公共空间合为一体，设置相配套特色中餐厅、西餐厅、

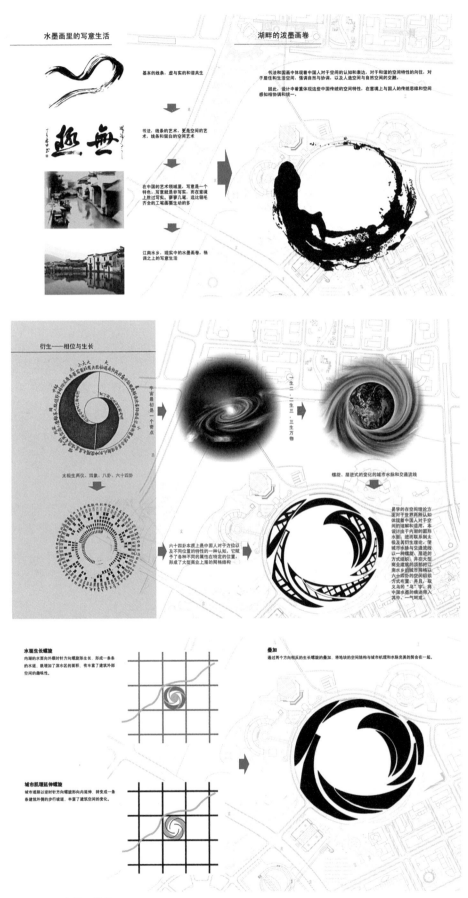

图 7-6　方案构思推演

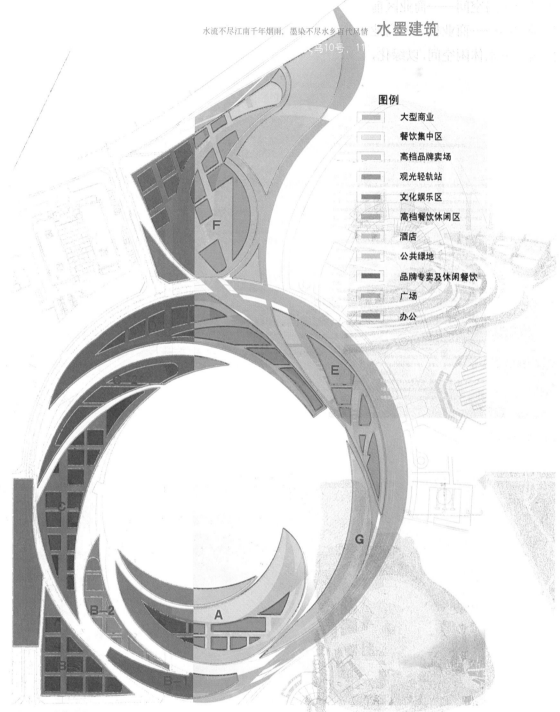

水流不尽江南千年烟雨，墨染不尽水乡古代风情 **水墨建筑**

图例

- 大型商业
- 餐饮集中区
- 高档品牌卖场
- 观光轻轨站
- 文化娱乐区
- 高档餐饮休闲区
- 酒店
- 公共绿地
- 品牌专卖及休闲餐饮
- 广场
- 办公

图7-7 功能分区图

咖啡厅、茶室、书吧和画廊等休闲设施。

（7）G地块是向河对岸打开的对应滨水公共绿地。

（8）H地块是商业办公综合区块，另经对未来整个新区商务人员预估，在原五星级酒店的基础上，补设四星级酒店一处。

整个商业区因其枢纽位置，沿曲线各个方向均可进入，并针对东南部办公，酒店区，将城市道路引入地下和办公区，五星级酒店的地下，地上公共空间统一利用，把主人行入口设在南面，延续城市轴线。

整个空间与环境的序列，

由城市道路空间——商业区前广场空间——商业楼——商业区内部滨水休闲空间,以绿化,铺地和石材墙面的上太阳能节能玻璃灯板作为视觉向导,层层推进。各空间通过公共屋顶绿地坡道,相互连接,通过垂直巷道相互穿透,使整个商业区充满生机。

图 7-8 效果图

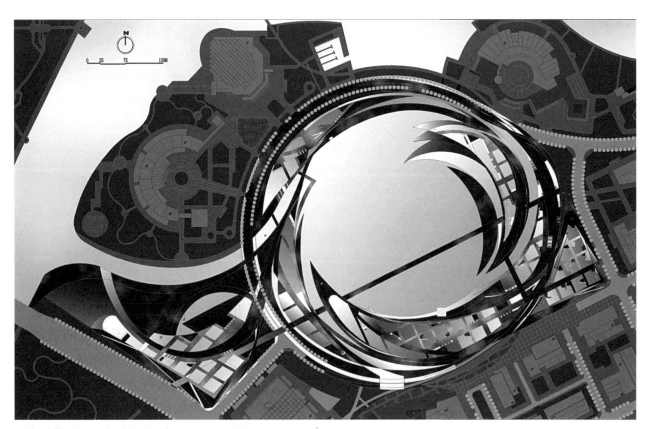

图 7-9 规划平面图

2.2.3　空间组织与环境设计

（1）空间景观网络与轴线系统

商业街区的布局以网格和螺旋形结合的步行系统为主，同时与大型公共空间，庭院，以及广场绿化相结合，形成人性化的现代购物空间。

街区的空间景观轴线和城市景观相结合，形成城市景观视廊，将四周城市绿带引入街区，构成有机的形态本街区在步行轴线上选择有机的相对更人性化的节点，用多种尺度的广场、水道、巷道等不同的街道方式，打破线性空间的单调，有节奏地营造出空间的高潮点，如中心的水广场，屋顶的平台广场，弧线沿建筑立面与四周城市形成的小广场，建筑内庭院，通过不同形式和气氛的广场，营造丰富变化的外部空间。在商业区四周专卖店铺形成宜人尺度。

核心区人行路线的组织主要有两种空间形式，一种是宽度5至10米左右的步行商业街，一种是结合建筑的水道商业空间。上述的人行路线以步行街为网格组织在一起，限定了主要外部空间形式以此为基础，结合总平面规划中建筑形态的考虑，核心区（步行街区）以四五层为主，街区向跨河大桥渐渐升高，形成城市标志性

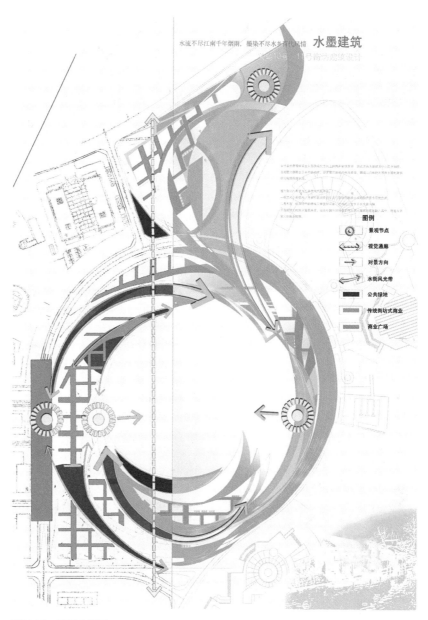

图7-10　景观分析图

图7-11　局部效果图

景观，布置小高层宾馆，弧形的形态进一步完善空间构成，成为重要的地标，同时也在寸土土金的中心区保证一定的容积率。通过连廊和天桥，整个街区形成紧凑的组织结构。

（2）空间节点与标志性建筑

①南入口广场；

②东部观光轻轨入口；

③西面办公商业区节点；

④中心广场。

2.3 建筑设计

建筑的灵感取自中国的水墨山水，主要形态是来自两道波形。

第一道波形起伏较大，结合背景山的形状，在义乌江边，建造一座透明的山脉。第二道波形较为舒缓，和可行走的大屋顶绿化面结合，呈螺旋状向湖水中心延伸进去。交通上做过多种尝试，最终以剪纸为灵感，作出交通系统模型，我们采用一路两开的原则，两叉的交通原则和建筑形态结合在一起，同倾斜的建筑结构，把中国传统挑檐的建筑语言和坡道融为一体，把江南船的形状镶嵌其中，借着净水湖的倒影，展开一幅现代江南水乡画卷。

围绕圆的部分建筑向湖心伸展，如一笔书法，保持流畅弧线，三个主体建筑的尽头，从圆形的坡道面边缘微微挑出，如挥洒的墨迹，把过于完整的圆形打破。圆的东南角、整体偏高，又向上微微隆起和街对面25层办公区相互呼应，西北端沿桥而上的部分，利用透视角度倾斜向上至48米，和主要交通的街道立面呼应，为城市跨江大桥树立新标志。

经过对多个欧洲名城商业街进行的城市尺度研究，建筑平面结合江南水乡村落格局，在公共空间以张力曲线形打开向外，将人流沿外立面自然引入商业区内部。

结合传统"巷"的空间模式，加入南北走向街道网格，被网格切开的道路两侧，采用竖向双开中国传统建筑元素，在南北通风的小巷里，营造自然宜人的商业氛围。

2.4 可持续发展技术：净水湖理念

通过雨水回收，商业区主体所设中水处理系统，和中心湖水形成内水冷循环，使整个商业区水循环自成可持续系统。

计划建成的人工堤防湖分两层。上层是过滤层，为角度为3°的曲面。在曲面较低部分百米直径内分布过滤器。下层则为沉淀层，上层湖水因沉淀可以常年保持澄清，下层沉积水则经过统一处理后再排入江里。这样常年保持清洁的净水湖，和石材墙面上的太阳能灯光，树脂漂浮萍以及晚间水幕灯效相配合，为城市树立清新的城市休闲中心形象。

图 7-12　局部效果图

2.5 规划实施策略建议

2.5.1 公共开发为主，与严格统一规划要求和控制下的私人开发相结合

2.5.2 统筹安排开发设计与建设周期

（1）首期整体建设A、B、C地块，使商业中心区初具规模。

（2）沿宗泽东路的地块也可作为独立商业地块先行开发。

总体技术经济指标 表7-2

规划面积（ha）	用地面积（ha）	总建筑面积（m²）	建筑密度	容积率	绿地率	停车位（辆）	停车率
36.7	26.2	274748.2	32.83%	1.05	26.3%	2773	101辆／万平方米

各区块技术经济指标 表7-3

A区

商业（m²）	办公（m²）	辅助空间（m²）	套间（m²）	交通空间（m²）			A区建筑面积（m²）
18695.9	5750.1	2595.5	2467	9925.5			39434

B区

商业（m²）	办公（m²）	辅助空间（m²）	套间（m²）	交通空间（m²）	绿化（m²）		B区建筑面积（m²）
21334.3	6502.3	2322.6	5182.3	16513.8	1750.9		53606.2

C区

商业（m²）	办公（m²）	辅助空间（m²）	套间（m²）	交通空间（m²）	绿化（m²）		C区建筑面积（m²）
29921.9	9888.1	650.3	267.6	24629.3	2489.2		67846.4

D区

商业（m²）		辅助空间（m²）		交通空间（m²）			D区建筑面积（m²）
3706.6		3363		4778.2			11847.8

E区

商业（m²）		辅助空间（m²）		交通空间（m²）		车库（m²）	E区建筑面积（m²）
4707.6		962.9		129.5		5329.9	11129.9

F区

商业（m²）	办公（m²）	辅助空间（m²）	套间（m²）	交通空间（m²）	绿化（m²）	车库（m²）	F区建筑面积（m²）
10732.4	30486.9	5482.6	24460.3	12934.5	731.2	6056	11129.9

3. 华南理工

3.1 设计立意构思

（1）立意构思一："商海蛟龙"的设计理念

以艺术化的建筑语言，结合规划的湖面，塑造出"商海蛟龙"的中心区特色形象。

（2）立意构思二：环形公共带

结合环形的路网及水面，形成简洁优美的环形公共服务带，通过几百米长的环形的公共带将周边的中心区音乐厅、五星级酒店、文娱中心、档案馆等紧紧扣在一起，整合了中心区，建立了一条独具特色的公共联系纽带。

（3）立意构思三：多元公共空间

根据商业文化休闲的建筑功能，形成多层次的空间内容，通过滨水岸线性空间、内部水街、城市中庭、退台广场、下沉广场等多种空间，形成交流互动的公共空间氛围。同时结合江南地域文化特色，用现代化的手法演绎，形成河街一体的线性空间，亲切宜人的街巷空间尺度，丰富多元的空间变化节点广场等的公共活动空间。

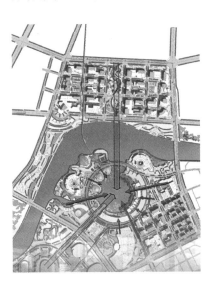

图 7-13　设计立意构思

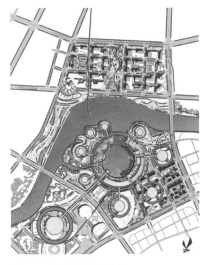

图 7-14　环相周边意向图

岛岸步行环境带
滨水绿带
广场绿化区域
生态中庭
环湖步行环境带
生态绿岛
湖面/水街

图 7-15　绿化及环境规划图

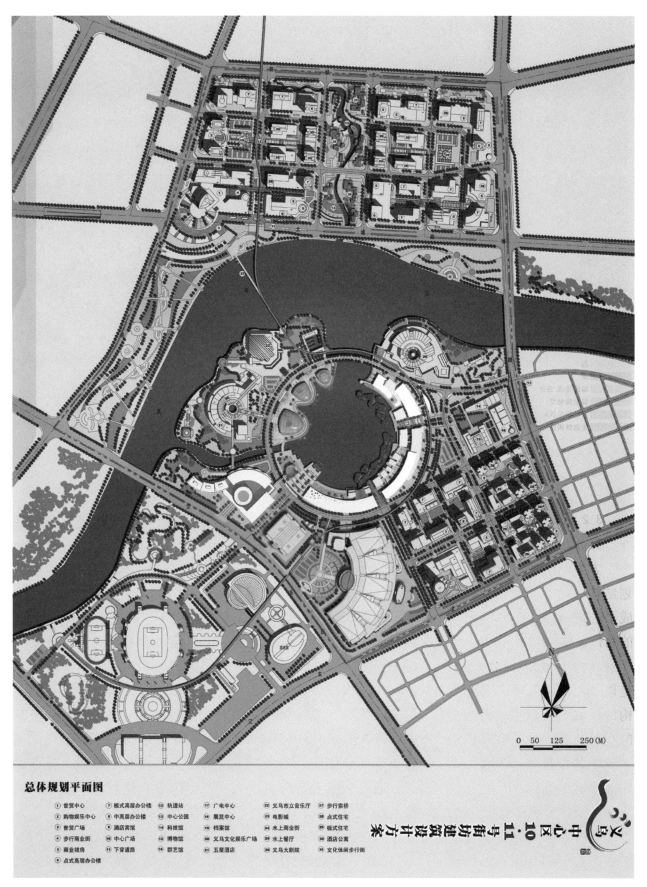

总体规划平面图

① 世贸中心　　② 购物娱乐中心　　③ 世贸广场　　④ 步行商业街　　⑤ 商业裙房　　⑥ 点式高层办公楼　　⑦ 板式高层办公楼　　⑧ 中高层办公楼　　⑨ 酒店宾馆　　⑩ 中心广场　　⑪ 下穿道路　　⑫ 轨道站　　⑬ 中心公园　　⑭ 科技馆　　⑮ 博物馆　　⑯ 群艺馆　　⑰ 广电中心　　⑱ 展览中心　　⑲ 档案馆　　⑳ 义乌文化娱乐广场　　㉑ 五星酒店　　㉒ 义乌市立音乐厅　　㉓ 电影城　　㉔ 水上商业街　　㉕ 水上餐厅　　㉖ 义乌大剧院　　㉗ 步行索桥　　㉘ 点式住宅　　㉙ 板式住宅　　㉚ 酒店公寓　　㉛ 文化休闲步行街

图 7-16　总体规划平面图

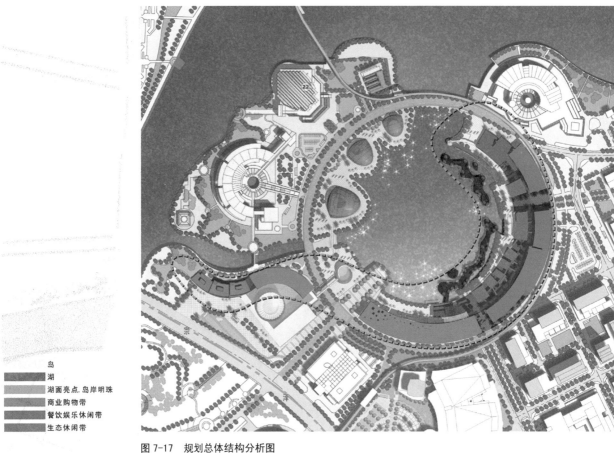

岛
湖
湖面亮点.岛岸明珠
商业购物带
餐饮娱乐休闲带
生态休闲带

图 7-17　规划总体结构分析图

3.2 规划设计

3.2.1 总体结构

方案结合中心区总体规划结构，结合立意构思，形成"一湖一岛、一环三带"的总体结构。

（1）一湖一岛："一湖"是以规划的内湖作为总体结构的核心，强调空间对内湖的视线渗透，打通联系周边地区的视廊轴线，形成沿湖逐渐抬升的空间高度秩序，沿湖形成丰富的岸段和空间。"一岛"是结合河涌将五星级酒店和音乐厅所在地块打造成高尚休闲文化岛，形成优美曲折的岛屿岸段，布局三个椭球形的特色建筑群组，成为湖面亮点、岛岸明珠。

（2）一环三带：一环是沿湖形成公共功能环，形成向心的空间引力，并将环形延伸到11号街坊地块，逐渐升高，形成整体而优美的龙形建筑形象。"三带"是沿内湖依次形成生态休闲岛带、餐饮娱乐休闲带、商业购物带。通过带状合理分区，有序组织商业人流，形成丰富有序的带状商业空间。

3.2.2 交通组织结构

建立以人为本、人车分流、整体多层次步行为主体的交通组织体系。方案结合规划环湖路，在内部形成纯步行的商业休闲空间，并通过地下空间联系天桥、廊道、建筑退台等组织多层次的步行空间，将建筑组串成统一整体，形成颇具特色和活力空间。方案结合较大规模的建筑，形成地下停车场，通过了垂直交通体系、地下通道等建立便利的人车换乘，便捷高效积聚人气。

3.3 建筑设计

3.3.1 体量高度控制

结合"商海蛟龙"的规

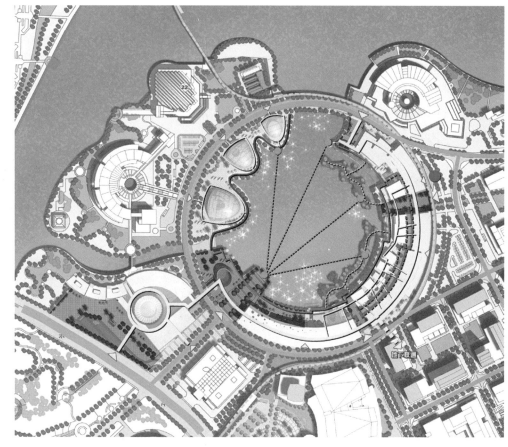

岛岸景观步行带
环湖步行带
商业流线
水街步行带
生态步行带
水上交通线
码头
轻轨站
入口
广场步行区

图 7-18　商业及游览交通分析图

划理念，充分考虑到滨水建筑的特点，通过对不同高度空间的组合以及退台空间的运用，建筑整体高度由东到西逐渐上升。

3.3.2　形式风格控制

一"环"采用统一的菱形玻璃幕墙作为沿街立面，形成"波光粼粼"的建筑表面肌理，塑造"商海蛟龙"的中心区特色形象和城市界面。内环侧结合水面岸线将建筑灵活布置，或退台或穿插，塑造灵活多变充满趣味的城市滨水休闲空间。一"岛"侧通过三个椭球形的特色建筑群组彰显出其高尚休闲文化岛的独有文化空间气质，并与对岸的"环"遥相呼应。

3.3.3　造型要素处理

富于现代和复合的建筑体有机布置，给整个城市增注商业休闲气息。建筑体中菱形玻璃幕墙的独立与突起，在统一中寻求个体的凸显。

（1）义乌商业文化广场（11 号街坊）

义乌商业文化广场占地6.2 万平方米，总建筑面积17 万平方米，其中商场：13 万平方米，地上七层，地下两层，还包括三栋 10 层以上联排写字楼。汇集了八大功能，集零售、娱乐、餐饮、会展、康体、休闲、旅游、商务于一身。采用商业综合体黄金比例：餐饮 18%，娱乐30%，零售 52%。主力商家：全球零售百货巨擎（欧洲大型百货公司）顶级国际名牌旗舰店、跨国主题娱乐公司，约 50000 个国内外品牌同场经营。

（2）退台商场设计

功能上沿湖面尽量商铺面积最优化，竖向安全梯的设置基本靠近沿街面，使人们在购物的同时也能观景赏湖。下沉式入口广场及入口门厅下沉到地下一层的设计有利于地下商业空间的充分开发利用，也利于地下一层的采光通风及消防疏散。一层集中了化妆品专卖和精品服饰，二三四层为大众服装，五层为娱乐休闲，地下一层布置了大型超市和部分商业空间，功能分区合理。建筑空间既力求复合多样，又强调尺度的人性化，渲染浓厚的商业气氛。

（3）中段江南水街

采用"人性交往空间穿插概念"，在建筑的二层设置了挑廊，在二三层处又设置了连通餐饮和商业建筑的廊道，为消费者在消费娱乐之余，能找到休闲而安静的地方休憩和交往平台，以适合不同人群的需要。向湖的五个小餐饮建筑为不同风味

的餐馆，靠外的商场建筑内部功能依据使用性质的不同分开布置，功能分区明确，流线合理。

（4）北段商业街

图7-19　设计概念

结合"城市会客厅"的设计理念，利用建筑退台布置以观景平台为服务中心的购物休闲功能。同时通过天桥与城市轻轨相衔接，并采

图7-20　夜景效果图

用自动扶梯等垂直交通体系合理高效的疏散人流。

（5）岛岸明珠

结合建筑造型采用流线型的室内空间设计，将购物休闲相结合。三个特色建筑

依次为电影院、休闲SPA生活馆以及高档精品商场。

图 7-21　夜景效果图

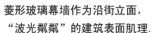

结合水面岸线将建筑
灵活布置，或退台或穿插.

菱形玻璃幕墙作为沿街立面，
"波光粼粼"的建筑表面肌理.

"波光粼粼"

图 7-22　造型要素处理

图 7-23　局部效果图

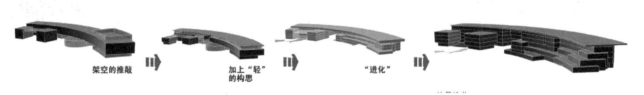

图 7-24　体量演化

图 7-25　局部效果图

3.4　经济指标

地块经济指标一览表 表 7-4

总用地面积（m²）		367000	净用地面积（m²）		259000
总建筑面积（m²）		369246	其中，地下建筑面积（m²）		47500
建筑面积		功能区		面积（m²）	
	地上部分	北段		31300	
		中段		49086	
		南段		48710	
		商业文化广场		140100	
		电影院		3000	
		精品商场		11700	
		高尚休闲会所		6850	
		合计		290746	
	地下部分	北、中、南段		47500	
		商业文化广场		31000	
		合计		78500	
建筑最大高度（m）		北段		19.2	
		中段		24	
		南段		24	
		商业文化广场		50	
		电影院		14	
		精品商场		20	
		高尚休闲会所		16	
净建筑密度（%）		25.1%			
净容积率		1.43			
绿化率（%）		42.5%			
停车场（库）面积与停车位	总面积（m²）	65140	室内面积（m²）		53140
			室内停车位（辆）		1300
	停车位（辆）	1700	室内面积（m²）		12000
			室内停车位（辆）		400

4. 安道国际

4.1 设计概念与构思

（1）设计概念：一弯新月碧水中——月亮城

（2）构思过程

①根据发展定位明确形态的基本诉求。整合周边地块，塑造统一形象，统摄区域全局。

②根据基地特质进行形态和目标分析。圆形用地：环状建筑围合内湖，拥江入怀。

③汲取地区的文化要素以糅合设计概念。江南之地，多水，碧波映月，有独特的江南月文化，婉转优美，意境高远，设计采用新月形图形对环形用地做突破与提升。

④以建筑艺术手法进行概念的形态化。义乌古属越国，境内与周边区域有悠久的玉器加工历史，新月亦如环形玉佩；设计借鉴玉器对肌理的独特性精细处理，用现代建筑设计手法加以艺术化处理形成个性化建筑形态。

⑤针对超长界面以分段异化组织框架。以纯粹几何形体（矩形、菱形、圆形等）为基本元素形成不同空间、不同业态区段，以交通路径为骨架，形成和而不同的商业空间。

⑥以功能的适应性调整形成方案。对区段商业做细分调整，形成合理业态分布，创造高效商业流线、情趣商业空间。

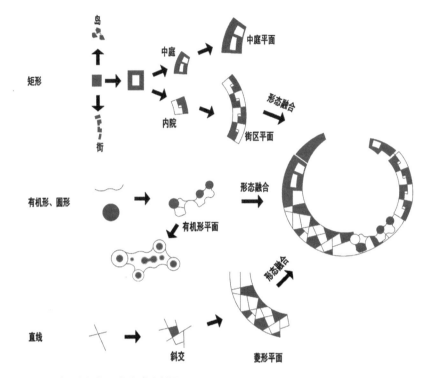

图 7-26　建筑空间与形态生成分析图

图 7-27　设计概念

4.2　总体规划

4.2.1　建筑功能布局：五大类七大区

本方案的功能布局按照购物、餐饮、文体、休闲娱乐、住宿五大类型，交叉融合组织，形成 ABCDEFG 七个区域：

（1）A1 区为影视区，A2 为购物、餐饮娱乐区；

（2）B1 为高端品牌店与展示区 B2 为国际名品与奢侈品区 B3 为艺术品、艺术用品区；

（3）C1 为数码、电子类展示销售区 C2 为生活体验馆与家居名品区；

（4）D1-D4 区为主力店与休闲美容娱乐等休闲区，D5 为图书文体用品、书吧健身中心；

（5）E 区为酒吧餐饮区；

（6）F 区为主题餐厅区；

（7）G 区为休闲城、酒店、特色餐饮与娱乐城。

4.2.2　建筑空间类型选择：步步为景，水乳交融

按照各个商业业态和滨水区特点，采用城、内街、独楼、水院、水街等多样建筑空间形态，空间变化多姿，步移景异，形成与湖面、河道水乳交融的、极具体验乐趣的滨水空间。

4.2.3　建筑平面布局与流线组织：特色、情趣

建筑平面布局依据商业业态和空间类型特点进行组织，由菱形、圆形、矩形等原型生成的平面形态契合商业业态，强化空间特征。建筑内部流线按照特色、流畅、情趣的要求，兼顾效率与情趣。

图 7-28　规划平面图

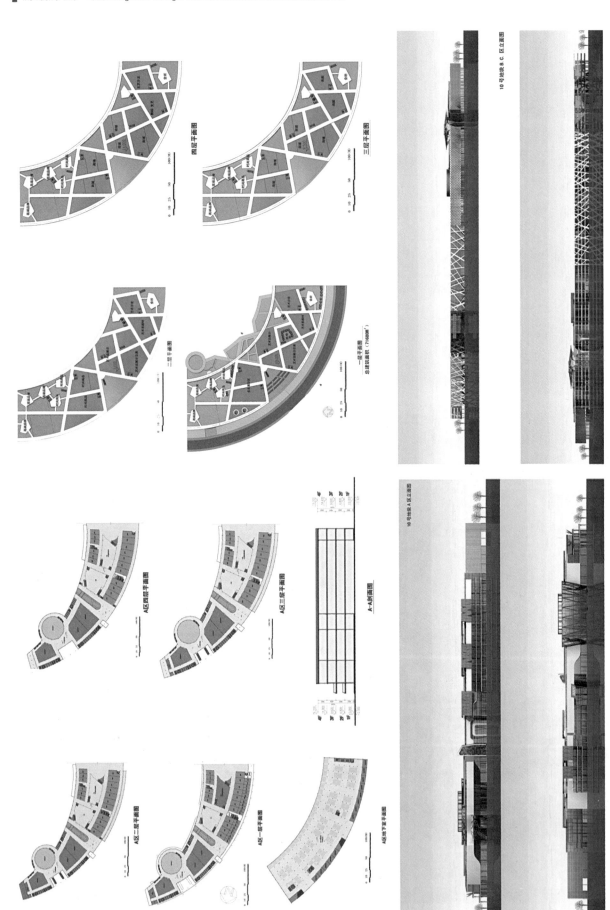

图7-29　10号地块A、B、C区平、立面图

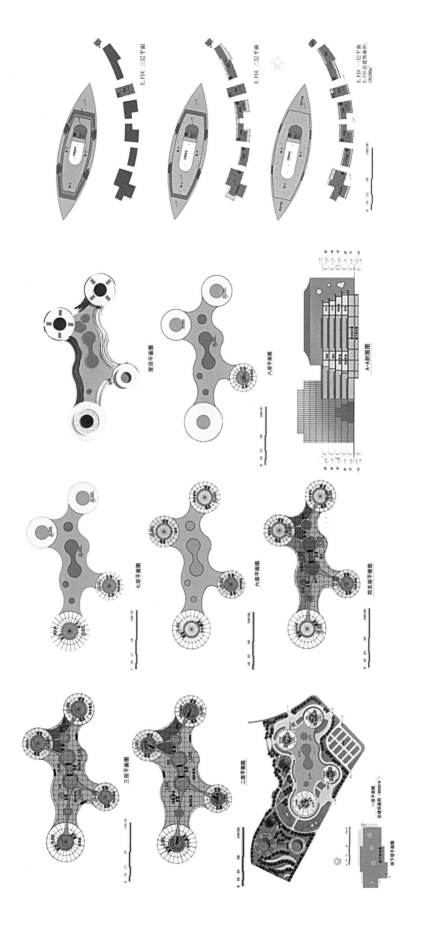

图 7-30　11 号地块平、立面图

4.2.4 交通组织：效率与安全

（1）出入口：10 号街坊沿环湖路和商博西一路在适当位置设置车行、人行入口，11 号街坊沿环湖路和宗泽路在设置车行、人行入口。

外部流线区分商业人流流线与后勤流线，避免相互干扰。

（2）车行流线及停车场

车辆进入地块内迅速进入地下车库，场地内车行系统为临时或紧急通行。

（3）步行系统：场地内形成内外两个环状步行系统，建筑内部步行系统通过各个出入口与之衔接。步行系统上组织各个节点以丰富活跃行进感受。

4.2.5 建筑形象塑造

设计按照外简内丰的两个界面定位：

沿街建筑立面采用表皮的设计手法形成统一的个性化商业建筑形象。同时在沿街重要节点结合出入口和通道对形态作重点处理。沿湖一侧采用生动多样的形态与内湖融合。

4.2.6 开放空间与景观绿地

（1）滨水特色的强化

①建筑与水的交融：场地内有内湖和河道，设计将水引入建筑主体，形成独特的水院，水街等形态，实现

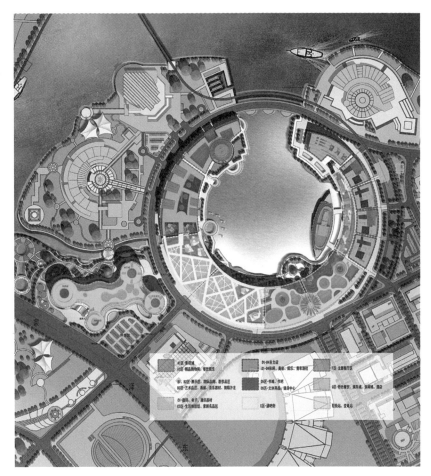

图 7-31 功能分析图

图 7-32 开发空间与景观绿地分析

建筑的亲水性。

②不同水域形态与多样滨水界面：大面积内湖、河道、小型水池和围合式水院包围点缀建筑，滨水界面形成直线、曲线、岛状等多种形态。

③滨水活动空间：开放空间滨水而设，为人群创造大量多样的活动场所。

④商业景观元素的融入：本地块的滨水空间服务主体为商业消费人群，因而在景观的设计上重点考虑为商业活动服务，在色彩、家具、照明、植物等方面强化商业气氛。

（2）绿地系统

10号地块内形成内外环两大绿地系统，11号地块形成环状绿地系统。

4.3　建筑形象设计

4.3.1　实现城市角色：城市名片

本案10、11号地块采用新月形环形建筑——"月亮城"和有机形建筑——"未来城"，形成名片式商业综合体。

4.3.2　功能特色塑造与功能协调：滨水特色

结合独有基地气质，形成特色滨水商业休闲娱乐文化设施，与中心区其他商业形态形成差异性。

4.3.3　与周边建筑的形态整合：众星拱月

结合10号街坊现状，本

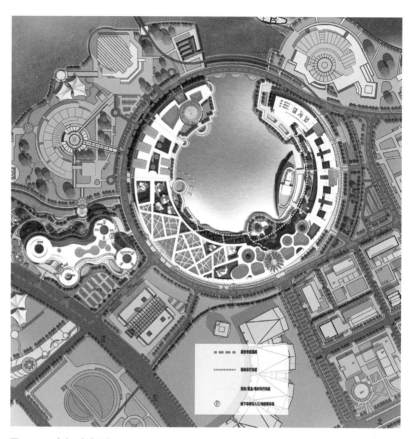

图7-33　车行系统分析

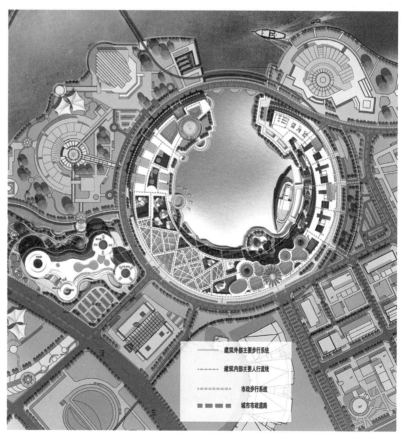

图7-34　步行系统分析

图 7-35　北侧鸟瞰图

图 7-36　南侧鸟瞰图

图 7-37　C 区夜景透视图

地块建筑设计成环状新月形建筑，本地块周边规划为点状建筑群，由此形成众星拱月的大格局，城市空间结构清晰，主次分明，特征明显。

4.3.4　建筑界面：外简内丰

（1）街道界面：连贯统一

城市街道界面总体上按照区块分段形成统一而变化界面，在重要道路尽端形成视觉焦点，沿建筑环形成数个通透视线走廊

（2）内湖界面：开合交融

本设计通过视线通廊、沿湖生动的建筑内边界与湖面开合交融，形成不同尺度的绿地与开放空间，局部水上餐厅采用船形使内湖更加生动和具有活力。

4.3.5　与城市周边道路的交通衔接：高效安全

10、11 号街坊在环湖路、商博西一路和宗泽路等上适当位置设置车行、人行入口，满足高效安全的交通要求。

4.3.6　消防车道：内外环通

建筑设内环与外环两道消防通道，外环与城市道路相衔接，内外环间按规范要求间隔设置消防通道相通。

图 7-38　DE 区沿湖透视图

图 7-39　B1 庭院式品牌、展示区透视图

图 7-41　A 区沿湖透视图

图 7-40　DE 区酒吧街透视图

图 7-42　内湖夜景透视图

4.4 经济技术指标

总用地面积：366937 平方米

湖面面积：105000 平方米

净用地面积：261937.6 平方米

总建筑面积：439600 平方米

其中：

地上总建筑面积：357600 平方米

其中：

A 区：76600 平方米

B 区：71680 平方米

C 区：53000 平方米

D 区（休闲、美容、娱乐、健身）：58620 平方米

E 区（酒吧街）：6500 平方米

F 区（主体餐厅）：11000 平方米

G 区（休闲城、娱乐城、酒店、超市）：80200 平方米

轻轨站变电站：6225 平方米

地下建筑面积：82000 平方米

容积率：1.37

建筑占地面积：104775 平方米

建筑密度：40%

绿地率：28%

机动车停车位：2830 个

地下停车位：2050 个

地面停车位：780 个

5. 上海嘉博

5.1 设计构思

5.1.1 设计目标

设计方案充分体现"活力无限、魅力永恒"的思想，力求：

（1）打造璀璨国际之星

（2）绘就特色城市名片

（3）创造财富活力之源

5.1.2 设计理念

（1）营造特征性的空间和场所，注重异国风情的心灵感受

（2）提取标志性的印象和片段，勾勒异国风情的概念表达

（3）引入国际化的业态和品牌，体验异国风情的商业服务

5.1.3 项目定位

城市客厅

5.1.4 设计要点

（1）商业空间与公共空间的融合

一方面建筑要留出充足的退让空间保证公共活动的有序进行，同时要注重商业活动和公共活动的互动性，保证商业活动和公共活动的多元化。通过绿化和景观渗透将公共空间和商业空间整合成统一整体，两者既有明确的分工又有有机的融合，体现总体规划中商业性与公共性并存的思想。

（2）商业氛围与文化氛围的融合

一方面整体的商业开发将会带动形成整体的商业活动氛围，但为了时尚多元化消费和人群日常活动的需求，并回应当地的历史文化传统，需要注入一定规模的文化气氛，形成消费和休闲结合，商业和文化结合的活动模式，在带动地块开发的同时提升了整体的环境品质。

（3）建筑景观与生态景观的融合

该片区位于环湖风光带，规划规定以保护优良生态环境来带动周边城市开发与环境协调。可见此处生态的重要性，需要充分从尺度和合理规划角度考虑建筑实体与生态系统的关系，形成和谐共生的发展模式。

5.2 总体设计

5.2.1 功能组成及分布

RBD——"城市商业游憩区"

该地块开发在"统一主题、混合功能"的原则下进行，充分利用功能和流线设计，将此区域打造成为一个 24 小时的人气中心，形成城市中商业、游憩业和旅游业的互动区，以城市商业中心为基础，形成供本地市民和外地游客休闲、娱乐、休闲、观光、购物的区域。

项目除却传统商业区的功能形态外，结合义乌的经济地位，引入游艇俱乐部、奢侈品展示中心、画廊、艺术品拍卖行等前沿时尚功能模块，极力提升整个城市的品质及高度。综合国内外众

多相似项目经验，本设计中各功能区块建筑面积分配见表7-5。

5.2.2　交通组织

（1）车行系统

车流组织力求做到各个区域的可达性、易达性，体现"方便"、"高效"的设计思想。

主要车行道路，主要位于环湖路和商博西路，连接了各个不同的功能区，在10-04地块东侧增设一条支路，连接了环湖路的两端，增加交通的便捷性。

货运交通路线主要设计于地下一层，在不干扰地面步行交通的同时又可以将货物送达各个区域。

总体规划的步行网络，都可以作为应急的消防车道。在规定的消防间距范围内，保留消防车行走的空间尺度。紧急情况下，救援车辆可到达街区内各部位，形成完备的消防体系。

（2）水上交通系统

开发水上的交通系统也是沿湖景区的亮点。基地内规划了三处游艇码头，为南侧和观光摩天轮区公共旅游码头，北侧的游艇俱乐部码头，游客可根据自己的需求选择不同的体验方式。

（3）步行系统

环湖内侧和10号地中央内部划定为纯步行观光区域，整个步行街是一个完整的步行系统，最大限度地减少对机动车道的影响。曲折迂回的商业步道，丰富错落的商业空间，趣味盎然的流线穿锚，自然生态的花园式购物环境，自然聚集的人气环境，带给人们新型的购物体验。在步行区域内，有鲜明的标志物和小品、宽大的台阶，又有舒适的座椅、轻盈的遮阳蓬，可供游人小憩，漫步其中，赏心悦目。步行系统的设置将各功能区域有机地结合在一起，使人们的购物流线与休闲散步相统一起来。步行系统特别考虑了残疾人使用的要求，无障碍设计贯穿始终。

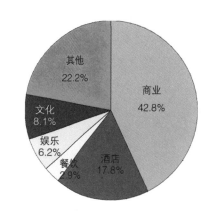

图7-43　各功能区块所占比例

各功能区块建筑面积分配表　　　　　　　　　表7-5

建筑面积分项统计			
建筑性质	分项	面积（m²）	合计
商业	大型商业	94300	198796
	小型商业	75196	
	地下商业	29300	
酒店	五星级酒店（350间客房）	45000	82772
	精品酒店	12772	
	酒店公寓	25000	
餐饮	大型餐饮	10376	13376
	小型餐饮	3000	
娱乐	酒吧，KTV，水疗中心，俱乐部	28812	28812
文化	电影院	8664	37814
	艺术	25150	
	儿童反斗城	4000	
其他	轻轨站	5587	103059
	服务用房	1982	
	设备及停车	95490	
汇总		464629	

（4）停车

规划在本地块内分区段组织停车设施，机动车以地下停放为主，便于管理，车辆可直接从交通道路上便捷地进入地下车库，减少了地面交通的压力。10-03、11-01 地块设计为地下公共停车区，将其地面打造为城市公园，与景观绿地组成一个整体。为公众奉献出更多的绿地空间，为整个城市作出生态性的贡献。10号地块及 11-02 地块地下一层也设置机动车停车场，各地块间的地下车库相互联系，可根据实际需要进行相互调节。

非机动车停车以就近停放为主，在每个功能区域附近部分散的布置了若干非机动车停放点，为行人提供最大限度的方便。

5.3 建筑形象设计

本项目位于中心区的核心位置，是未来中心区的标志性建筑群，设计运用现代手法赋予整体建筑简洁、现代、大气、富有文化的特征。通过对空间布局，建筑形象，广告招牌，绿化环境的设计，充分展现日趋国际化的义乌城市新形象。

为了加强商业氛围，我们在平面设计中根据业态功能的不同设置了不同的平面形式，对于中小型商品，设

图 7-44　车行系统分析

图 7-45　水上交通分析

计了店铺式组合串接型的线型空间，并利用室内步行街形式形成较为舒适全天候的

商业空间，同时为打破线型过长过于单调，并能利用上层空间，将商业街两边利用

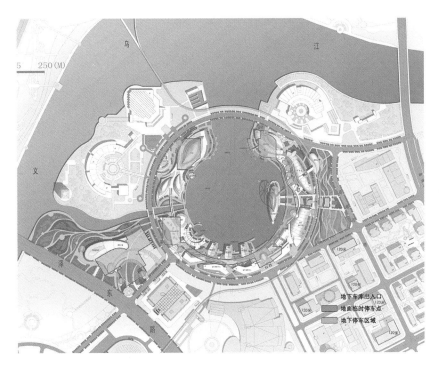

图7-46　停车分析

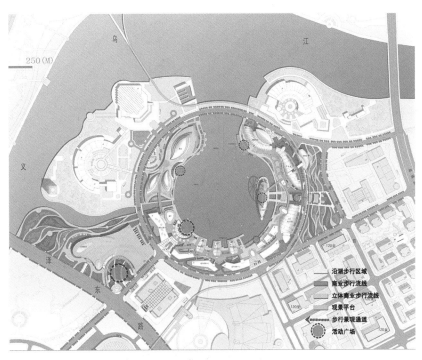

图7-47　步行系统分析

分隔。在文化上，为了体现出多元化，国际化的特点，在设计中吸收了商业建筑的一些元素和符号，并通过现代的建筑手法将传统提炼和升华。整体立面造型在国际化，现代化的大风格下，各个分区和单体之间又有所差别，使得整个商业中心主面达到协调统一又丰富多彩的效果。

在整个项目中，在多个重要节点，塑造了多个标志性建筑，带给人们非凡的视觉冲击力。

文化中心建筑形态飘逸舒展，与东侧游艇俱乐部形成良好呼应，共同形成北侧水路门户的标志高耸的摩天轮是区域内变换的高点，人们在此可惬意得感受斗转星移，成为无可替代的视觉主题。

五星酒店区主体高层如一艘起航的巨舰迎向西侧的义乌江，形成人们自西侧城区越江而来的首个地标，起到了本项目主要入口大门的作用。令人们更加兴奋的是可沿着步道来到购物中心顶部的屋顶花园，在此享受阳光与自然美景，美轮美奂。酒店内通高的共享中庭体现出非凡的雄伟气派，位于酒店与公寓结合部的空中餐厅更是人们欣赏江景，城市的佳处。

通透架空廊道连接起来形成相对集中的空间，增加商业趣味，并能使上层商业面积有效利用。对于大型商品，根据地势，设计了较大的空间，但这种空间也可灵活

图 7-48　局部效果图

图 7-49　局部效果图

图 7-50　整体鸟瞰图

图 7-51 局部效果图

图 7-52 整体鸟瞰图

5.4 地块控制一览表

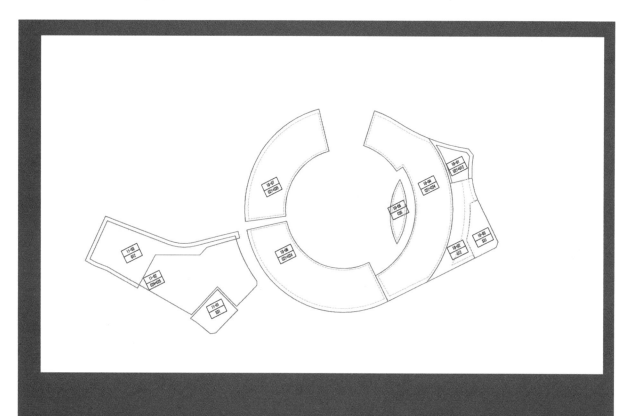

地块控制指标一览表

地块编号	用地性质代码	用地性质	用地面积(m²)	容积率	绿地率(%)	建筑密度(%)	建筑面积(m²)	地下建筑面积(m²)	建筑高度(m)	配建车位(个)
10-01	U21+U12	公共交通用地+供电用地	7781.6	0.71	30.0	35	5587	—	<36	—
10-02	G12	街头绿地	14767.0	0.0	85.0		—	—		—
10-03	S31	机动车停车场库用地	8020.0	0.0	85.0		—	7000		200
10-04	C21+C24	商业用地+服务业用地	58965.6	1.82	25.0	42	107538	39520	<24	700
10-05	C35	影剧院用地	5417.0	1.53	15.0	42	8300	—	<24	—
10-06	C21+C24	商业用地+服务业用地	47122.0	1.81	26.0	41	85600	35000	<24	600
10-07	C21+C35	商业用地+影剧院用地	37717.0	1.05	28.0	38	39814	11300	<24	300
11-01	S31	机动车停车场库用地	8164.0	0.0	85.0		—	7000		200
11-02	C24+C25	服务业用地+旅馆业用地	43655.0	2.13	33	40	93000	24970	50	600
11-03	G12	街头绿地	30238.4	0.0	90.0		—	—		—
汇总	—	—	261847	1.3	45	35	339839	124790	—	2600

总建筑面积	464629 m²

图 7-53 地块控制图则

6. 深圳建筑院

6.1　设计构思

6.1.1　设计理念

在这一区段的建筑设计中，秉承了"活力无限，美丽永恒"的中心区总体规划理念，力争使其成为周边大型公共设施的联系纽带，其功能应为文化中心区功能的补充和完善，同时发挥自身的亮点与特质，创造时尚多元的项目品牌，成为义乌新的城市名片。

关注文化性、公共性、舒适性、人性化的商业空间的塑造。威廉·怀特（William Whyte）曾说过"一个人满为患的人行道无异于一个乏味的运输走道，失去了休息与社交的功能。"因此为人们提供一个舒适的环境，而不仅仅是一些商店。有意识增加更多的公共空间，吸引人们有秩序的驻留是项目设计的关键。因此基于一条简单原则：即提高人们在场所中体验生活的品质。首先是人，然后是商业。

6.1.2　设计构思

强调功能的复合性，以步行街为骨架，渲染空间的丰富性和娱乐性，从而获得场所的认同感，最终实现"体验式消费"（Experience Shopping）的思想。

利用现有的义乌江景观

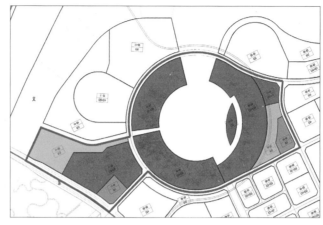

规划用地性质：
- 商业用地
- 交通设施用地
- 停车场用地
- 影剧院用地

图 7-54　用地规划图

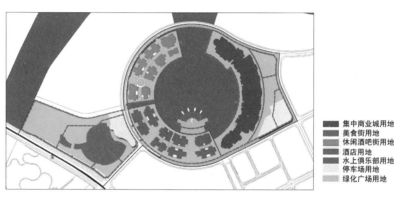

- 集中商业城市用地
- 美食街用地
- 休闲酒吧街用地
- 酒店用地
- 水上俱乐部用地
- 停车场用地
- 绿化广场用地

图 7-55　用地规划图

资源，结合街区的设计，为市民开辟充满生机活力的亲水公共空间和共享交流场所，打造独具特色的滨水城市风貌，提高城市整体品质和外在形象。

6.2　总体规划

6.2.1　功能规划布局

考虑到城市的公共交通、观光轻轨站以及主要人流动向，在10号街坊的东侧设置了一座大型综合商业中心以及相应的商业集中广场和滨江商业广场，这里汇集了购物，休闲，娱乐……包罗生

活万象，形成名副其实的一座"城"；与城不同，在该地块的西南侧规划了一条沿湖面展开的美食街，顺着美食街的动向流线在用地西北侧布置了一条风情酒吧街。考虑到义乌江特有的滨水资源，除了能作为休闲，观光用途，相信特色的水上运动既能丰富市民与游客的娱乐活动，又能带动相关的产业的发展，更能彰显滨水城市特有的风貌，因此在湖面靠地块北侧设置水上俱乐部，傍晚时分，灯光照亮码头，

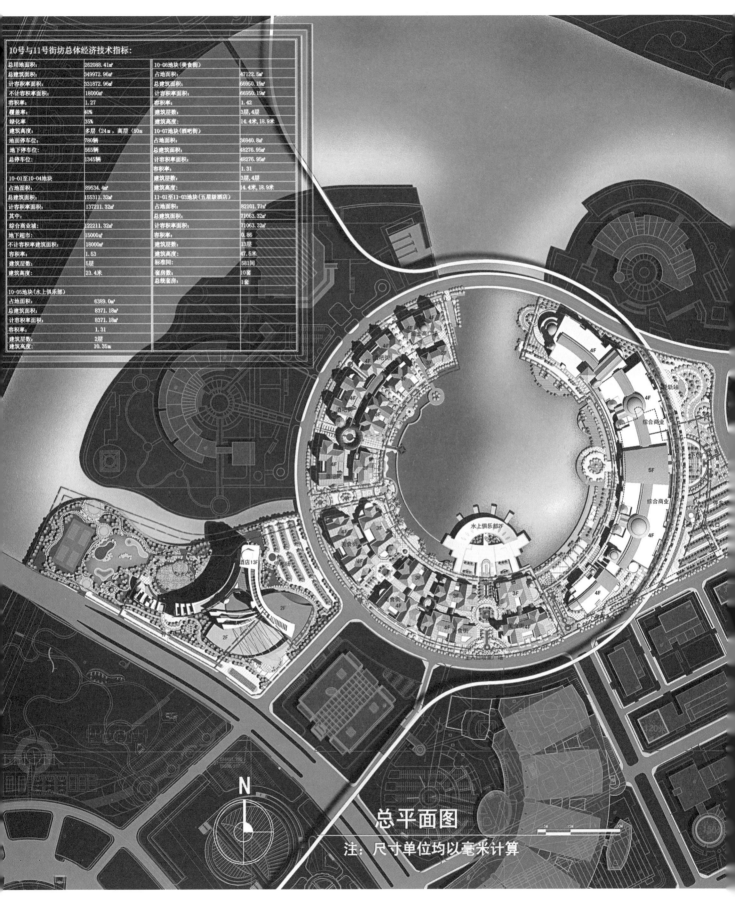

10号与11号街坊总体经济技术指标:			
总用地面积:	262088.41㎡	10-06地块(美食街)	
总建筑面积:	349972.96㎡	占地面积:	47122.5㎡
计容积率面积:	331872.96㎡	总建筑面积:	66950.19㎡
不计容积率面积:	18000㎡	计容积率面积:	66950.19㎡
容积率:	1.27	容积率:	1.42
覆盖率:	40%	建筑层数:	3层,4层
绿化率:	35%	建筑高度:	14.4米,18.9米
建筑高度:	多层(24m,高层(50m	10-07地块(酒吧街)	
地面停车位:	780辆	占地面积:	36940.8㎡
地下停车位:	565辆	总建筑面积:	48276.95㎡
总停车位:	1345辆	计容积率面积:	48276.95㎡
		容积率:	1.31
10-01至10-04地块		建筑层数:	3层,4层
占地面积:	89534.4㎡	建筑高度:	14.4米,18.9米
总建筑面积:	155311.32㎡	11-01至11-03地块(五星级酒店)	
计容积率面积:	137211.32㎡	占地面积:	82101.71㎡
其中:		总建筑面积:	71063.32㎡
综合商业城:	122211.32㎡	计容积率面积:	71063.32㎡
地下商场:	15000㎡	容积率:	0.86
不计容积率建筑面积:	18000㎡	建筑层数:	15层
容积率:	1.53	建筑高度:	47.5米
建筑层数:	5层	标准间:	581间
建筑高度:	23.4米	套房数:	10套
		总统套房:	1套
10-05地块(水上俱乐部)			
占地面积:	6389.0㎡		
总建筑面积:	8371.18㎡		
计容积率面积:	8371.18㎡		
容积率:	1.31		
建筑层数:	2层		
建筑高度:	10.35m		

总平面图

注：尺寸单位均以毫米计算

图 7-56 总平面图

与湖中倒影交相辉映，俱乐部通透的体量俨然嵌在湖面的一个明珠，闪闪发光。

11 号地块独立于 10 号地块之外，考虑到周围是义乌的文化中心区，与 10 号地块的购物、休闲、娱乐不同，本地块功能定位为商务休闲，作为 CBD 的商务配套区域。因此沿着宗泽东路向江面展开设置了一座五星级酒店以及相应的商务配套设施。

6.2.2　空间结构构想

整个地块根据城市原有肌理及发展趋势，引入三条主要轴线和多条次要轴线。一条是沿内湖一圈与义乌江的生态湿地公园连接的生态发展轴，打造为沿江的一条滨水休闲景观带，提高整个区域的环境品质，也成为城市景观的一部分。另一条是环湖路一侧的经济发展主轴。第三条轴线为生态发展轴线与经济发展主轴之间所围合的步行街轴线，以三条主要轴线的圆心为端点，发散出多条次要功能轴线，与城市各个方向相连接。三条主轴与次要轴线相交形成空间节点，这里不但可以作为商业室外展场也是市民的休闲娱乐广场，点线空间结合使得整个区域空间连贯，关联性强，实则是"根茎"空间的隐喻。"根茎"空间是一种无限联系的、开放的、多孔的、

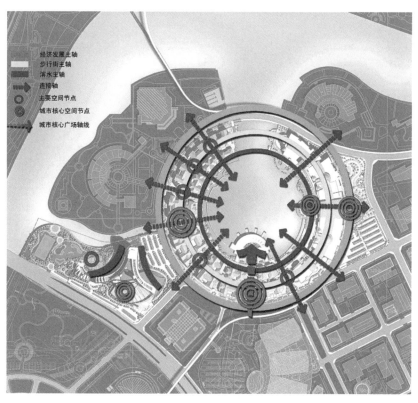

图 7-57　规划结构分析图

互相之间紧密相连的结构，"根茎"空间能使各种空间联系方便，却有自己的独立性。通过"根茎"我们把热闹繁忙的综合商业中心，动感活力的水上俱乐部，优雅别致的美食街以及浪漫悠闲的酒吧街有机的联系在一起，这里的热闹繁忙，动感活力，优雅别致，浪漫悠闲，与开放兼容的滨水空间的联系与互动，真正体现了滨水城市的城市风貌与品位。

6.2.3　交通组织

为了创造宜人的购物休闲环境，交通组织实行"人车分流""客运车辆与货运车辆分流"的原则：主要机动车辆从城市方向进入环湖路，绕开商业街区和滨水休闲区，这样，三条主轴与多条次要轴线形成的街区真正不受到车辆的干扰，实现了人车分流。综合商业中心地下室设置有货物集散场地，货车通过货运出入口进入地下室理货区，与客车出入口分开，保证了交通的条理性，同时提升了购物环境。

方便的交通和充足的停车位是现代化街区能吸引人流的关键因素之一，设计中我们应重点考虑。通过公共交通前来的客流，可到达公交车站后步行到达各个街区，乘观光轻轨线的客流可在综合商业中心前广场的二楼轻轨站下车，到达二楼中庭，

主要机动车系统
主要步行街系统
观光轻轨站
观光轻轨

图 7-58　交通分析图

总停车位：1345 辆
总地面停车位：780 辆
总地下停车位：565 辆

停车位：310 辆
停车位：280 辆
停车位：70 辆
停车位：120 辆
地下车库出入口

图 7-59　停车分析图

通过电梯和自动扶梯疏散到各个街区，也可通过轻轨站直接下到一层商业中心前广场然后达到各个街区。

设计中考虑了充足的私家车停车位，分以下几种情况：

（1）综合商业中心前广场的室外停车，以及商业中心的地下停车库可满足自身与部分美食街的停车位。

（2）酒店靠宗泽路一侧室外停车位场留做自用外，在靠 11 号地块的东侧划出一块停车场供酒吧街和美食街使用。

（3）在酒吧街、美食街外侧靠环湖路设置边沿停车位，满足因设置地下车库的停车以及临时停车要求。

6.3　建筑设计

6.3.1　建筑立面之环境形象：文化中心区和义乌水岸的风景线

规划设计中一方面强调项目对外部景观的利用，另一方面也注重令项目本身成为外部大环境的一处亮丽景点。项目位于文化中心的核心，位置十分显眼。设计对建筑群体的美感十分重视，希望从四周走过来看到的是一道高低错落，层次丰富的风景。通过平面的合理布局，单体立面丰富的体量变化以及高低起伏的群体轮廓，形成丰富有韵律的波浪形天际线。项目的美丽形象可以令中心区面貌焕发光彩。

6.3.2 建筑立面之风情形象：中西合璧的混血美人

项目的建筑风格力图体现新古典建筑的简美幽雅与度假村式的休闲轻松。在设计格调上融合了包括地中海的贵族度假品位，夏威夷的自然环境风情以及中国江南建筑飘逸舒展的线条美等多种互不相干的美感，并把他们融合得天衣无缝。立面设计采用丰富的虚实对比，考究的比例尺度以及细腻的装饰点缀，着意刻画一个高贵而有内涵的混血美人，她即有西方丽人的体形与轮廓美又有东方美女秀外慧中的含蓄气质和精致美，二者的完美结合使其散发出与众不同的独特魅力。

6.3.3 主要内外装饰材料

内外墙采用柔和典雅的外墙漆系列，搭配深色石材和透明玻璃，质朴的材料搭配搭配丰富的体型和精雕细琢的细节，塑造经典和永恒。

6.3.4 建筑单体设计

（1）综合商贸城
（2）美食街，酒吧街
（3）DISCO广场
（4）水上俱乐部
（5）五星级酒店

内湖将东部的综合商业中心和西部的美食街，酒吧街道分成两个商业集群，形成东城西街的特色布局。东广场建筑面积16万平方米，地上四层，局部五层，地下一层，是集购物、餐饮、娱乐、美容美发为一体的封闭式购物中心，它将形成义乌市文化中心唯一的超大规模都市综合体。西街齐聚特色酒吧、咖啡厅、西餐厅、中餐厅以及酒楼、俱乐部、时尚会所、个性商店，以及DISCO广场，营造义乌最具规模的河岸酒吧长廊、美食娱乐休闲第一街。东广场作为封闭式购物中心，西街作为美食酒吧长廊，互为补充。不同的消费人群在不同时段，体验不一样的生活。

图7-60 综合商业城立面图

图 7-61　10 号街坊夜景鸟瞰图

图 7-62　集中商业城湖滨效果图

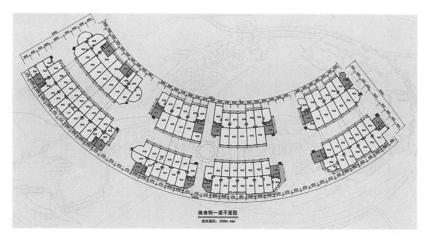

图 7-63　美食街一层平面图

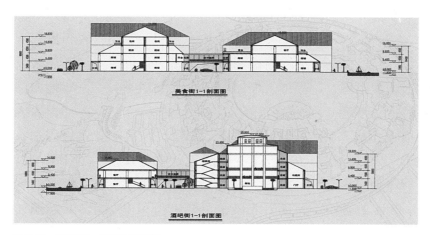

图 7-64　美食街、酒吧街剖面图

图 7-65　美食酒吧街整体鸟瞰图

图 7-66　集中商业城湖滨效果图

7. 上海现代方案

7.1 规划构思

7.1.1 功能定位

项目位于中心区的核心地带，它和周边的音乐厅、五星级酒店、文化娱乐中心、群艺中心等建筑一起构筑了义乌文化中心区。它既是未来文化中心的有机组成部分，又是周边大型公共设施联系纽带。

7.1.2 概念设计

方案试图引入一套不规则的、充满动感的折线形建筑肌理，犹如一例强心剂，点燃区域的文化商业活力，引爆中心区的辐射能量，真正打造一个令人瞩目的新地标。

发展规划大致分为以下几部分：

（1）六大区域：文化创意商业区，主力商业区，娱乐商业区，高档文化娱乐区，公共沿湖观景区，内湖景区。

（2）八大广场：包括位于环湖路主入口的水幕海天剧场和其余七个各具特色的次入口广场。

（3）特色街：可供游船穿行的两条旅游水街、局部带有天棚的两条全天候地下商业街。

7.2 道路交通设计

方案在交通设计上遵照人车分流的设计原则，主要人行出入口和主要机动车出入口设在基地的东南面环湖路近商博西一路一侧，次入口分设在各个功能区块沿圆环辐射的重要接口处，满足各区块机动车和消防、后勤车辆的出入。未来规划的观光轻轨在10-04地块的建筑二层设置了下客站和接驳点。在中央区大环的四周靠近各出入口位置分设了三个公交车站点、巴士停靠处、等候区和出租车等候点。各区块基地周边设计环形的消防通道和地面临时停车场，基地内部都为人行走道，各建筑体块间都设置了天桥、过街楼及架空层，保证了滨水公众流线的连续完整性及外围公共建筑的联系。每个区块

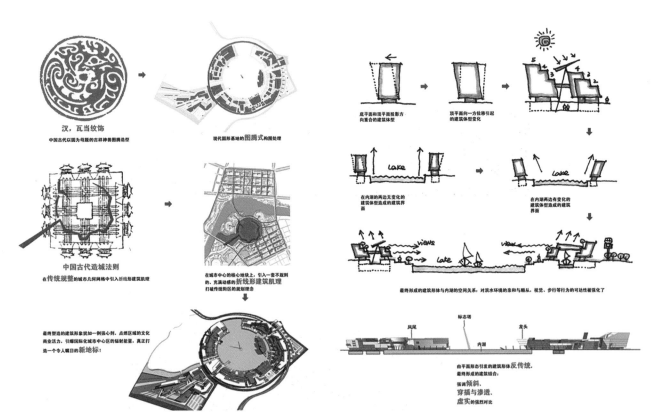

图 7-67　概念构思分析图

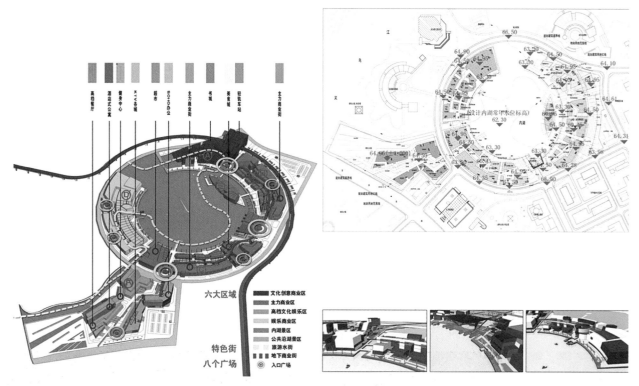

高档餐厅
酒店式公寓
健身中心
天X文名城
超市
SOHO办公
主力商业街
书城
美食城
轻轨车站
主力商业街

六大区域

特色街

八个广场

■ 文化创意商业区
■ 主力商业区
■ 高档文化娱乐区
■ 娱乐商业区
■ 内湖景区
■ 公共沿湖景区
■ 旅游水街
▦ 地下商业街
◉ 入口广场

图 7-68　功能分析图

图 7-69　竖向分析图

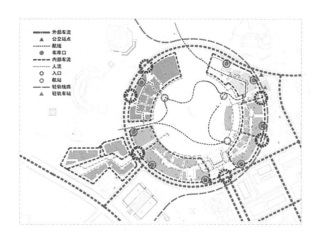

━━━ 外部车流
▲ 公交站点
┈┈┈ 航线
⬤ 车库口
╍╍╍ 内部车流
━━ 人流
○ 入口
○ 航站
━━ 轻轨线路
▲ 轻轨车站

图 7-70　交通分析图

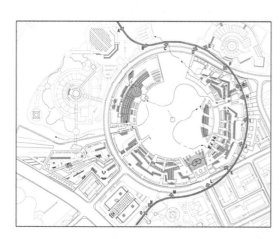

图 7-71　轻轨视线分析分析图

都设计有地下一层到二层的停车场和非机动车停车场。地下车库的出入口都位于背向内湖水面的一侧，避免了与公众步行流线的交叉干扰。在人行流线的设计上着重考虑了各种功能区域的联系和贯穿，既分又透，充分利用天桥、敞廊作为联系的通道，风雨无阻。

7.3 建筑风格及空间设计

7.3.1 总体概述

10、11号街坊位于中心区的核心位置，是未来中心区的标志性建筑群。折线形轴线的引入打破了传统的建筑观念，非对称、非几何、模糊、不规则、穿插和渗透的建筑时尚语素在建筑形态的塑造中得到充分的发挥，既而带给使用者一种全新而从未有过的场所体验。大面积的虚实对比，银灰色玻璃幕墙、灰色金属铝板、米黄色烧毛石材、ETFE透明膜材料等等大量全新高科技材料和节能材料的运用，建筑群表现出的是一种简洁、超现代的视觉形象。在中心大环的四周，面对周边的建筑群有留有辐射状的开口用以吸纳人群，并且作为沟通。它是一个富含生命力的建筑体，从中表达的空间张力和辐射效应带给中心区的是日趋国际化的城市新形象。

7.3.2 滨水设计

观水、亲水和近水是本次滨水项目要达到的目标。

内湖的设计控制了常年的水位标高，大量亲水的平台和木栈道在方案中得以实现。旅游水街也能够顺着平坦的水面一直贯穿到建筑体量的"裂缝"间，小游

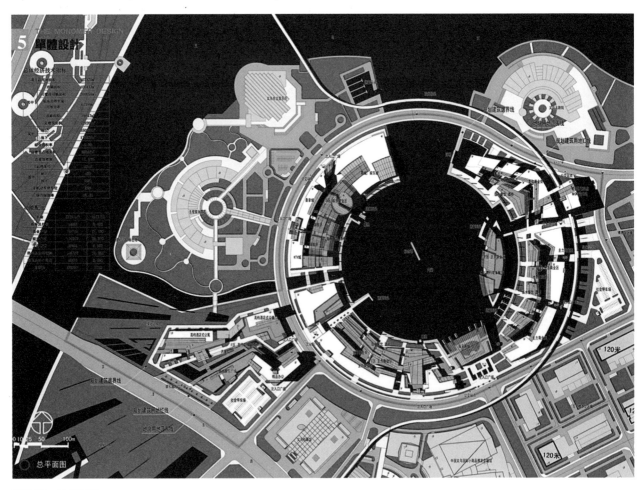

图7-72 总平面图

船能够穿行其间。在亲水平台到建筑体块之间的临水区域设计了层层退台的标高，在不一样的标高上用各种绿化、喷泉和水生植物进行分割。这样在临水一侧的游人能有更广阔的空间与内湖接触。

7.3.3　建筑单体设计

建筑单体设计以大规划为前提，所有的细节设计都从整体进行考虑。各区域的单体在层数，间距的控制上都遵照了整体趋势。沿着11-02街坊的折线轴线起点环湖一周，一气呵成。临水建筑从2层、3层、4层、5层逐次向外侧递进。在建筑限高的范围内做到了内湖大环24米限高，11-02街坊50米限高。各区的层数和高度控制也考虑到整体建筑风格及整体形象的影响。体块之间互相咬合错落，缺一不可。统一、和谐、完整性是各单体局部设计遵循的标准。各局部的建筑体块大量采用围合半围合庭院、架空一层、架空三层、采光中庭、自动扶梯、观光电梯、采光屋顶、透明天桥、遮阳天棚等设计手法创造丰富的空间效果。最终设计的建筑组群是看似无规律的理性表达。精致和谐、大气现代、通透舒展。

图 7-73　总平面图

图 7-74　局部透视图

图 7-75　局部透视图

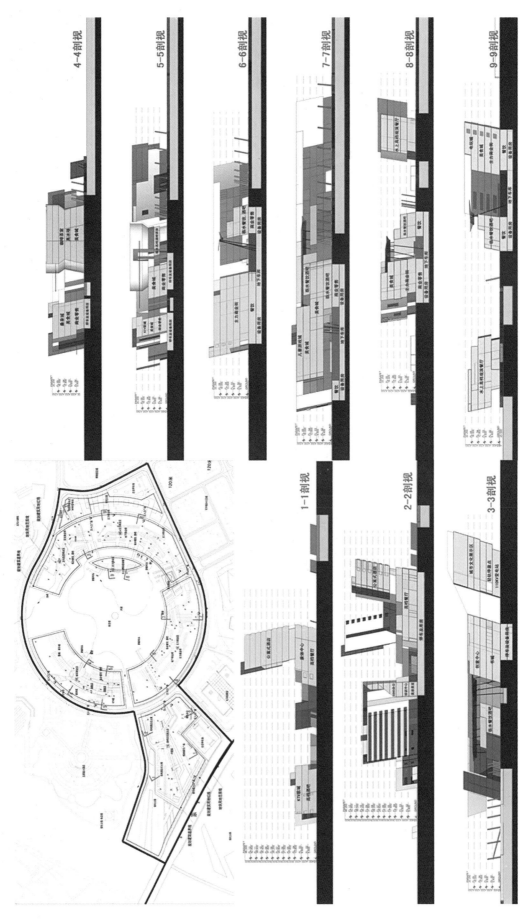

图7-76 水世界剖面图

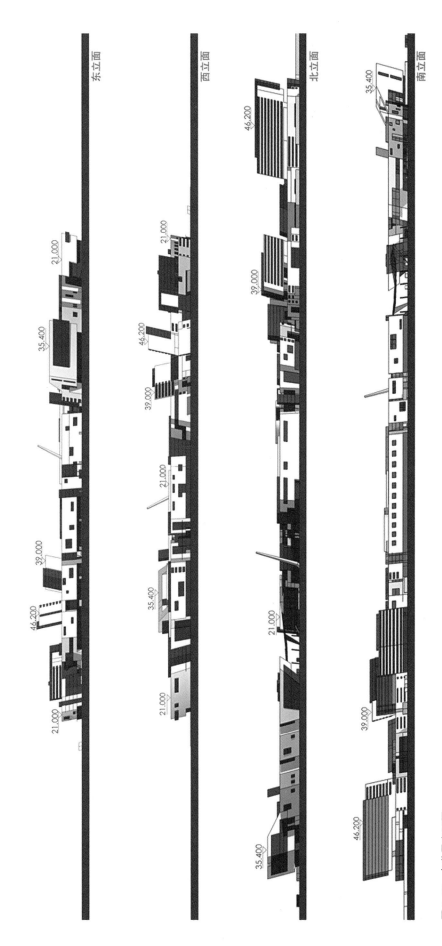

东立面

西立面

北立面

南立面

图 7-77　水世界立面图

7.4 功能分配及经济技术指标

	地块经济技术指标	表 7-6
1. 项目总用地面积：407370.0m² 其中		
内湖面积：	106433.0m²	
可建设用地面积：	200658.2m²	
绿地及停车场用地面积：	61189.4m²	
道路面积：	39847.0m²	
2. 总建筑面积：529207m²（地上 350200m²，地下 179007m²） 其中		
A，B 区（文化创意商业区，主力商业区）建筑面积：	146090m²（地上 99987m²，地下 46103m²）	
C 区（主力商业区）建筑面积：	142675m²（地上 82944m²，地下 59731m²）	
D 区（娱乐商业区）建筑面积：	94054m²（地上 68435m²，地下 25619m²）	
E 区（主力商业区）建筑面积：	17070m²（地上 17070m²，地下 0m²）	
F 区（高档文化娱乐区）	103951m²（地上 81764m²，地下 22187m²）	
10-02 区（街头绿地）建筑面积：	0m²	
10-03 区（社会停车场）建筑面积：	14903m²（地上 0m²，地下 14903m²）	
11-01 区（社会停车场）建筑面积：	10464m²（地上 0m²，地下 10464m²）	
11-03 区（社会停车场）建筑面积：	0m²	
其中		
酒店公寓及办公建筑面积：	44929m²	占 8.49%
商业零售建筑面积：	147101m²	占 27.78%
娱乐餐饮建筑面积：	136607m²	占 25.81%
文化教育建筑面积：	49690m²	占 9.39%
停车及公共空间建筑面积：	105267m²	占 19.89%
后勤及设备用房建筑面积：	45613m²	占 8.62%
3. 综合容积率：	0.86	
4. 综合绿化率：	25.6%	

第8章　2013文化中心可建性研究

时间：2013年

范围：82.8公顷

设计单位：中建院

1. 开展可建性研究的背景

自2006年深圳市城市规划设计研究院编制的义乌中心区城市设计深化方案获得批复以来，除环湖中心10号街坊已开展商业街概念设计外，本区域未对整体定位及规划深入设计做出相应调整。但实际情况是宗泽东路以北图书馆、档案馆已经建成；会展中心建成并投入使用；沿江金沙国际项目已完成土地招拍挂阶段；现代城已基本封顶。

随着文化中心组团各地块功能与规模陆续成形，如何从城市空间的角度整合本区域，如何与体育中心组团有效接驳都列上议事日程。

同时，环湖中心现行道路交通仍然基于现状主平道及桥梁，缺少针对未来发展的考量。

（1）现状跨江交通问题较为突出；高峰小时跨江需求高11000pcu/h，主要由宗泽大桥、商博大桥以及东边的下朱大桥承担。

（2）宗泽大桥和商博大

片区桥梁交通饱和度分析		表8-1

大桥名称	饱和度（%）	
	南—北	北—南
宗泽大桥	88	41
商博大桥	99	64

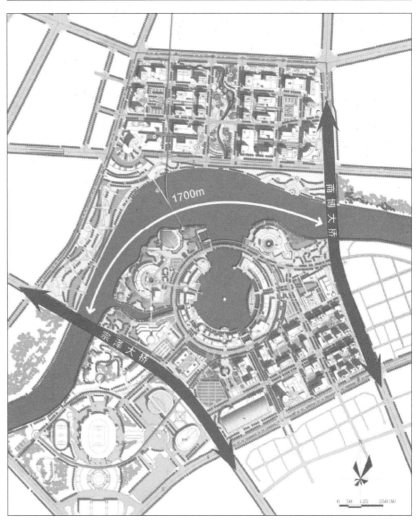

图8-1　环湖中心交通分析

桥为文化中心区和江北城区和金融商贸区的主要道路交通联系，目前已经趋于饱和，无法承担未来南岸文化区发展的交通需求。

（3）两条跨江干线之间距离高达1700米，在现行规划中并未考虑额外道路交通

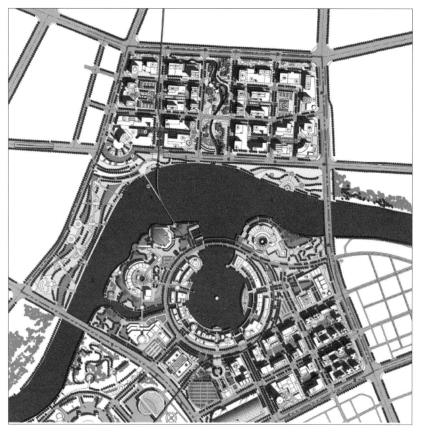

图 8-2　规划平面图

线路，客观上迫使新增跨江交通集中通行两座桥梁，造成瓶颈效应。

另一方面，新增轻轨线路将缓解道路交通蹿江压力，但从长远看来仍显不足。

（1）轻轨线路的规划 I11 员应城市由北向南的跨江线型发展需求，也是江南岸文化商贸区得以繁荣、发展的支持力。

（2）轻轨的引入将在一定程度上影响市民的出行万式，减少对小汽车的依赖。但轻轨和地铁桶比，运力仅有前者的 1/3，长远看来仍显不足。

（3）现状交通方式以小汽车出行为绝对主导（>50%），

在未来一定时间内难以有根本性的改变。道路交通依旧是重点，决定南岸发展的成败，跨江线路仍迫切需要加强。

显然 2006 年版城市设计中的道路交通系统已经无法适应这些变化。本区域城市设计已经滞后。

在此背景下，义乌市委市政府决定启动文化中心的可建性研究。

2. 可建性研究报告主要内容

2.1 环湖中心的城市功能分析

（1）作为开放空间的环湖中心

——城市大尺度开放空间在两个走向上展开；一是从北岸福田公园到金融服务区中央公园过渡至文化组团中心区；二是北岸带状江滨公园与文化组团中心面状景观。在寸土寸金黄金地段的中心区块营造如此大尺度的沿江绿化景观带令人敬佩并深得人心。

——本区域是义乌各种交通方式集大成之地。此处是义乌江转弯地段，北岸湾区被江滨公园环绕，南岸视线开阔。除宗泽东路昌平日商博路为过江道路外，还有三条主要城市道路：江东北路、商城大道和江滨北路。从北岸金融商务区过江隧道在博物馆地块出地面并与规划道路接驳。轻轨线从金融商务区 01-07、01-08 地块之间站台向北可达文化中心组团中心并向西南方向延伸。

（2）湖面过大降低文化组团的通达性

——从两次环湖中心概念方案中不难看出，圆形湖面是商业街坊的重要主题和景观元素。（环湖中心方案二个）

——圆形湖面及环形连接线不仅降低了快速交通的通行放率，还制造了若干丁字路口。

大尺度的湖面降低了文化组团各建筑之间的通达性。

——环状湖面从城市空

采用广场下穿隧道的方式大大提高了区域的可通达性

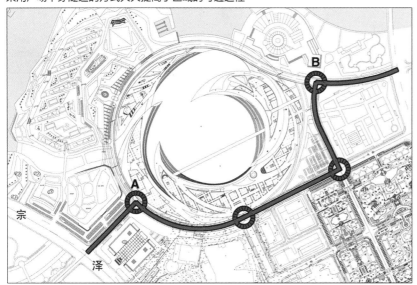

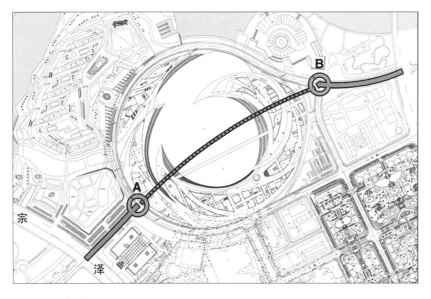

图 8-3　区域可达性分析

间的开放性上讲是有益的，但不是唯一的。

——公园和广场具有替代湖面的诸多优势；参与性好、通达性高、景观层次丰富。

——整个地块面积近 30 万平方米左右，其中水面面积多达 10 万平方米，若平均深度 2 米，平整土方量达 20 万立方米。利用大面积的水面营

造城市开敞空间，改善环境生态有效，但是在寸土寸金的义乌市，这样大的面积似乎有些浪费。相同面积的土地如果不做水面，可以是：

1.4 个绣湖公园，可为整个中心去的居民提供大型的休闲放松活动场地。

2 栋义乌世贸大厦地块面积可建造；整个义乌中央

商务区二期。

（3）内湖水环境分析

义乌市中心区城市 10 万平方米内湖包含了缓流型开放性水体、城市中的人工水体或小型湖泊、人造水景等不同水环境类型，属于较复杂的城市水环境，应采取一定措施进行生态整治。

（4）常规内湖水环境循环治理技术

①主要采用的技术路线：

1）面源、点源控制及治理技术；

2）生态、护岸，生态防渗的设计技术；

3）水生植物、生物的系统设计技术；

4）人工湿地、生物塘、土地处理技术的合理应用；

5）雨水收集、弃流、下渗及综合利用及处理技术；

6）水体局部复氧、推流、生物棚的综合设计；

7）微染水的生物净化床专利技术；

8）小型水环境循环处理站设计技术；

9）浮动水位及复使湖床设计技术；

10）生态水深及水体安全、纳污、生态流速的设计技术。

②主要工程内容：

1）水循环系统；

2）局部水收集管道；

3）小型水循环处理站；

湖面面积可建造：
1.4个绣湖公园，可为整个中心去的居民提供大型的休闲放松活动场地。

湖面面积可建造：
2栋义乌世贸大厦地块面积可建造：整个义乌中央商务区二期。

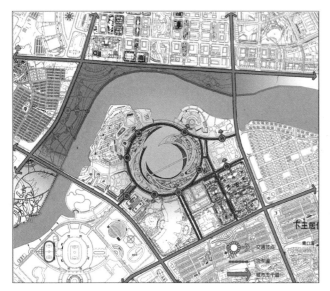

图8-4　道路交通分析图

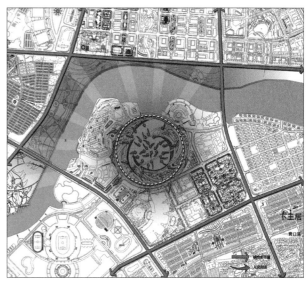

图8-5　人流流线分析图

4）生物净化床（河道及人工湿地水体循环及水质保持）；

5）入土湿地深度处理设施；

6）雨水处理系统；

7）敞开式雨水的收集；

8）面源污染的控制；

9）安全的调蓄及排放；

10）景观环境水体系统；

11）水量平衡计算；

12）生态水深的确认；

13）生态防渗技术方案；

14）现场的生态防渗实验；

15）跌水景观环境水体的设计；

16）生物床的设计；

17）生态护岸的设计；

18）植物操纵的设计。

2.2　交通发展目标与策略

（1）策略一：完善道路、桥梁、隧道三位一体的网络

——构建地面骨架网络、桥梁系统、跨江隧道有机衔接的交通网络。

——优化线路，合理组织对外、对内交通，强化线路和目的地的有机联系。

——在适当提高主干道网络密度的同时，着力加强次干道和支路网络的规划，改善交通微循环，增加路径的选择。

——统筹主要道路交叉口、道路—桥梁衔接口、道

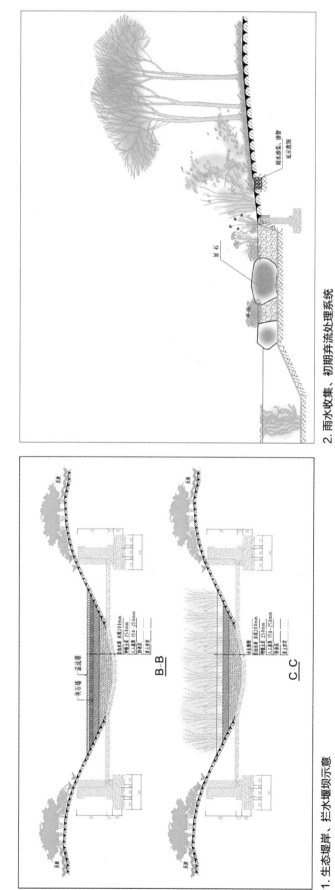

1. 生态堤岸、拦水堰坝示意

2. 雨水收集、初期弃流处理系统

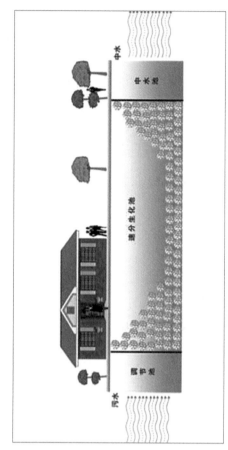

3. 雨水生态渗流系统

4. 水循环处理站设计简述

利用特殊的固－液－气三相运动，使水中的悬浮固体颗粒聚集在载体－速分生化球外部，沿着速分生化池长度方向上形成完整生物链反复进行的好氧－厌氧－好氧的生物处理系统。

图 8-6 内湖水环境循环治理技术集成

路一隧道衔接口等交通节点的优化设计，充分考虑路径的通达性和易识别性，关键节点立体分流，提高高峰流量的应对能力。

（2）策略二：优化出行结构

——建设轨道交通体系和便捷的换乘系统。

——构建文化区微公交系统。

——优化公交结网、强调与市域公交线网的衔接。

——优化慢行交通系统，方便文化区的慢行出行。

逐步减少小汽车的出行比例，缓解道路交通压力。

（3）策略三：公交优先

考虑到远期区域开发全面使用成熟，为了支持地区开发，公交出行比例必需考虑到远期区域开发全面使用成熟，公交出行比例必须达到30%以上，道路网络系统才能支撑地区开发。

——高峰期增开首末站公交线路，开行公交快线，增加公交可达性并提高服务水平。

——制定公交票价，鼓励公交出行。

——鼓励区内企事业单位开通班车。

——建设快速公交系统，包括轨道交通和BRT等。

——完善公交与其他交通方式衔接，改善"最后1

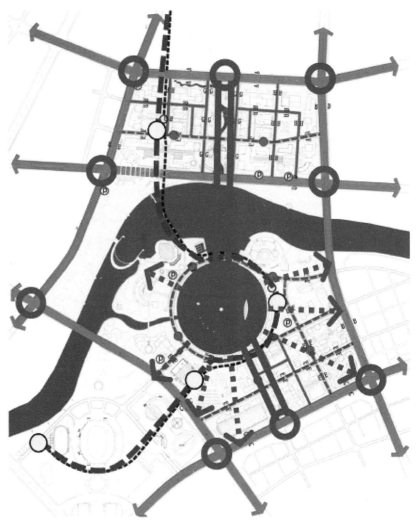

图 8-7 交通组织规划图

公里"的出行效率，提高轨道交通网络的服务水平。

2.3 交通改善与组织方案

（1）在现行规划的道路网络基础上，考虑在两座跨江大桥之间的合适位置增加一个江底隧道。

（2）隧道与东西两条主干道配合，实现对道路交通的分流，赋予文化区较高的可达性。

（3）区内组织环形交通核心枢纽（可以考虑在地下解决），对周边地块形成辐射，

快速疏导。

（4）优化区域周边主要道路、桥梁、隧道交叉口节点的设计，提高整个区域交通组织的高效性。

（5）充分利用现有规划的轻轨系统，做好换乘和区域微循环的组织。

2.4 环湖中心的基本功能定位

（1）主要交通汇集点

（2）文化之城

（3）体验型商业中心

（4）公园与广场（环形

存在的意义：新区、完美、大尺度的景观手笔）

（5）高效人工化新型城市综合体（从 Garden City 到 City in the Garden）

经过一系列的研究，对环湖中心区域有湖和无湖的优缺点进行罗列，以供比较。

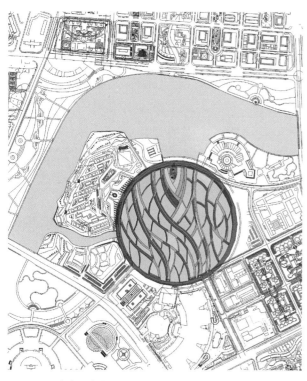

图 8-8　环湖中心意向图（威尼斯意向）

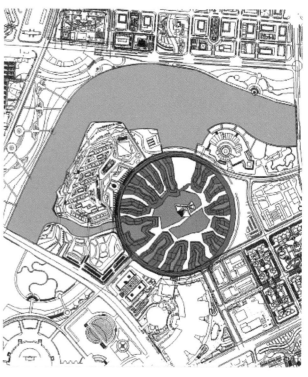

图 8-9　环湖中心意向图（团城意向）

环湖中心区域"有湖"、"无湖"优缺点比较　　　　表 8-2

有湖

优点：将水体引入区域地块，形成一个明确的景观节点，区域标志性与城市开放性强，创造低密度空间的同时活跃周边气氛。
规划方案公示多年，深入人心。
湖面可利用为商业活动创造更多可能性。

缺点：水面阻碍交通，通达性和可达性差，环形区域流线唯一且过长，交通效率低
环形区域无明确可达中心，层次单一，不利于汇聚人流聚拢人气
大量的水体使得区域利用率低
湖水从义乌江引入，需进一步水体治理，成本投入增加，另有水体安全隐患
造湖平整土方量过大，成本投入高
湖面被建筑环围，没有开放给城市，参与性差

无湖

优点：增加可用土地，提高区域利用率
原湖心位置可设置交通节点，增加通达性与可达性，同时可利用地下空间设置停车与下穿
隧道，为解决交通问题提供更多可能性
减少土方量与水治理成本，可将资金投入到更需要的地方。
地下空间可建造公园、停车场或商业，景观层次丰富，参与性好无水灾隐患

缺点：景观节点丰富性相对单一，区域活跃性略差
区域密度增加
改变规划对喜欢湖面的民众会有一定影响

结论：经过一系列的研究与比较，我方建议：可利用现有义务水资源，建设沿河码头式商业文化空间，将现规划湖面区域还给城市与人民，大面积减少或取消水面，为解决交通问题提供更多的可能性，节约成本，降成本投入更需要的地方，建设城市中心公园，美化环境，优化区域结构。（此建议仅供参考）

第9章 2013文化中心第二次国际咨询

时间：2013年

范围：82.8公顷

投标单位：

中建院

华墨国际

同济院

浙江省院

1. 招标任务书要求

1.1 设计目标

城市生活的焦点，为市民提供充足的公共活动空间，展现城市丰富多彩的魅力。

1.2 项目基本概况

（1）项目位置：义乌江南侧，宗泽路、义乌江、商博路和规划二号路围合的范围。

（2）项目主要功能：以文化公共服务设施为主，结合商业服务、休闲、娱乐等配套服务功能。

（3）用地规模：设计范围约70公顷。

（4）研究范围：约3—5平方千米。

（5）设计深度：城市设计，不涉及后续工程设计。

1.3 城市设计任务

1.3.1 区域综合开发环境分析

就设计场地与周边用地功能、交通系统和设施、空间环境等方面给予充分解读，为方案提供具有说服力的策略构思和方案演绎过程。

1.3.2 区块整体城市设计

对地块划分、功能布局、交通系统组织、空间体量关系、地下空间及人防工程、空间环境等进行优化深化设计，达到修建性详细规划深度。要求符合滨水地段的特点、促进滨河景观价值的最大化、拉近人与自然环境之间的距离，增进日常可达性和场地活力。

1.3.3 土地使用和建筑用途规划

对设计地段内的土地使用和建筑用途进行详细安排，对各地块的建筑总量、建筑密度、容积率、车行交通的出入口方位、建筑限高、绿地率等提出具体控制要求。

1.3.4 公共开敞空间的设计

对绿地、广场、眺望平台等的位置、性质、规模和空间形态进行设计，提出控制引导要求。制定公共空间的设计方案与场所氛围设计要求，对绿地布局与风格，植物选择与配置，环境小品位置、风格等提出控制和引导要求。

1.3.5 交通专项设计

该地段集中了大量公共服务设施，针对大量聚集人群的到达与疏导，需提出明确的交通组织方案。

该地区是中心区的重要滨水地段，结合南部国际文化中心的重要地位，应考虑水上交通的应用。

1.3.6 分期建设考虑

针对大规模的公共设施建设，综合考虑其功能特性、近远期需求、市场培育特征，提出分期建设的具体实施策略，实现经济利益与社会效益的最大化。

2. 中建院

2.1 典型案例选择

为进一步明确文化中心的空间特征和功能布局，有针对性选取了国内外不同地区不同类型的文化中心进行对比研究，包括：

名古屋的爱知艺术文化中心、香港文化中心、洛杉矶盖蒂中心、昆山文化艺术中心、沈阳文化艺术中心、苏州科技文化艺术中心、河南艺术中心、天津文化中心对

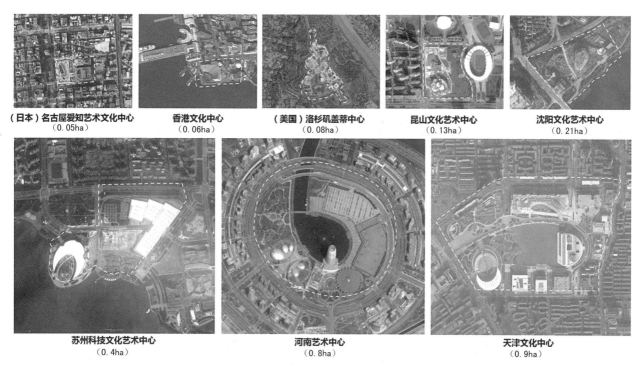

（日本）名古屋爱知艺术文化中心　　香港文化中心　　（美国）洛杉矶盖蒂中心　　昆山文化艺术中心　　沈阳文化艺术中心
（0.05ha）　　　　　　　（0.06ha）　　　　　（0.08ha）　　　　　　（0.13ha）　　　　　（0.21ha）

苏州科技文化艺术中心　　　　　　　河南艺术中心　　　　　　　天津文化中心
（0.4ha）　　　　　　　　　　　　（0.8ha）　　　　　　　　（0.9ha）

图 9-1　不同地区文化艺术中心卫星图

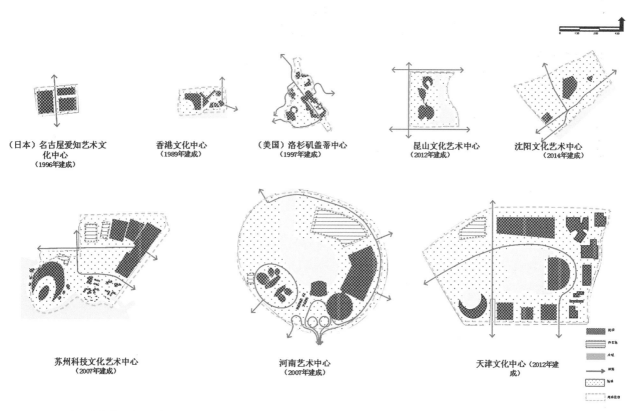

（日本）名古屋爱知艺术文化中心　　香港文化中心　　（美国）洛杉矶盖蒂中心　　昆山文化艺术中心　　沈阳文化艺术中心
（1996年建成）　　　　　（1989年建成）　　　（1997年建成）　　　　（2012年建成）　　　　（2014年建成）

苏州科技文化艺术中心　　　　　　　河南艺术中心　　　　　　　天津文化中心
（2007年建成）　　　　　　　　　（2007年建成）　　　　　　（2012年建成）

图 9-2　不同地区文化艺术中心空间布局分析

文化中心的建筑体量，交通，景观资源等进行探讨通过对案例的解读，所选文化中心的大致空间结构以及功能可归纳为点状单一型、线性穿越型、向心环抱型三大类。

通过对上述案例的分析总结，义乌文化中心的功能可大致分为文化娱乐、商业

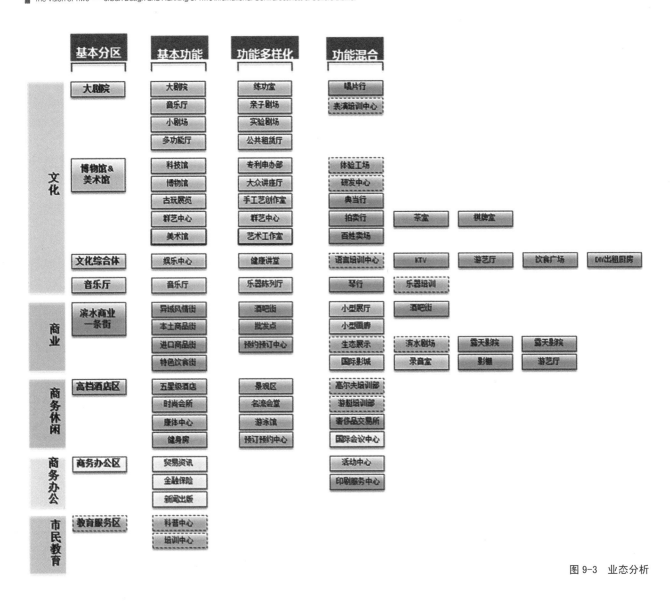

图 9-3　业态分析

办公、会展、餐饮居住、广场绿地、交通。

其大体功能可分为文化、商业娱乐、餐饮居住、会展、交通、景观。由于后两种功能在每个文化功能中都有体现，故下面柱状图仅对前四种功能进行讨论。由数据可见，文化中心的核心功能虽是文化，但在建筑面积上看，商业娱乐、旅游餐饮等附属功能的量有时要大于文化功能。

2.2　规划构思

2.2.1　规划定位：一个包容的中心

（1）体现"文化之心、活力之心、生态之心"的理念。

充分协调周边建设与生态环境，加强中心吸引力，塑造具有生态品质，丰富的体验感知的多元文化中心。

（2）体现"义乌精神、义乌奇迹"的本土精神塑造义乌特色的空间形态，运用现代主义手法打造具有标志

性的本土建筑，体现义乌自强不息、历久而不衰的生命力和活力。

（3）体现"以人为本、多元交流、土地集约、生态节能"的要求。

按照国际化大都市的城市职能要求，围绕人的需求做规划，突出合理的空间分布、宜人的城市尺度，功能多元化，营造有内涵和有特色的城市公共中心环境。以资源共享为目标，提高土地

集约和以生态为本底的综合利用效率。提高市民参与度及环境资源带动的综合区域竞争力。

（4）引导"区域带动、本土创新"。

贯彻先进的、具有前瞻性和实践性的城市设计和具有本土特色的建筑设计理念，创造引领地区未来大规模开发的城市建设模式。

（5）注重"国际性"和"可行性"。

打造国际文化交流平台，强化国际文化中心的公共服务职能，充分发挥文化设施的公众参与度。统筹协调，分期实施，分期建设，力求土地资源利用高效集约，经济上具有可操作性且可持续发展，规划应能够随建设需求的变化而进行调整、完善，具有一定的弹性和灵活性。

2.2.2　业态分析

在传统核心功能的基础上引入和强化市民教育学习功能，包括主要面向青少年和儿童的语言教育、艺术培训、科学普及、体验性学习等功能，这一类充分依托文化中心的功能将促成以家庭为单位的使用群体进入，极大地提高区域使用者的丰富程度和使用时间。

在确定主体功能区的基础上，将多种功能充分混合，通过不同功能之间的相互支撑，形成良好的区域功能生态，保证不同功能稳定而持久的活力。

2.3　规划方案

2.3.1　规划结构：一核·五心

规划功能生态系统、交通生态系统、水绿生态系统三大支撑系统，构建"一核五心"的规划结构，实现文化中心强有力的向心凝聚力。

2.3.2　功能组合：多样化、弹性化、混合化

在传统核心功能的基础上引入和强化市民教育学习功能，包括主要面向青少年和儿童的语言教育、艺术培训、科学普及、体验性学习

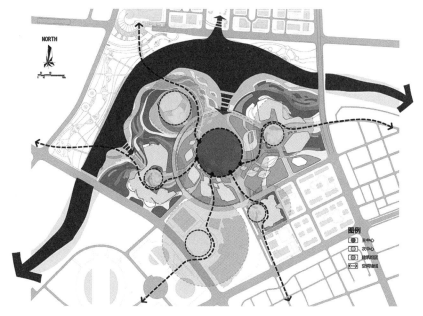

图 9-4　规划结构分析图

图 9-5　功能组合分析

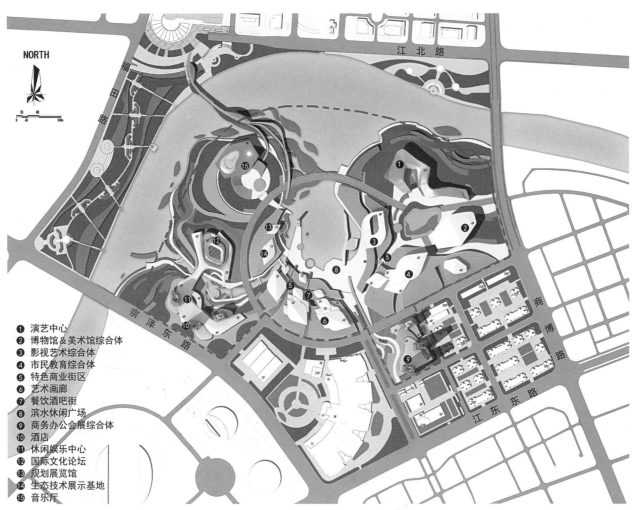

❶ 演艺中心
❷ 博物馆＆美术馆综合体
❸ 影视艺术综合体
❹ 市民教育综合体
❺ 特色商业街区
❻ 艺术画廊
❼ 餐饮酒吧街
❽ 滨水休闲广场
❾ 商务办公会展综合体
❿ 酒店
⓫ 休闲娱乐中心
⓬ 国际文化论坛
⓭ 规划展览馆
⓮ 生态技术展示基地
⓯ 音乐厅

图 9-6 规划平面图

技术指标一览表		
名称		数量
总建筑面积（万 m²）		84.6
其中	特色商业综合体（万 m²）	21.2
	市民教育综合体（万 m²）	2.1
	影视艺术综合体（万 m²）	2.3
	演艺中心（万 m²）	5.6
	博物馆综合体（万 m²）	8.5
	酒店（万 m²）	13
	休闲娱乐中心（万 m²）	6
	会议会展综合体（万 m²）	5
	音乐厅（万 m²）	3.9
	商务办公会展综合体（万 m²）	17
毛容积率		1.02
建筑毛密度（%）		18
绿地率（%）		35
停车位（个）		7700
地下停车场（万 m²）		18

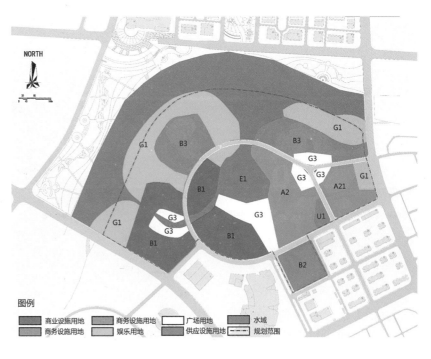

图例

■ 商业设施用地　　■ 商务设施用地　　□ 广场用地　　■ 水域
■ 商务设施用地　　■ 娱乐用地　　　　■ 供应设施用地　　┈ 规划范围

图 9-7 土地利用规划图

图 9-8 效果图

等功能，这一类充分依托文化中心的功能将促成以家庭为单位的使用群体进入，极大地提高区域使用者的丰富程度和使用时间。

在确定主体功能区的基础上，将多种功能充分混合，通过不同功能之间的相互支撑，形成良好的区域功能生态，保证不同功能稳定而持久的活力。

2.4 规划分析

2.4.1 道路交通系统

文化中心道路系统主要划分为三个等级——

①主要道路：包括福田路、江北路、宗泽路、江东路和商博路，红线宽度42—60米不等。

②次要道路：规划红线宽度24米，双向四车道。

③支路：规划红线宽度18—20米，均为双向两车道，道路宽度12米。

（1）公共交通系统：

规划建议将规划轨道交通站点北移至靠近基地东侧的位置，通过建立联系滨水核心区与外围中心、城市腹地、交通节点之间通畅的慢行交通系统和公共交通系统

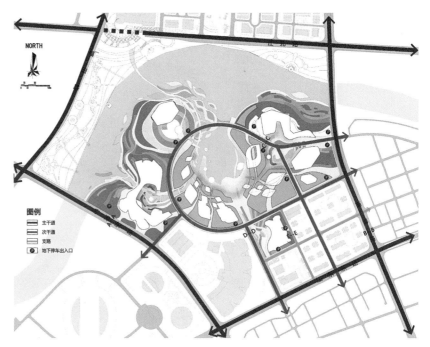

图9-9 道路交通分析图

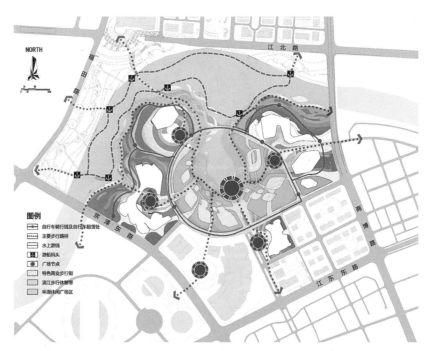

图9-10 慢行交通分析图

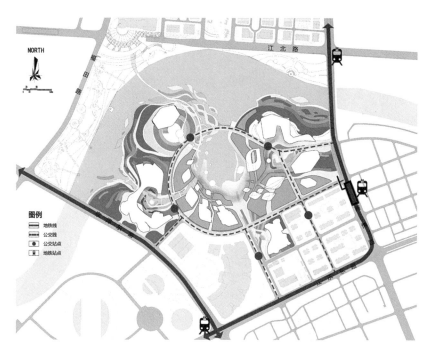

图 9-11　公共交通分析图

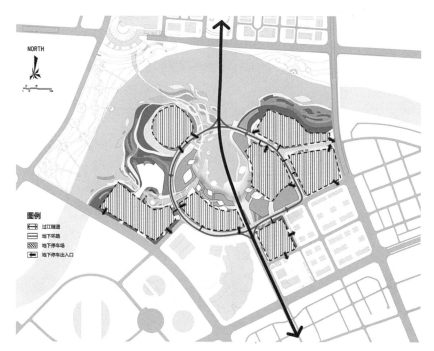

图 9-12　地下停车系统分析

保证到达文化中心区的便捷性与舒适性。

（2）慢行交通系统

①步行系统：

根据文化中心特点，以水为空间核心，形成连续、完整的滨水步行系统。营建滨江休憩带、环湖休闲广场，为人的亲水行为提供层次丰富的体验空间。

将滨水步行带与周边特色建筑组团广场相串联，构建步行网络系统。通过步道、桥梁、二层步行道、商业街区、地下通道、步梯等交通方式将主要公共空间想串联，形成便捷安全的步行网络、富有人情味的区域。

②水上交通：

设置水上游乐活动区域，通过游船线路串联各水岸，让乘客既能包揽沿河景色又可以方便到达水岸的重要活动节点。

③地下停车系统

七个地下停车场 ——具体核算停车场面积及规模，并结合各功能建筑组群集中设置七个停车场。

地下环形通道 ——设置逆时针单向地下环线，与过

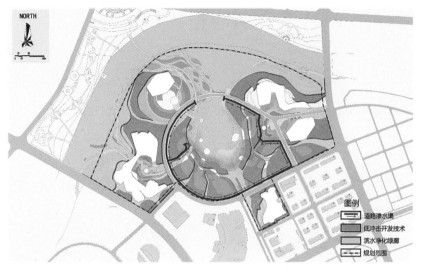

图 9-13 水网规划图

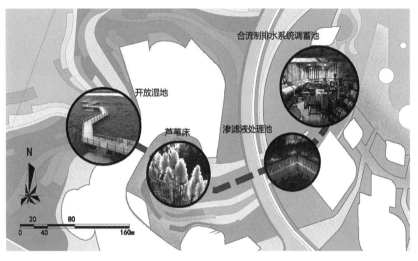

图 9-14 排水净化景观系统

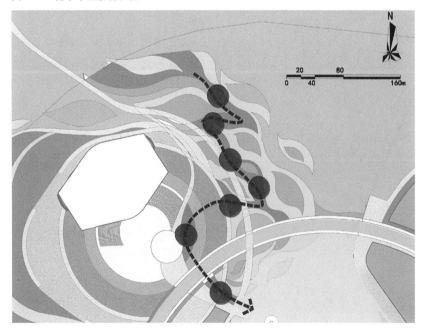

图 9-15 引水生态景观净化系统

江隧道衔接，快速疏解地下停车交通，增强了义乌江南北片区的可达性。

地上地下双向疏散——每片停车区域都设置地面出入口与地下环道输入口，实现多方向车辆疏散。

2.4.2 水网规划

（1）引水生态净化景观系统

净水系统与蛇形带状公园用地紧密结合，将义乌江水净化后，流入场地中心，用作景观用水。

（2）雨水收集系统

低冲击开发技术与雨水路径控制相结合，将场地内雨水汇集到地下雨水调蓄池中。

（3）排水净化景观系统

合流制排水系统调蓄池与景观生态净水系统相结合，将流经场地内的雨水及江水干净的还给义乌江。

（4）引水生态净化景观系统

（5）雨水收集系统

（6）排水净化景观系统

在排水调蓄池处设置生态技术展示馆，结合引水湿地、雨水调蓄、排水湿地串联形成的生态景观展示带，成为宣传生态理念、普及生态技术的新义乌生态文化中心。

图 9-16　水网规划

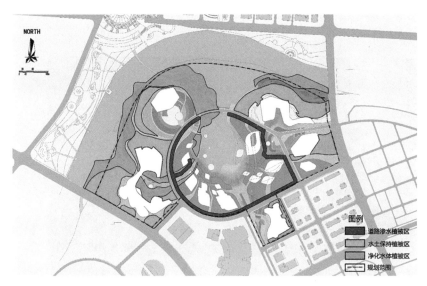

图 9-17 绿网植被种植系统

图 9-18 绿网规划

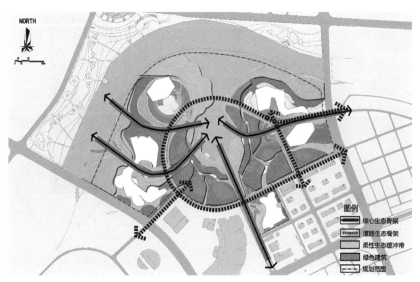

图 9-19 绿网规划

2.4.3 绿网规划

（1）刚性城市生态骨架

绿化空间一圆四带，多廊渗透，织补成网，生成城市生态骨架网络。

（2）柔性生态缓冲带

建筑与绿地、陆地与水域之间的生态过渡带的保留与构建。

（3）生态空间净损失最小化

通过原生绿地斑块保留、城市建设用地与绿地的混合开发（屋顶绿化、垂直绿化，植物建筑）（R/G、C/G、U/G），以实现城市绿地损失最小。

（4）水源涵养、径流污染控制

围绕水体周边绿化带进行布局，结合生态水网技术实现服务功能最大化。

（5）固碳释氧、调节气候

绿地系统包裹城市空间，将生态服务功能渗入城市中。

（6）生物多样性，植物生产力

自然绿地系统中能够承载生物多样性，同时不同水生植物及鱼类提供丰富的生产力，实现生态服务功能的全覆盖。

（7）植被种植系统

利用植物的生态作用，包括光合作用、矿化作用、对环境的保护作用和对水土的保持作用，来达到保持水土、净化空气和水体的效果。

2.4.4　景观视廊分析

2.4.5　建筑高度

规划设计建筑高度由外向内呈递减趋势，确保内湖良好视线关系，形成舒适宜人的建筑围合空间。

2.4.6　分期开发

（1）项目分期原则

靠近已开发建设区域的地块、有明确项目业主入驻意向的功能近期实施具有较强吸引力的主力业态、核心文化功能近期实施建筑空间弹性较大、适应多样化功能的建筑近期实施；公益性功能区域和营利性功能区域同期实施，商业服务设施和文化功能设施同期实施。

（2）分期实施规划

①一期：规划二号路东南侧商务办公会展综合体地块以及博物馆综合体（博物馆、美术馆及商业服务配套）；

②二期：环湖核心区，包括滨水商业综合体、影视艺术综合体（影院、休闲娱乐、餐饮、商业服务配套）；

③三期：酒店、文化产业总部、休闲娱乐综合体、文化论坛综合体、音乐厅、演艺综合体。

2.4.7　设计图则地块

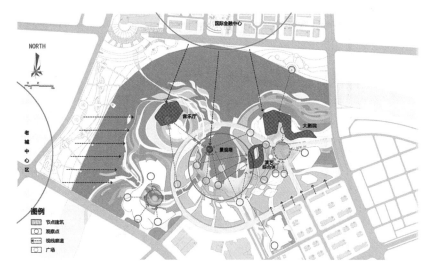

图 9-20　景观视廊分析

图 9-21　建筑高度分析

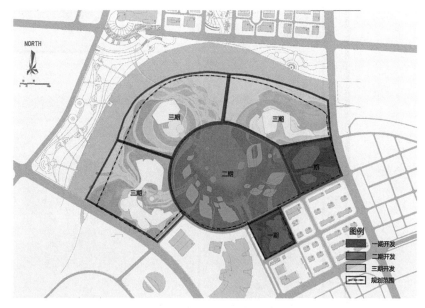

图 9-22　分期开发

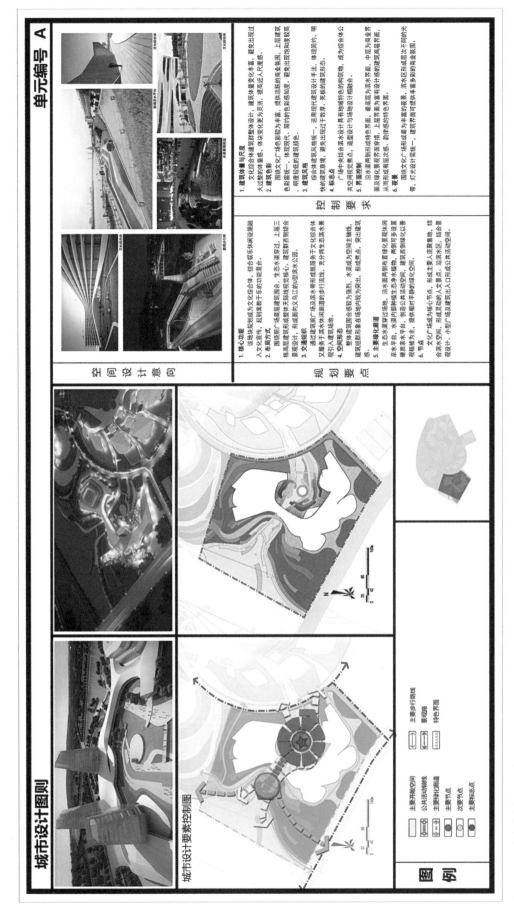

图 9-23 A 地块城市设计图则

3. 华墨国际

3.1 项目源起

义乌国际文化中心区坐落于义乌江南岸，处于核心位置面积达 82.8 公顷的钻石地段，是义乌新城市核心区功能及景观的交汇点。已建成的义乌市体育中心、图书馆、档案馆、博览中心、广电中心和商务金融办公区环绕在项目周围。地块将引入 9.6 公顷的内湖水域。项目规划建筑面积约 85 万平方米。园区既是未来文化城市的有机组成部分又是义乌未来发展的向导。

2008 年第一轮国际竞赛中项目用地范围是 40.7 公顷，本次设计将用地范围扩大至 82.8 公顷增加了很多文化中心的内容。

3.2 立意及构思

从城市的未来发展考虑，认为文化中心区的诸多内容：美术馆、音乐厅、博物馆、大剧院等应混合在商业、办公、酒店等多业态的城市中央活力区内，才能有生命力；保留第一轮竞赛中的圆形中央内湖及周边的异国风情商业街，提高城市核心地段使用价值；另外，从城市整体天际线及旅游观光人流导入的角度考虑，在项目东北面设计一栋 308 米的城市观光塔，形成美好的城市天际线。

3.2.1 规划结构及交通组织

项目发展规划大致分为以下几部分：

（1）"两轴"：一条贯穿城市南北方向链接义乌江北岸金融商务区、福田中心公园、国际商贸城的外部轴线，一条串联起公园与视觉走廊的内部轴线。

（2）"一心"：将城市活动纳入自然景观的圆形内湖。

（3）"五分区"：文化主题馆区、文化创意园区、环湖异国风情街区、商业艺术综合体区、旅游观光办公酒店区。

地铁：在地块东侧及南

图 9-24　区位图

侧增设地铁站点，观光步行景观桥以及未来与义乌江相连的水道。由此形成的立体交通体系加强了义乌江两岸的联系，带动了一个融文化、休闲、时尚、商业为一体的中央活力区。

3.2.2 文化绿洲

文化建筑是城市精神文化的载体，往往以城市地标的形式展现。项目第一轮规划竞赛中，文化建筑不在规划范围内。为了使整个区域的功能及建筑形式更加协调统一，在第二轮规划竞赛中，政府将设计范围扩大到周边文化综合体组群。

新一轮设计中，结合义乌江沿江景观绿化带，创造绿色公园。将义乌大剧院、音乐厅、美术馆、博物馆、现代艺术中心等文化主题馆，如钻石般镶嵌在绿色坡地。室内外共同开展公众活动、演艺展示，以此来大幅度改变义乌的城市面貌及文化艺术气息。

呈数列关系、大小不一的演艺及观摩场馆沿江面铺开，未来世界顶级的知名艺人将在这里展示自己的才华。结合建筑周边设置的茶座、酒吧、风情餐饮，能让观众在品尝美食、欣赏美丽江景的同时领略到各类舞台视觉盛宴。

环绕在主题馆周边的文化创意园区将支持文化艺术教育，培植本地人才及促进相关艺术人士就业，把义乌转化为一个融合中西、本地及外国艺术文化的枢纽。

3.2.3 水世界

义乌是一个滨水的城市，水能给城市带来活力，影响城市的面貌。地块北侧的义乌江为地块创造了得天独厚的自然水域资源。如何用好水资源，治理水环境成为本次设计的重点。

"中国画有个特点，形而下的风景与形而上的想象能够在一个作品中实现。在

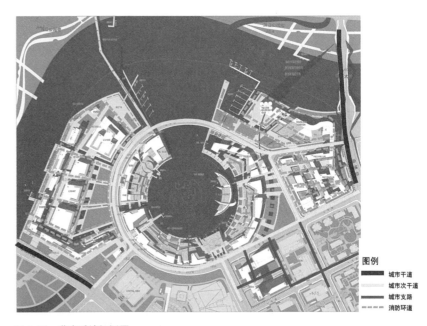

图 9-25　道路系统规划图

图 9-26　水上交通系统规划图

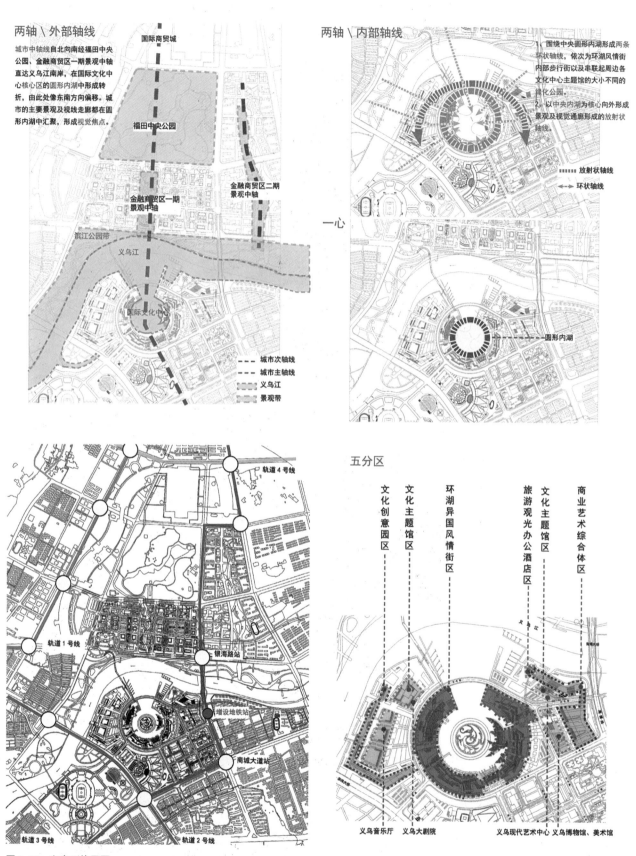

两轴\外部轴线

城市中轴线自北向南经福田中央公园、金融商贸区一期景观中轴直达义乌江南岸，在国际文化中心核心区的圆形内湖中形成转折，由此处像东南方向偏移。城市的主要景观及视线走廊都在圆形内湖中汇聚，形成视觉焦点。

国际商贸城

福田中央公园

金融商贸区一期
景观中轴

金融商贸区二期
景观中轴

滨江公园带

义乌江

国际文化中心

- - - 城市次轴线
— — 城市主轴线
义乌江
景观带

两轴\内部轴线

1、围绕中央圆形内湖形成两条环状轴线，依次为环湖风情街内部步行街以及串联起周边各文化中心主题馆的大小不同的绿化公园。
2、以中央内湖为核心向外形成景观及视觉通廊形成的放射状轴线。

一心

放射状轴线
环状轴线

圆形内湖

轨道4号线

轨道1号线

银海路站

增设地铁站

南城大道站

轨道3号线　　　　　轨道2号线

图 9-27　立意及构思图

五分区

文化创意园区
文化主题馆区
环湖异国风情街区
旅游观光办公酒店区
文化主题馆区
商业艺术综合体区

义乌音乐厅　义乌大剧院　义乌现代艺术中心　义乌博物馆、美术馆

图 9-28　整体鸟瞰图

图 9-29　局部效果图　　　　　　　　　　　　　图 9-30　局部效果图

东方文化里，中国建筑不是一个实体，而是一个内部空旷的虚设，可以接纳外部自然的声音。"因此在规划核心区创造了一个可以吸纳万物的圆形内湖，它成为整个地块的心脏，承载着现代都市水岸生活，创造出一个天人合一的水世界。由内湖衍

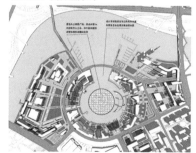

图 9-31　内湖水处理方案

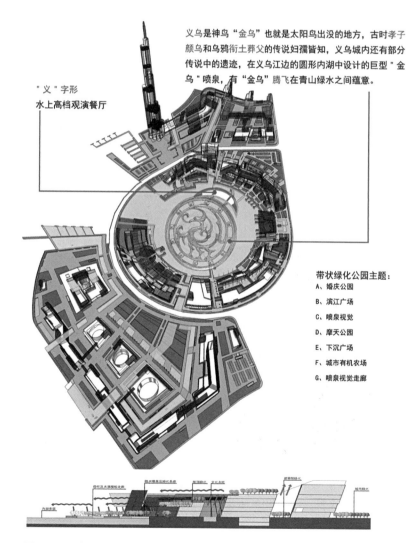

图 9-32　绿化及景观分析

生的两条全天候商业水街穿越了环湖异国风情街区，让游客能穿行于小桥之下，泛舟于内湖与水街之间，江南水乡的神韵在时尚现代的建筑组群映衬下展现出来，别具情趣。公共沿湖观景区的绿化长廊、喷水池、滨水木栈道走廊则为人们提供亲水、近水、观水三重层次的体验，让游人尽享临湖的浪漫时光。

在第二轮设计中，通过细化内湖打造方案，提出三种水处理方式：第一，生态水处理；第二，景观水；第三，复合型方式。最后将在低碳、环保、节能、可持续的前提下达到美观的视觉效果，以此提升周边地块的商业价值。

3.2.4 不夜城

义乌被誉为"小商品海洋，购物者天堂"，义乌的商品已经传播到了世界各地。我们在城市最核心的环湖区域打造全天候的购物消费及娱乐文化氛围，创造24小时永不落幕的都市水岸核心区。围绕内湖设置了文化创意商业区、主力商业区、娱乐商业区、内湖景区及公共沿湖景观区等五大区域和两条特色街、七大主题广场结合周边文化主题馆和旅游观光区满足人们工作、学习、购物、娱乐等全天候多方位的需求。

建筑体块错落有致，层层叠叠，环湖而造。坐落于场地北侧区域的超高层塔楼，向上昂扬至308米，成为地块的制高点，与江北的摩天楼群遥相呼应，形成高低起伏的城市天际线。超五星级酒店、甲级办公楼、观光平台，层叠在建筑体量内，大量的空中花园可观赏义乌江两岸壮丽景色，未来这里势必成为游览圣地。

3.2.5 异国风情，世界的义乌

随着开放的义乌逐渐走向国际化，越来越多的国际友人集聚义乌，他们不仅把义乌的小商品带到了世界，也把世界的文化带到了义乌。在内湖一侧打造的异国风情街，如酒吧、餐厅及特色手工制品店都弥漫着浓浓的异国情调。有容乃大，勤劳智慧的义乌人民兼收并蓄的博大胸怀使这座城市越来越彰显国际化的风范。世界的义乌需要一个这样的文化核心区，它最终将被塑造成为一个充满动感富含生命力的时尚活力区，真正打造一个令人瞩目的新地标！

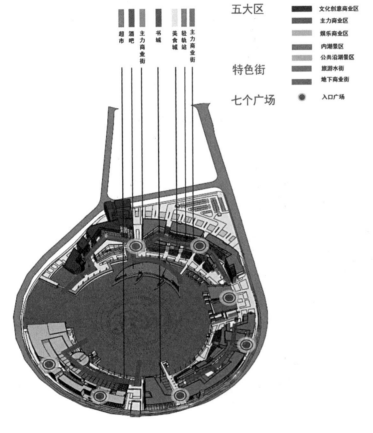

在区域内设置文化创意商业区、主力商业区、娱乐商业区、内湖景区及公共沿湖观景区等五大区域，两条特色街，七大主题广场，打造24小时永不落幕的都市水岸

图9-33 总体策略分析

图 9-34　局部效果图

西 30°。至南偏东 15°。规划方案的建筑都处在这个范围内，能获得良好的自然采光，从而减少日间人工照明

4. 同济院

4.1　基地分析

4.1.1　日照条件分析

（1）全年日照条件

义乌天空非常晴朗。它位于亚热带地区。这些也带来了一年四季的丰富的太阳辐射。遮阳对于庭院空间来说至关重要。若没有遮阳，所有的其他用来改善室外热舒适性的措施都是没有意义的。下图显示了太阳的路径。太阳的高度角在全年中的变化相当显著。

（2）空气温湿度分析

义乌的最佳朝向是南偏

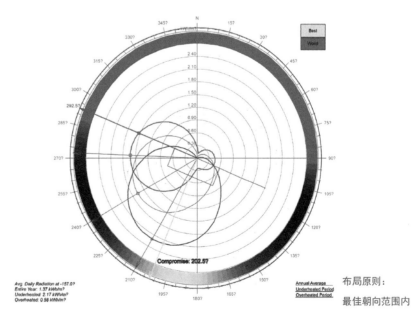

布局原则：

最佳朝向范围内

图 9-35　全年日照条件分析

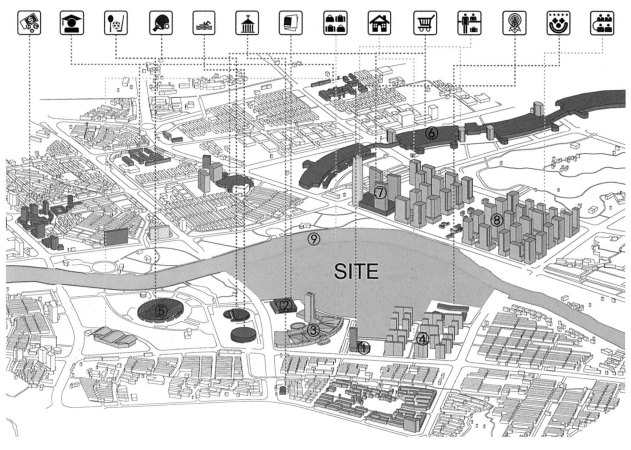

图 9-36 基地现状分析

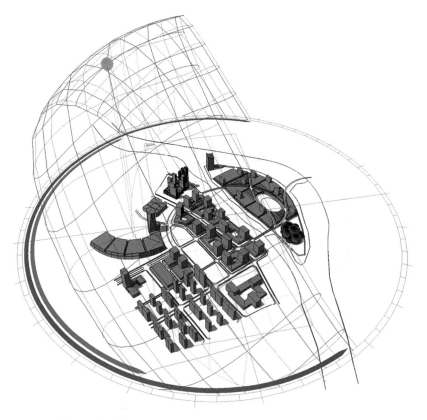

图 9-37 空气温湿度分析

的能耗。

（3）温湿度表

将相同的数据绘制在一个温湿度图表上，可以看出室外热舒适性是气候带来的非常具有挑战性的一个方面。深蓝色的区域是最经常发生的热舒适性。而红色框则显示了一个保守的热舒适范围。（此表数据采集自离基地接近的杭州地区）

4.1.2 室内外热舒适度分析

改善室外热舒适性最简单和有效的方式就是控制热辐射。这主要是依靠遮阳， 除了阻挡夏季的阳光外，还可以通过外部材料的选择来控制。

热辐射环境中另一个重要的方面就是人周围的表面温度，这决定于每个人所经历的辐射冷却率。浅色材料具有较高的热质量，如果进行有效的遮阳，它将在一天中最热的时候也保持低于周围空气的温度。这将对热舒适性带来显著的改善。

空气的温湿度是在露天环境下更难控制的。通过精心的形式和材料的选择，有遮蔽的半封闭空间可以汇集冷空气。多孔开料可以吸收湿气，只要有例如太阳能那样的能量可以使其干燥并循环使用。冷冻水壁或其他能提供良好辐射冷却的表面，可用于从空气中凝结蒸汽，并有效地除湿。

通风对于潮湿环境来说很重要，它能帮助皮肤上汗液的蒸发，并在此过程中除去大量的热量。因此夏季主导风向很重要。此外也有其他的被动式措施可以在没有风的时候促进空气的流动，例如太阳能上升气流和蒸发冷却下沉气流。这些效果将在下面的章节中进行探讨。

热舒适性的心理提示不可被低估。如斑驳的树荫、涓涓的水声和沙沙的微风声都能给我们带来一种特定的舒适感觉，也能提升一定的热舒适度。尤其是当这个人

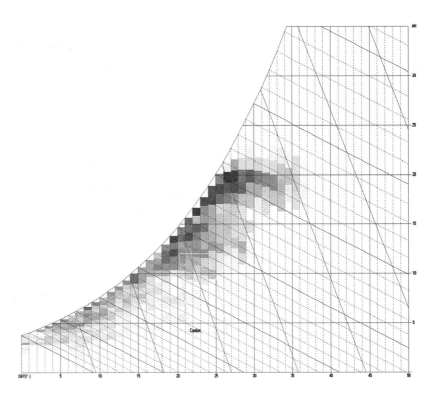

图9-38　温湿度表

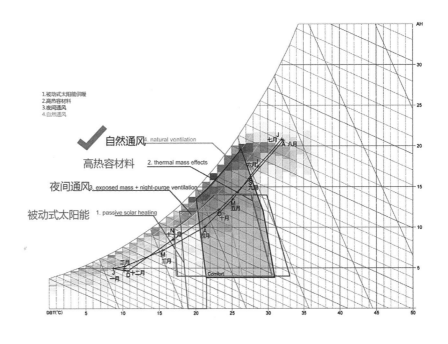

是刚来自于一个很热且不舒服的地方。因为冷却的过程比凉爽的状态更刺激。

4.2　项目策划

总定位：功能复合，活

力支撑。

（1）以"岛"为核心，打造多重意义的岛屿，岛屿概念的广泛拓展；

（2）文化生活主导，多

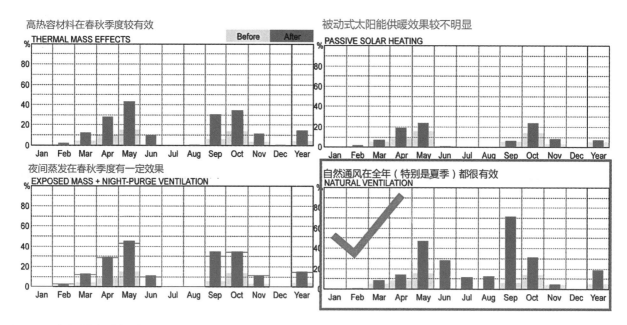

图 9-39　室内外热舒适度分析

类型产业组合，适度开发作为支撑；

（3）控制性业态混合，打造持久活力社区；

义乌国际文化中心区处于寸土寸金的城市核心地带，因此我们充分关注义乌城市土地紧缺的现状，致力于创造一个功能高度混合的"商业—艺术—文化"街区，而非孤立的标志建筑群。通过业态的混合，使文化艺术—会展会议—创意办公—酒店商业—创意教育—娱乐休闲—旅游观光等和谐共融，充满活力。区域公共文化设施和开发类建筑比例约为30%：70%。

①艺术岛

东西两端分别为观演中心和垂直大学。观演中心除

了集合剧院、音乐厅、高科技影院外，在从江北江南以及岛上看均位置突出的位置，结合滨江水景设置了一处露天水上剧场，作为未来义乌城市品牌剧目的演出场地。

②商务半岛

整体控制规则明快的现代化都市建筑风格，与建成的江北CBD相呼应，同时与南侧的新兴城市建筑风格相衔接。博物馆地块几种博物馆、文化馆、科技馆等展示功能，空间上尽量开放底部，设置活跃的水景和底部景观广场，城市空间域建筑展示水乳交融。

（4）前沿热力学城市设计手段，创新被动式节能，应用低成本高效能被动式节能理念和技术措施。

通过在规划中引入两个"风廊"，优化区域的自然通风。

（5）室外热环境设计，以生态化的街区尺度、功能创新和场所氛围作为建筑独特造型的基础，形成集群标志。

①建筑蓄热体：

浅色的重质材料可以一整天维持较低的表面温度，带来前夜凉爽的温度。这些材料包括大。

多数非技术性陶瓷，比如浅色水泥或黏土或者浅色的天然石头。

②水分吸收材料：

多孔材料，如软木、木材或干燥剂可以有效地吸收水分，并为穿过院子的空气除湿。如果设置多孔材料，

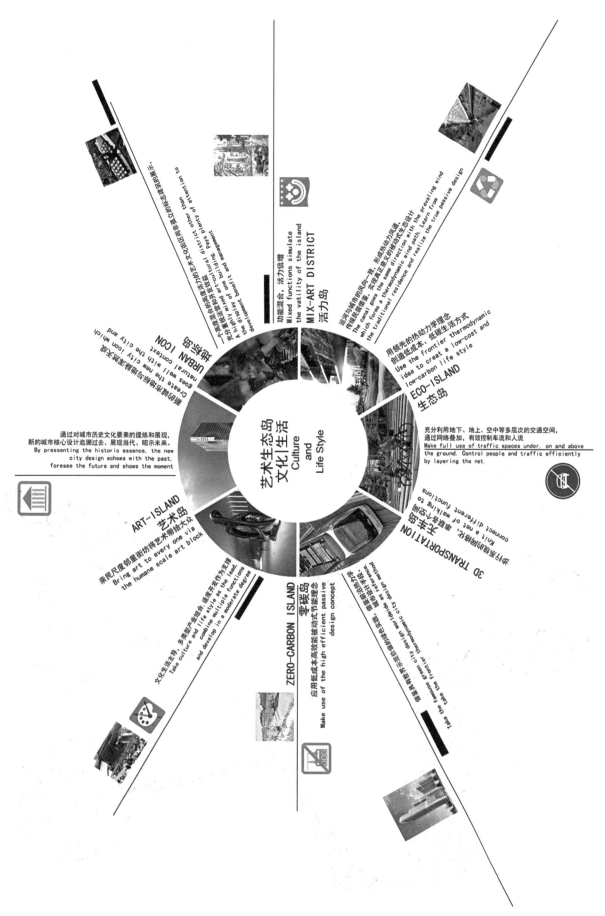

图9-40　功能定位策划

185

可以用来降低流动的空气中的湿度。太阳辐射能够晾干多孔材料，对其进行再"充电"。多孔材料一旦饱和，也不能再吸收任何湿度。

③水景：

水景，比如水墙、池塘或河流可以用在院子里会非常有效地提高舒适度，如果温度低，还可以降低微环境的湿度。

4.3 规划方案

（1）ART-ISLAND 艺术岛——建构义乌诗意的文化图标。

通过"艺术岛"概念的提出，形成一种新型的文化中心区原型——不同于中国司空见惯的空旷文化中心区，这是一种传递并强化艺术和城市景观体验的诗意类型，使之成为义乌城市文化的象征性图标，承载了巴黎与柏林等伟大城市的历史性经验。

①一"江"两"岛"，以岛为心。

"生态风廊"和景观"运河"将基地划分为临江的"艺术岛"和内陆的"商务半岛"。分别偏重文化艺术氛围的打造和国际商务功能的开发。艺术岛以混合艺术展示营销、创智企业、艺术和工艺师入住为核心的"里坊"肌理为主导，"商务半岛"则以更符合现代城市高效开发的街高层区模式为主。

②十字与内环，逐层递变，与城市衔接

以地下的南北和地面的东西两路交通作为主干、以贯穿两岛的内环作为补充，形成整个基地的控制框架，开发力度、交通强度、停车密度等方面依据此框架呈现出梯度控制原则。

（2）ECO-ISLAND 生态岛——热动力学在城市尺度的科学实践。

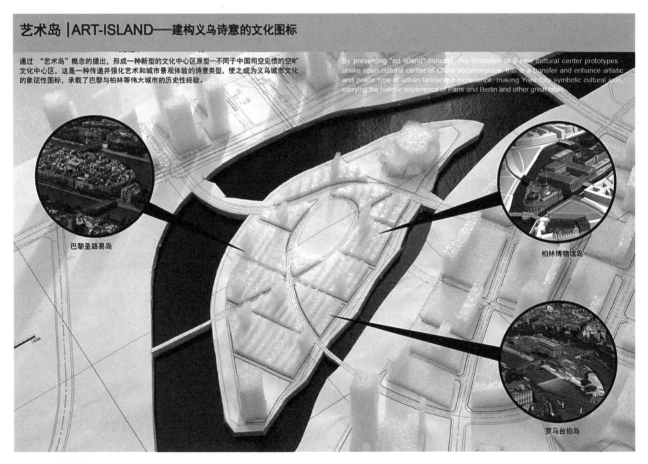

图 9-41 艺术岛

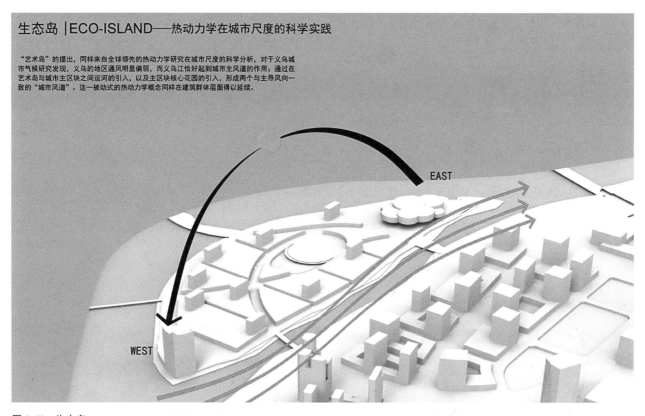

生态岛 |ECO-ISLAND——热动力学在城市尺度的科学实践

"艺术岛"的提出，同样来自全球领先的热动力学研究在城市尺度的科学分析，对于义乌城市气候研究发现，义乌的地区通风明显偏弱，而义乌江恰好起到城市主风道的作用；通过在艺术岛与城市主区块之间运河的引入，以及主区块核心花园的引入，形成两个与主导风向一致的"城市风道"。这一被动式的热动力学概念同样在建筑群体层面得以延续。

EAST

WEST

图 9-42 生态岛

　　"艺术岛"的提出，同样来自全球领先的热动力学研究在城市尺度的科学分析，对于义乌城市气候研究发现。义乌的地区通风明显偏弱，而义乌江恰好起到城市主风道的作用；通过在艺术岛与城市主区块之间运河的引入，以及主区块核心花园的引入，形成两个与主导风向一致的"城市风道"。这一被动式的热动力学概念同样在建筑群体层面得以延续。

　　（3）MIX-ISLAND 活力岛——致力于土地价值提升的城市策略。

　　国际文化中心区处于寸土寸金的城市核心地带，我们充分关注义乌城市土地紧缺的现状，致力于创造一个功能高度混合的"商业—艺术—文化"街区，而非孤立的标志建筑群。通过业态的混合，文化艺术—会展会议—创意办公—酒店商业—创意教育—娱乐休闲—旅游观光等和谐共融，充满活力。

　　（4）ZERO CARBON-ISLAND 零碳岛——一个世界层级的标杆。

　　阿布扎比的"马斯达尔"最早提出"零碳城"概念，并在上海崇明岛等得以扩展，瑞士采尔玛特则是著名的步行低碳城市，义乌"零碳岛"具有一个恰当的步行尺度，

通过低成本的被动式设计策略—精确气候分析—纯粹步行街区—绿色电动公共交通—再生能源利用—废弃物回收—社区高度参与，有望创造一个具有世界层级的城市建设示范与标杆。

　　（5）URBAN ICON 城市建筑地标——以"建筑群落"理念确立城市尺度上的标志性。

　　文化中心区立足"建筑群落"理念，通过大尺度的城市策略来确立建筑标志性。水平向度上，大剧院为主的演艺中心形成艺术岛的标志景观，而结合运河与中心绿岛布局的博物馆—会展中心—

图书档案馆—创意大学—艺术街区，形成散落有致的珠链；垂直向度上，世贸中心—创意大学—酒店综合体—创意办公群，则形成呈现围合态势的城市建筑空间地标。

①标志建筑带，构成城市风景线。

通过滨水界面的处理、交通的疏导和控制、标志节点和游线的组织，深入发掘江与"岛"在城市中的独特呈现。

②从城市总体空间趋势着眼，建筑整体高度趋势与

活力岛 | MIX-ISLAND——致力于土地价值提升的城市策略

国际文化中心区处于寸土寸金的城市核心地带，我们充分关注义乌城市土地紧缺的现状，致力于创造一个功能高度混合的"商业－艺术－文化"街区，而非孤立的标志建筑群。通过业态的混合，文化艺术－会展会议－创意办公－酒店商业－创意教育－娱乐休闲－旅游观光等和谐共融，充满活力。

图9-43 活力岛

义乌由山到江的趋势吻合。在和谐连续的景观线上点缀作为亮点的标志建筑。

③西侧的垂直大学将围绕艺术岛聚合的世界各门类艺术和手工传统技艺，建立旨在保护传承和发展研发为核心的多功能教学和展示中心。

宗泽桥头设置标志性的超五星酒店和商业服务综合体，最高点150米，与会展中心主楼高度持平，形成未来国际商务区的门户。造型上层层升高，形成不同高度和方向的观景平台，将义乌的山地意象融合到造型和空间中来。

（6）URBAN SYSTEM 无车岛——强化整合交通—景观—地下空间等城市系统。

高品质的城市空间来自一个高度整合、高效运作、立体布局的系统设计：通过地下-地上多层次交通引入，解决区块末端与潮汐交通挑战；人流的地下、地上、空中多层次组织，形成公共网络；运河-环岛的水上巴士提供了独特系统和观光潜力。空间—交通—景观—设施，

零碳岛 |ZERO CARBON-ISLAND——一个世界层级的标杆

阿布扎比的"马斯达尔"最早提出"零碳城"概念,并在上海崇明岛等得以扩展,瑞士采尔玛特则是著名的步行低碳城市,义乌"零碳岛"具有一个恰当的步行尺度,通过低成本的被动式设计策略－精确气候分析－纯粹步行街区－绿色电动公共交通－再生能源利用－废弃物回收－社区高度参与,有望创造一个具有世界层级的城市建设示范与标杆。

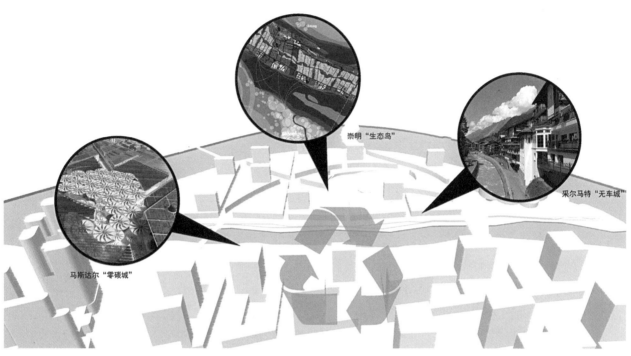

崇明"生态岛"

采尔马特"无车城"

马斯达尔"零碳城"

图 9-44　零碳岛

被同样给予多层次的系统化视角关注。

通过城市地下交通系统,将两岛与江北江南城市板块串联,艺术岛地下二层集中停车,地下一层形成服务环路,岛屿地面则设置水路两用电动巴士,可与江北以及"商务半岛"高效连接,艺术街坊内部则实现自行车和步行化;"商务半岛"地下二层集中停车,地下一层结合地上开发为商业或办公等。

世界城市文化图标、东西方文化对话,生态气候分析、热力学设计应用、艺术、文化和生活的统一、前瞻性的领导力——正是这些目标、工具和技术,成就了义乌国际文化中心区城市设计方案。

5. 浙江省院

5.1 规划构思

5.1.1 设计理念:义乌国际文化中心的"3C"发展理念。

将城市大剧院、现代化影院、音乐厅、科技馆、博物馆、美术馆、超五星级酒店、综合商业等一系列城市文化体验与休闲项目围绕中心水广场有序布局,确定义乌国际文化中心未来的文化走向——"打破精英化,倡导文化成为一种生活方式",并以市民生活内容作为功能延伸的落脚点,体现方案所倡导的"市井生活,创意生活,节日生活"(3C)发展策略:

(1)艺术文化与市井生活相结合(Communication-life)

将城市小剧场、画廊、酒廊、小型博物馆等多样化的艺术文化空间与商业、餐饮、娱乐等设施的结合。

(2)商务活动与创意生活相结合(Creative-life)

将城市商务会谈空间与咖啡馆、酒吧、餐饮、娱乐设施的统一布置，实现创意活动的自由性和复合性。

（3）展会设施与节日生活相结合（Celebration-life）

将城市展会设施和与城市各类节日活动及歌咏、琴棋、书画等生活活动相融合，体现展览空间的可变性与节日生活的大众性。

5.1.2　设计构思

"荷叶罗裙一色裁，芙蓉向脸两边开。"设计理念源于对植物"荷"文化的畅想，并由此衍生出本项目的母体本源。通过荷花、荷叶、藕节等一系列荷花要素的原型演绎和抽象，在设计中将其加以传承并和要素组合。借用上述中国古代诗人王昌龄的诗句对空间本源体予以文化内涵，以荷花生长的形态逻辑引导空间形态设计，将荷叶脉络、自然露水、荷花花瓣、莲藕莲子等本源形式与文化中心形象高度融合起来。

5.1.3　方案结构演绎与创造生活

本次设计通过以下六个设计步骤实现了方案的空间结构，并由此来引入多样化的市民活动，让人们能够感受到空间形态感与地域文化精神的高度统一：

（1）第一步——强化中心：在基地中由内向外形成中心圆的结构，通过圈层式拓展，强化中心对周边区域的功能辐射与对话交流。

（2）第二步——建立联系：将北侧CBD中央和南侧山体间的廊道轴线进行衔接；与周边城市地标及公共设施触媒点建立空间联系。

（3）第三步——形成骨架：对水系结构加以梳理，形成围绕中心呈荷叶状向外散射形的结构骨架。

（4）第四步——过滤水体，通过植入具有过滤净化作用的生态植被廊道，将引入的水体水质加以改善，并从南侧山体通过地下管道将山体之水引入到中心水面之中。

（5）第五步——导入功能：导入文化观演、教育娱乐、购物休闲等多种城市活力功能。

（6）第六步——肌理构成：划分成适宜分期发展的四个分区，在此基础上结合功能需求形成尺度适宜、层次丰富、个性突出、对比有序的空间肌理。

5.2　规划方案

5.2.1　空间形态内涵——紧凑有序

在空间形态引导方面，设计根据地块分割特征和尺度规模，围绕核心中央水广场区将形成四大主导功能板块区，分别是文化、商业办公、教育和购物中心。中央步行景观轴两侧布置创意办公和餐饮休闲功能，外侧布置商业购物和娱乐休闲设施。文化和教育功能沿滨江呈扇状依次展开，形成密度宜人、开合有序、环境优美的城市滨水文化体验区。为强化本区的可识别性和地标印象，在南侧引入了酒店功能，与义乌江北侧CBD遥相呼应，在空间形态上也更具有指引导向性。

在整体天际线变化上，沿义乌江从北岸向本区望，文化中心呈现出中间高两侧低的山峰态势；从义乌江两侧来看形成了两侧向中间降低的山谷态势。结合义乌山水格局，城市建成空间环境同样也可以形成有序的韵律节奏。

5.2.2　交通组织内涵——高效连续

（1）设置通道，南北相连

方案的基地内部有一个非常清晰的道路系统，东西向干道经核心区域将体育中心和安置区相连，南北向干道通过下穿式过江通道连接，将义乌江北侧的商城大道和南侧的江东北路主要交通流疏导，其加强了义乌江两侧的区域交通联系。

（2）环状交通，单向

总平面
Masterplan

规划用地面积60.35ha	
建筑占地面积12.68ha	
建筑总面积	72.33ha
建筑密度	21.01%
容积率	1.20
绿地率	37.72%

图 9-45　规划平面图

管理

　　为减少穿越文化中心区的双向交通组织干扰，滨江的大型公共文化设施区采用了环状的单行道，这样即可以不影响城市干道交通东西向之间的联系，又能提高整个区域内部交通循环的有序性和可控性。

　　（3）联合开发，弹性

组织

　　规划将地下商业和公共服务设施结合轨道交通站点进行 TOD 开发，全面提升未来预期的开发价值。同时在滨江文化区的地下二层停车库与过江通道相连接，将南北两侧相对独立的地下车库高效整合在一起，并用来解决未来北部 CBD 区快速发展

之后将会产生地下停车位不足的问题，这种联合式地库的弹性组织模式是具有前瞻性指导意义的。

　　5.2.3　建筑符号内涵——形简意赅

　　义乌国际文化文化中心对于义乌的城市意义在于其像都市中一池美丽的荷塘，让来到这里的人们可以放下

191

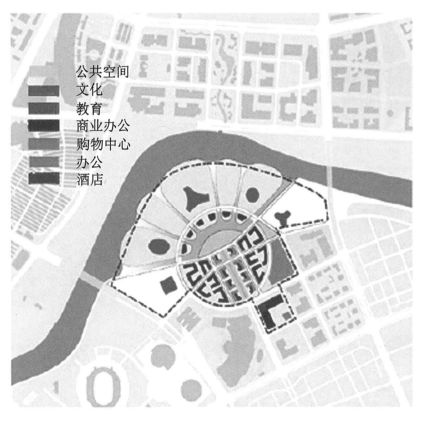

公共空间
文化
教育
商业办公
购物中心
办公
酒店

图9-46　土地利用规划图

忙碌的生活节奏,卸下压力,亲近自然,享受文化休闲生活。设计重点对大剧院、美术馆和音乐厅进行了概念抽象与内涵赋予。

（1）城市大剧院

大剧院主要由中国传统剧院和现代剧院构成,中西方意向构成了"并蒂莲"的形象,象征着义乌国际化和中国化并存,现代与传统交融。剧院建筑以倾斜的曲面大屋顶将中、西剧院区和展览区三个大形态整合为一体,以怀抱的姿态将周边的城市地标建筑纳入到自身的形态组织中,弧状立面表皮将三

馆包容其中,并通过连续统一的立面肌理打造城市滨江景观的视觉焦点。立面上选用金属铝板和少量透明玻璃,强调形态的光华圆润与体态稳重,同时通过悬挑体量来造成虚实对比及城市灰空间的交流特质。

（2）城市美术馆

美术馆设计的主题原型源于荷花的"莲蓬",通过圆形主题以及屋顶形式来借喻义乌文化的源远流长,将义乌富庶之地的不尽艺术宝藏呈现于世人面前。该建筑屋顶采用了金属铝板材料,立面围绕圆形母题的石柱列

创造出朦胧渐变的阴影效果,体现了江南竹林听风雨的意境。顶部的采光玻璃是礁石经历海浪敲击后留下的印迹。整个建筑将现代艺术文化与中国传统建筑园林意念融为一体,体现了义乌艺术美术馆建筑造型的轮廓简约、层次丰富、内外有序、结构明晰的结构特征。

（3）城市音乐厅

音乐厅方案设计的主题原型源于荷叶的"露珠",露珠是大自然赋予荷花生长的源泉,也借喻音乐厅犹如水珠一样游走在国际文化中心的动态特征。建筑外立面采用了全透明的玻璃材质,整个建筑的屋面与墙面合为一个流畅的水滴形式,内部实墙面通过透明的外部玻璃显现出来,以虚显实的处理手法,使这个建筑形象更为立体丰富。通过金属立面杆件和具有中国传统文化符号表征的表皮肌理,营造出义乌移民文化与商贸影响下的地域文化氛围。

5.2.4　景观生态内涵——"净"、"动"合一

（1）水过滤廊道

为了实现水与城市的充分融合,并实现中央景观水体的自我净化,本次规划设置了指状的线性水体过滤廊道,廊道宽度约为20—30米。设计不仅仅将其看成是一个

图 9-47　整体效果图

水环境整治的基础设施，同时也将其塑造成地表的景观构筑物，通过水廊道内部多样化的净水植物以及沙粒滤网植入，分级将进入的义乌江水加以净化过滤，该过滤廊道不但有效改善了水质，还充分发挥出了文化中心亲水空间的魅力特征。

（2）中央水广场

干净清澈的景观水体是中央水广场是整体开放空间的一个重要组成部分，其水体的来源除了来自于过滤的义乌江水，从南侧山体通过地下管道引入到步行水街之中，二者最终汇集到水广场之内。水广场的深度在 1.5 至 2 米左右，作为景观水体其能够为居民和游客提供游乐休闲和水上活动体验活动。在设计手法上，水深度会随着义乌江水位以及山体雨水排放量而产生变化，既产生了广场水岸线的变化效果，又能成为防洪蓄水的有效手段。

第四部分
中心区专项规划

第 10 章 2009 义乌金融商务区市政交通综合规划

时间：2009 年

设计单位：解放军理工

规划区范围：规划区主要由国际商贸城、福田中心公园、中心商务区三大部分构成。

1. 重点问题分析

1.1 功能定位的影响

· 分析： 国际商贸城与中心商务区同以市场功能为依托，开发强度较高，人流和车流量较大。

· 问题：作为人流、车流、信息流的集散地，必将带动城市功能的综合化、区内交通的复杂化。如大容量城市功能空间的需求、大量地面停车等，这些都将与地区城市环境品质的提升产生矛盾。

· 结论：保留一定的地面临时停车场地，部分地面停车地下化，拓展地面功能空间，向地下发展，改善规划区环境品质。

1.2 城市综合交通的影响

（1）对外交通的影响

· 分析：对外交通对规划区的交通直接影响较小，城市环线距离规划区有一定的距离。

· 结论：对外交通对规划区的直接干扰较小，规划区对外交通联系较为方便。

（2）与功能区的交通联系

① 规划区外围主要功能区之间的交通联系

· 分析：对规划区产生影响的交通流主要有横向和

图 10-1 主要功能区组成

图 10-2 城市对外交通分析

纵向两种。

横向：1条框架性道路和1条城市主干道；

纵向：1条城市快速路和1条框架性道路。

· 问题：横向交通对规划区影响较大，主要为城北路与商城大道的穿越式交通流；纵向交通对规划区交通影响较小。

· 结论：对城北路、商城大道穿越中心区段在地下空间规划中需进行考虑。

建议通过规划区内路段地下化，减少横向过境交通流的穿越影响。

②规划区与周边主要功能区之间的交通联系

· 分析：与周边功能区联系主要由4条主干道承担。

· 问题：周边功能区向规划区汇聚的交通流，必将增大主要联系道路的交通压力，同时也影响了规划区内部交通的疏解。

· 结论：通过规划区出入交通的合理组织，缓解大量交通冲突的压力。建议通过地下道路与地下环廊的建设分流一部分区内的进出车流，减轻规划区出入交通的压力。

（3）道路系统及停车的影响

①轨道交通的影响

· 分析：规划区共有2条轨道交通（1号线和3号线）从规划区边缘通过，增强了周边地区到规划区的可达性，有利于规划区交通的疏解。

· 问题：规划区为多种市级城市功能的汇集处，且为大量车流、人流的吸引点，对于规划区内部而言，其与轨道交通结合性不强，联系不方便。

· 结论：还需补充规划区内部轨道交通与外部轨道交通的联系，增强规划区轨道交通疏解能力。

②道路等级和宽度

规划区地面道路主要分为四个等级，即主干道、次干道、支路和区间道路。

道路红线控制宽度为：主干路：红线宽度50—60米；次干路：规划红线宽度35—42米；支路：红线宽度16—24米；区间道路：红线宽度12—20米。

③停车

规划区停车方式主要有3种，地面停车、地下停车

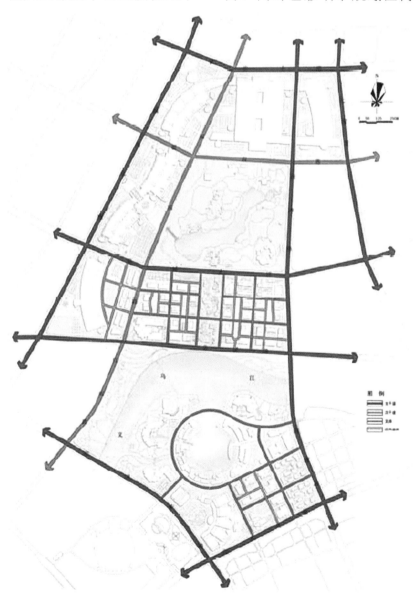

图10-3　规划区地面道路系统分析

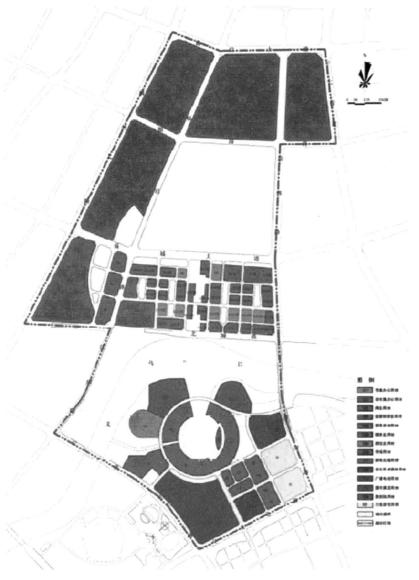

图 10-4 有建筑基地空间

和屋顶停车，总机动车停车位 53643 辆（含规划）。

④道路网等级分布影响

·分析：若中心区按照总人口 26 万人计，预计每天有 65 万—80 万人次出行，假设每天使用小汽车的比例为 15%—20%，那么使用小汽车的人次为 9.75 万—16 万人。设载客率为 1.5 人 / 车，每天小汽车的出行车次为 6.5 万—10.7 万辆。根据经验，

设路外停车位的日周转率为 2.2%，预测路外停车场停车位的需求为 3.0 万—4.9 万辆。

将规划区分为中心商务区南部区域、中心商务区北部区域及国际商贸城区三部分来看，依据不同分区的功能及其定位的影响分析，针对以上车辆出行车次和停车需求预测，规划区内道路及停车设施很难满足实际使用需求，国际商贸城表现得尤为明显。

·结论：内部交通梳理

①南北交通

由于中心区南北交通联系不畅，规划建议通过一条地下隧道增强中心区南北两个区域的联系，使中心区更具活力。

②中心区内部停车体系与地面交通疏解

中心区高强度的开发建设，大量车流、人流的进入，势必对中心区运转的机动性提出挑战，建议建设地下环廊，通过地下环廊结合地下停车体系，减轻地面机动车的通行压力。

③国际商贸城区内部交通体系与地面交通疏解

对外交通：减少过境交通的影响，主要交通干道地下化；

道路系统：通过商贸城地下停车系统与地下道路的连接，分流一部分进出商贸城的车辆，减少爆发式交通对区内地面交通疏解的影响；

④国际商贸城与中心商务区的交通矛盾

国际商贸城与中心商务区对外交通疏解产生的爆发式车流，会造成区内局部交通拥堵，通过内部地下交通体系的疏解，来缓解中心区与国际商贸城所引起的交通压力。

1.3 现状地下空间的影响

（1）现状建设对地下空间开发的影响

规划区位于城市开发建

设的热点地区，现状已建地下空间主要为地下车库和人防工程。 地下空间现状主要分布在国际商贸城一期、二期、三期、展览中心、档案馆及广电中心等。现状地下空间主要以地下停车和人防为主。

（2）存在问题：

①约73万㎡地下空间对规划区地下空间规划整体部署会产生一定的影响。

②从停车需求上看，随着汽车数量的增加，有限的停车资源很难满足现有的停车需求， 同时建成区开发建设过程中有局部地段未能满足地下空间停车的需求，致使停车矛盾更为突出。

（3）开发策略

采取平战结合的策略，整合区域内或周边临近区域地下空间资源，解决人防及停车的需求，有以下几种方式：

①对现状地下空间进行改建或扩建，增加人防工程量；

②加强相邻地下室之间的连通，确定地下室的连通方式；

③以绿地、广场等建筑外地下空间的开发为补充；

④与地下道路交通相衔接。

2. 规模分析

需求评估的分类

（1）分区分级控制

本次规划依据控规单元

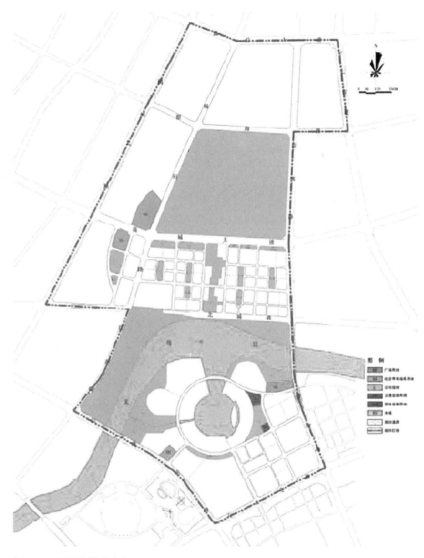

图 10-5　无建筑基地空间

地下空间规模一览			表 10-1
分类		地块规划量（万 m²）	其他规划量	备注

地下空间规模一览表：

	分类	地块规划量（万 m²）	其他规划量	备注
一级区	商务金融区	58.46		含人防
二级区	综合服务区	25.25	道路下规划量为 25.30 万 m²；水域下规划量为 0.9 万 m²	含现状及人防
	国际商贸城区（含福田公园）	63.84		含现状及人防
三级区	滨湖休闲娱乐区	5.8		含人防
	文化博览区	5.25		含人防
	商业文化区	5.25		含现状及人防
合计		190		

的区位等级进行分区控制，同时结合地面功能对地下空间的需求进行需求评估的分类，分为有建筑基地地下空间与无建筑基地地下空间，其中有建筑基地地下空间包含现状有建筑基地地下空间与规划有建筑基地地下空间

两个部分。

（2）因子调校

根据高度、容积率、地面开发模式等因子的校对后，综合确定规划区地下空间总开发规模约为190万平方米。

（3）规模校核

考虑义乌中心区的区位和功能，及其城市的特殊性，比较国内大中城市中心区，从前瞻性的角度预测，规划总量190万平方米，即中心区开发强度为38万平方米/平方千米。

3. 空间布局

3.1 地下空间结构

地下空间开发将形成"两核、三轴、四片"的布局结构。

（1）两核：中心区南北形成两个以地下公共服务设施为主体的地下空间开发核心；

（2）三轴：沿福田路与江滨路地下道路、商城大道地下道路及中心区地下道路所形成的地下空间发展轴；

（3）四片：由地下空间开发所形成的四个开

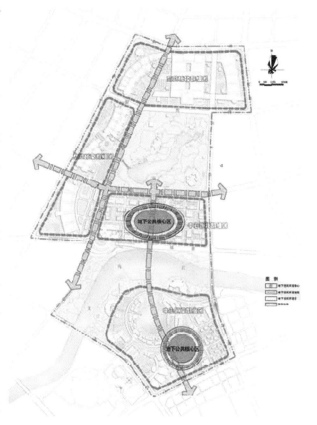

图10-6 地下空间结构分析

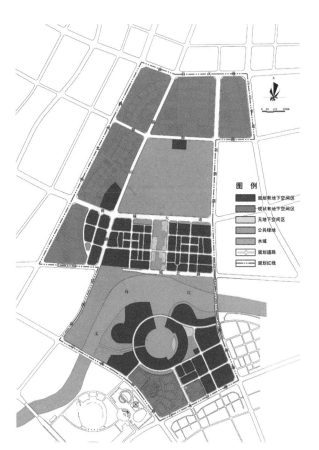

图10-7 地下空间分布图

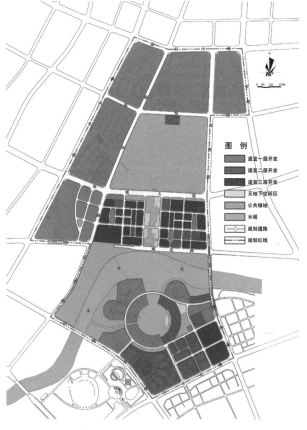

图10-8 地下空间开发层次图

发片区。

3.2 地下空间平面布局

以广场、绿地、水体、公园、道路等下部空间以及建筑物下部空间为重点开发区域，考虑有建筑基地和无建筑基地地下空间需求，指出区内有地下空间区域与无地下空间区域的分布，进行

地下空间平面布局。

3.3 地下空间开发层次

（1）竖向开发控制

规划期内规划区地下空间开发利用主要以浅层（0—-10米）和次浅层（-10—-20米）为主。

（2）竖向布局

① 0—-10米（浅层）

以广场、绿地、水体、公园、道路、建筑物等下部空间为开发主体，作为公共设施、基础配套设施利用的主要开发深度，内容包括地下商业、餐饮、文化娱乐、停车场、地下变电站等。

② -10—-20米（次浅层）

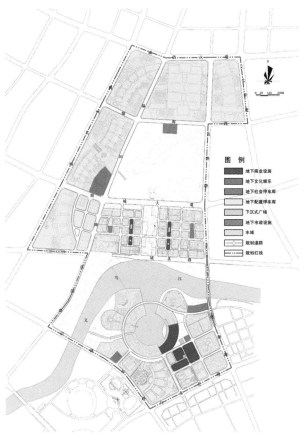

图 10-9　地下一层功能布局图

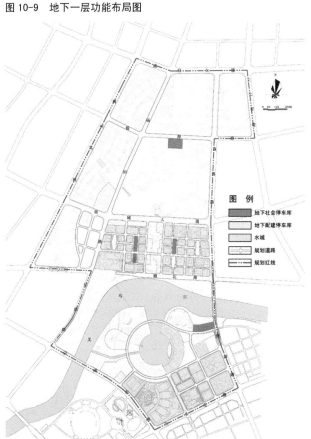

图 10-10　地下二层功能布局图

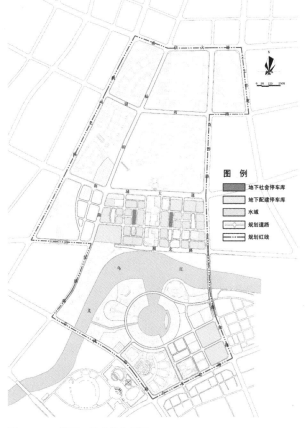

图 10-11　地下三层功能布局图

以广场、绿地、公园、道路、建筑物等下部空间为开发主体，作为地下道路、停车场和相关配套设施的主要开发深度。

3.4　地下空间功能布局

规划区地下空间功能主要包括交通、公共服务、市政及人防四个方面的内容。规划通过对地下空间功能分层开发的控制，来达到区内地上与地下功能需求的和谐统一。

地下一层：以交通、公共服务及市政功能为主，重点开发地下商业服务设施、地下文化娱乐设施、地下医疗卫生设施、地下社会和配建停车场及地下市政设施。

地下二层：以交通功能为主，重点开发地下道路、地下环廊及地下社会停车场。

地下三层：以交通功能为主，重点开发地下配建停车场。

3.5　地下道路规划

（1）中心区南北沟通

江东文化中心与中央商务区隔江相望，两者最近联系通道商博路通行能力不足，且从干路网密度分布来看，商博路与福田路两者之间最短距离约1100米，即联系江东文化中心与中央商务区的干路过稀，使得过江交通通道不足，故为连通中央商务区同文化中心，规划在中心

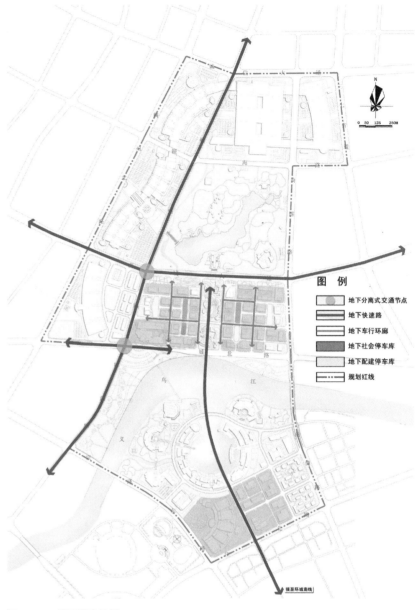

图 10-12　地下道路规划

规划地下社会停车场一览　　表 10-2

序号	地块位置	建筑面积（m²）	备注
1	01—15	6000	地下二层、地下三层
2	01—19	2000	地下二层
3	03—06	5000	地下二层、地下三层
4	03—19	3900	地下一层
5	05—03	22000	地下一层、地下二层
6	11—01	5000	地下一层
7	13—02	30000	地下一层
8	15—02	30000	地下一层、地下二层
合计		103900	

区的中部设置下穿式地下道路，连接中心区南北两片。

（2）地下环廊

规划在中心区建设2处地下环廊，并与周边地下道路连通，增强中心区地下停车系统的疏解能力。

3.6 地下停车设施规划

地下社会公共停车场主要以公园、绿地、道路、广场等公共用地的地下空间为主，并结合其他重要的交通换乘点及城市人防工程总体布局综合布置。规划区共布置地下社会停车场7处，其中国际商贸城二期1处，福田中心公园1处，中心区5处，

地下空间开发量约为10万平方米。

3.7 地下综合体

在中心区南部开发1个地下商业街区，商业空间总开发规模约5万平方米。地下商业开发的类型可以包括地下商场、餐饮、小商品零售等，充分发挥义乌城市特色。同

图 10-14 地下步行街

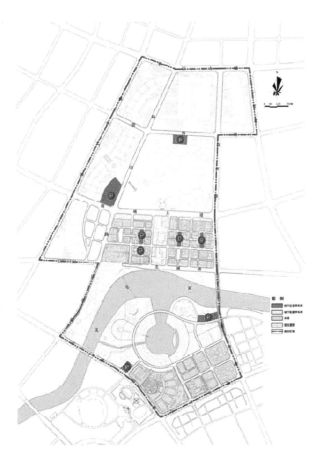

图 10-13 地下社会停车场

图 10-15 地下商业街

时注重相邻地下商业空间的连通，结合地下步行系统构筑地下商业综合体。

3.8 地下商业街

规划在中心区北部条形绿地设置2处地下商业街，建议由政府主导开发，以此带动周边地下空间的开发建设。

中心区北部东侧地下商业街与中心区北部西侧地下商业街布置于地下一层，是构筑中心区北部地下综合体的有机组成部分。其地下二层以社会停车为主，以满足地下商业中心的停车需求。

4 地下空间开发建设时序

规划区地下空间的开发时序除了要考虑各类地下空间开发的需要和可能之外，还必须与地上空间开发建设的推进相配合，因此，规划依据地上空间规划分期实施，提出地下空间三期开发建设时序（如图10-16）：

（1）一期开发

重点开发建设中心区商务金融区西部区域及09-01、09-04地块等。

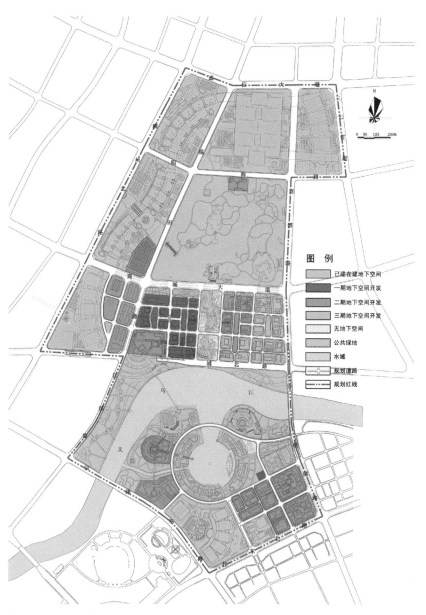

图10-16 地下空间开发时序图

（2）二期开发

重点开发建设综合服务区、商业文化区、商务金融区东部地下商业街及两侧地区等。

（3）三期开发

重点开发建设中心区文化博览区、商务金融区东部区等。

第11章 2010义乌金融商务区一期市政设施综合规划

时间：2010年
范围：66.7公顷
设计单位：上海市政院

1. 规划背景

1.1 项目概况

本项目位于义乌国际商贸城区域内，西面是已建成的国际商贸城一期市场，北面为国际商贸城区域的福田中心公园和已建成的国际商贸城三期市场，东面是规划的金融商务区二期，南面为江滨主题公园和义乌江。

本地块为义乌市中央商务区一期开发区域，规划功能以商务、办公、商业等为主，规划建设48幢高层建筑，是未来义乌市的城市中心，开发量巨大，总用地面积66公顷，总建筑面积250万平方米，容积率约3.8。根据《义乌市城乡规划管理技术规定（试行）》中的停车位配建标准，项目配建停车位超过1.5万个，交通发生和吸引量极大。

当前，世贸中心、五星级酒店、稠州商业银行、金融商务综合大楼、农村合作银行金融商务综合大楼、国信证券综合大楼已进场施工。

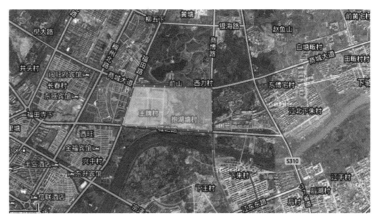

图 11-1 区位图

图 11-2 地块编码图

205

1.2 原规划不足之处

（1）原有规划中均大量规划了地下一层的商业开发功能，将地面四层、地下一层均作为商业设施开发。而作为金融商务区，项目本身地面商业设施开发强度已经足够，可以满足周边商业需求，因此我们认为地下一层空间进行商业开发已无必要，应尽可能作为交通空间使用，安排地下停车库，以满足项目自身的停车需求；

（2）原有规划中提出地下市政道路作为疏解项目产生交通量的主要手段，我们认为非常有必要，但还需进一步明确地下市政道路的起止点、出入口形式、与地面道路的衔接问题；

（3）原有规划中对地下环廊的交通组织仅作示意，缺乏明确实施的方案；

（4）原有规划中缺乏地下管线与地面道路、地下空间的衔接协调问题的解决方案。

1.3 本轮规划目的

在原有规划的基础上，对地下空间的利用和开发进行进一步深化和细化，并对原有规划存在的问题进行针对性解决，协调布置交通、市政等各类设施，为下一步城市设计、修建性详细规划、建筑设计提供依据，为规划实施控制和管理提供依据。

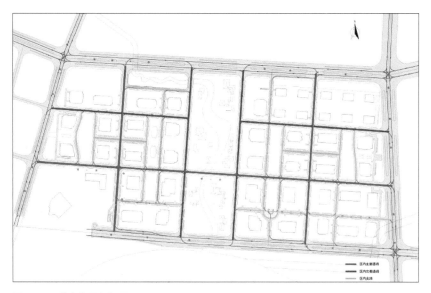

图 11-3　道路交通规划图

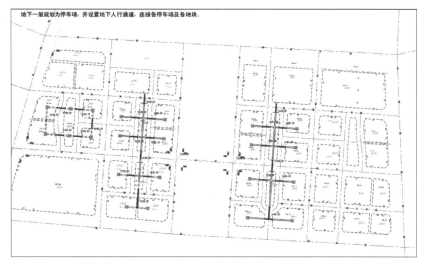

图 11-4　金融商务区地下一层交通组织图

1.4 本轮规划内容

（1）对交通量的产生和方向进行分析

（2）地面与地下道路交通组织

（3）城市地下重要交通节点的设计

（4）地下人行通道的设置

（5）工程管道与地下管道的衔接

（6）地面停车智能诱导系统

（7）地下空间人防系统

2. 规划方案

2.1 地面道路交通规划

（1）金融商务区地面道路以通行机动车辆为主；

（2）为了避免机动车辆在金融商务区地面道路交叉口处出现交织现象，满足交通快捷、便捷的疏散，整个金融商务区基本遵循单行线和右进右出的原则，但局部交叉口处可左转。

图11-5　地下二层交通组织图（方案一）

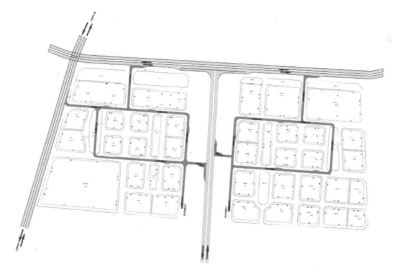

图11-6　地下二层交通组织图（方案二）

2.2　地下道路交通规划

（1）金融商务区地下一层规划为停车场，并设置地下人行通道，连接各停车场及各地块。

（2）金融商务区地下二层

按照中心地下道路与商城大道地下道路交叉口形式的不同，分为两个方案。方案一为中心地下道路与商城大道地下道路采用左转匝道连接，方案二为中心地下道路与商城大道无左转匝道连接；

依据解放军理工大学地下空间研究院规划设计的《义乌市中心区及国际商贸城区块地下空间控制性详细规划》设置金融商务区东西2个地下环廊和若干地下停车场；地下环廊是对区域内交通并在部分区域与地下道路联系，增强金融商务区内部交通的疏解能力；

地下环廊主要是疏解地下一、二、三层停车场的机动车辆，因此在每个地下二层停车场和地下二层环廊道地下主干路路口处都设渐变段和拓宽段；同时在地下环廊的一些位置设应急车道。

（3）地下环廊出口与规划区4条地下道路中的3条地下道路直接相连通，从江滨路地下道路、商城大道地下道路、中心区地下道路直接疏散至城市外围，缓解区域周边的交通压力。

（4）福田路与江滨路地下道路起点为宗泽路以南200米，终点为诚信大道以北300米，长度3500米，双向4车道；商城大道地下道起点为春风大道以东300米，终点为西城路以北200米，长度4500米，双向4车道；城北路地下道路起点是福田路以东450米，终点为福田路以西450米，长度900米，双向4车道；中心区地下道路（在金融商务区东西两片之间）起点是国际商贸城四区地下二层停车库，终点为环城南路以北300米，长度3100米，双向4车道。

（5）地下环廊直接到地面出口金融商务区东西两片各一个，位置在公园西路和公园东路靠城北路侧，其可直通到城北路作为紧急疏散通道使用。地下环廊未拓宽处的宽度为7.5米；单侧拓宽的宽度为 3 米；地下环廊为单线行驶，行车线路无交织点，无需灯控，只需要一些标线和辅助指示标志等设施。

2.3 区域竖向规划

（1）地面层标高控制：东青溪把本次规划区分成了东西两部分，西侧区块道路的坡度较小，每个单元街坊的高差较小；而东侧区块道路的坡度较大，每个单元街坊的高差较大；本次道路标高控制是按照每个单元街坊的高差尽量均匀的原则进行控制。

（2）地下二层标高控制：本层为机动车库及其连接的机动车环路，本层层高按 5.5 米进行控制，出入口纵向坡度按照 8% 进行控制，环线道路深度大约为地面以下 12 米，并以管线优先原则进行地下二层道路标高控制。

（3）三条规划地下道路在金融商务区段的标高控制：福田路与江滨路地下道路在城北路地下道路下面的一层；因有一条东青溪穿过商城大道地面道路，所以商城大道地下道路需在东青溪底下穿过；中心区地下道路（在金融商务区东西两片之间）位置在东青溪溪底；综合以上原因 3 个规划地下东路地面标高大约为地面以下 12 米左右。

图 11-7 地下主干通道走向示意图

3. 调整前后地下空间交通组织规划的比较

3.1 地面道路交通规划

（1）增加金融商务区主要道路交叉口规划人行天桥；

（2）因减少了地下二层道路直接到地面的出入口，主要位置为纵一路靠商城大道和城北路方向、纵二路靠商城大道和城北路方向、公园西路靠近商城大道方向、公园东路靠商城大道方向以及横一路靠商博路方向；所以地面道路的横断面需相应调整。

（3）公园西路（横一路-城北路）、公园东路（横一路-城北路）的横断面中行车道共需要加宽 4 米。

（4）整个金融商务区的每一层的标高根据实际和有关资料有所调整。

3.2 地下道路交通规划

（1）因功能改变和各类市政管线规划位置的问题，取消了地下一层步行系统，改做停车场。

（2）地下二层环廊增加应急车道，每个地下二层停车场出口和地下二层环廊道地下主干路路口处都设渐变段和拓宽段。

（3）商城大道地下道路与中心地下道路相交处增加了匝道系统，改成对地下市

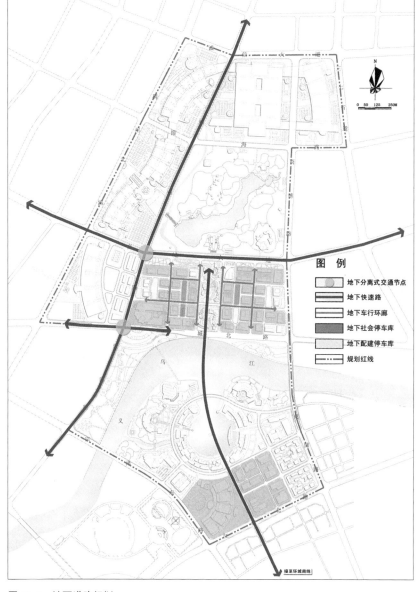

图 11-8　地下道路规划

图 例
地下分离式交通节点
地下快速路
地下车行环廊
地下社会停车库
地下配建停车库
规划红线

政道路进行了梳理和细化，明确了相互之间的关系和布局情况。

4. 政策建议

根据义乌金融商务区发展和建设的需要，本规划的实施正常建议如下：

（1）建议制定相应的实施地下空间规章制度或法规，建议义乌市政府制定地方性法规：

明确与地下空间开发有关的政府部门各自的职能和权限，成立专职地下空间开发管理的行政管理机关或主管部门，完善义乌市地下空间开发管理机制；

在城市地下空间利用中确立权利，明确权利义务关系，利用主体才能安心，利用秩序才有稳定的前提，权利如何运行，私人权利与国家权利在地下空间利用中如何实现协调，是关涉城市地下空间本身的价值问题；

明确城市地下空间开发利用规划的主要内容，地下空间现状与发展预测，地下空间开发战略，开发层次、内容、期限、规模与布局，以及地下空间开发实施步骤等。

（2）建立完整的管理机制，一方面协调各利益部门的关系，另一方面同意落实各项目的规划、建设与管理。

参考国内外城市地下空间的建设经验，结合义乌市城市功能的定位，建议其地下空间开发利用的管理机制应包括以下几个方面：决策机制、监督机制、咨询机制、资源共享机制等，这些管理机制贯穿在项目审批、投资融资、工程建设、运行管理等四大主要环节之中。

第12章 2011金融商务区一期市政设施修规

时间：2011年
范围：66.7公顷
设计单位：上海市政院

1. 规划背景

义乌金融商务区位于义乌国际商贸城区域以内，西面为已建成的国际商贸城一期市场，北面为国际商贸城区域的福田中心公园和已建成的国际商贸城三期市场，东面是规划的金融商务区二期，南面为江滨主题公园和义乌江。规划区域总用地面积66.71公顷，总建筑面积约248.28万平方米，容积率为3.8。项目配建车位15000个，交通晚高峰时段车流发生量超过10000pcu/h。

2. 研究内容

（1）在《义乌金融商务区市政设施综合规划方案设计》的基础上，进一步深化优化地下车行环路方案研究，定位地下车行环路规划功能，明确地下车行环路的规模和技术标准，并进行规划方案设计。

（2）根据地块开发现状，落实上位规划的规划理念，对地下人行系统进行优化和调整，结合空间层次和景观要求，提出人行系统建设目标，做到既有利于人车分离，又利于方便行人过街的要求。

（3）地面道路系统：根据上位规划，结合本次地下环路地面出入口的设置对地面道路平面定位、断面尺寸、竖向标高等进行了进一步的优化和明确，并对交通组织进行了完善。

（4）地下管道系统：分析预测区块的用水量、污水量，以及燃气的用气量等，确定各管线的管径并对各地下管线的管位进行了明确控制，并与周边道路下的各管线进行了衔接，根据地块性质，对各地块的管线进行了预留。

研究目的：通过本次规划，理清公共空间和批租空间的关系，理顺地面道路、地下人行通道、地下环路三者的层次与空间布局。在技术上充分论证，为日后地下环路、人行通道的实施创造条件，使之具有可操作性；并对与之相关的批租地块的地下室标高、出入口位置进行控制并做预留，为下一步地块实施提供规划设计条件；明确并落实需进行规划控制的用地，避免挪为他用的情况出现，为规划管理部门审批提供依据。

3. 规划和建设条件

3.1 上位规划的解读及本轮规划优化

（1）地下环路

《义乌金融商务区（地下空间）市政设施综合规划》中，规划义乌市金融商务区内部以中央公园为轴东西两侧各布置一处地下环廊。环廊布置于地下二层，规模单向2车道、局部设置紧急停车带。东西两环仅布置出口不布置入口，出口设置方式为：西侧环路3处地下出口与外围大型地下道路相连，1处应急出口与地面道路衔接；东侧环路2处地下出口，1处应急出口。进环路车辆通过各地块地面出入口进入。环廊主要承担商务区晚高峰时段交通疏散的功能。

本轮规划在上轮规划的基础上，综合考虑了区域规划情况、区域未来交通特征分析、环廊服务对象及功能定位，优化了环廊布置形式，增加环廊与地面衔接匝道，明确环廊主线及匝道的布置规模，确定环廊各类设备用房、管理中心及人员疏散口并建议规划预留，并从工程可实施性角度分析了环廊的实施工艺等。

（2）地面道路

《义乌金融商务区（地下空间）市政设施综合规划》中，地面道路较窄，地面层的交通组织除横一路全路段及纵一路部分路段采用双向通行外，其余道路均采用单向通行，以减少区域内交叉口的交织点。地面道路的宽度及横断面形式采用控规中确定的宽度及断面，对地下环廊出口段的道路宽度进行了拓宽。

本轮规划在上轮的基础上，由于增加了地下环廊的入口，根据入口位置对地面道路交通组织进行了局部调整。地下环廊出入口处地面道路的横断面进行了调整，公园东路及公园西路的地下环廊出入口处的道路宽度需要进行拓宽，根据地块批租情况，在环路公园东路及公园西路入口处的地面道路局部路段向中心绿地侧拓宽4米，在环路公园东路及公园西路出口处局部路段向中心绿地侧拓宽5米。

（3）市政管线

①雨水规划：因地下人行通道及地下二层环路的调整，雨水管走向、标高进行

了调整。并结合城北路改造方案，部分西区块的雨水管布置成双管，经城北路排入东青溪，取消了上一轮规划中的雨水提升泵站。

②污水规划：因地下人行通道及地下二层环路的调整，污水管走向、标高进行了调整。结合地下环路的排水设计，考虑地下环路废水泵房的流量，局部污水管管径加大。

本轮规划中定了地下二层环路的标高，考虑施工时序，为保护环路侧已实施的雨污水管，此雨污水管采用钢筋砼包封，检查井采用钢

筋混凝土检查井。

③燃气规划：因各区块功能的进一步明确及世贸中心提供的锅炉用气量等，加大了金融商务区燃气用气量的预测，相应加大了各条道路下的燃气管管径；并将地块内燃气管网与周边四条主干道下的燃气管均连接成环，以满足本地块燃气的供应。

④电力规划：开闭所的个数上一轮规划为6个，按各区块的功能性质，现调整为12个，位置也做了相应的调整。

⑤电信规划：增加了电

图12-1　区域交通特征分析

信综合管线的剖面图，对其断面进行了控制。

⑥管线综合规划：因地下二层环路出入口处的人行道变窄，人行道下的部分管线在该特殊地段调为车行道下或道路后退红线外。

3.2 区域交通特征分析

根据上位规划交通量分析，区域交通出行以到发交通为主，以东西向联系为主。

根据商务核心区各地块功能及周边交通特征分析，预测核心区日吸引客流量26.7万人次，日机动车出行量6.6万pcu，主要集中在早晚高峰时段。

4. 地下车行环路

4.1 功能定位

地下车行环路的功能定位主要为联系义乌金融商务核心区地下二层车库，服务核心区到发交通，提高区域静态交通出行效率，缓解核心区地面人车矛盾，改善商务区地面环境品质，实现低碳交通理念。

（1）构建人车和谐的怡人城市空间。提升中心区功能品质，减少车辆在交叉口的等待时间与绕行距离，有效降低碳排放，对区域环境品质有明显的改善。核心区内部路网平均饱和度下降。

（2）优化动静交通，提高区域可达性。可实现车库

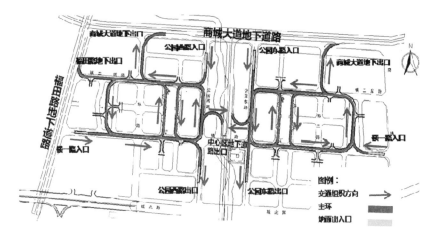

图12-2　总平面布置图

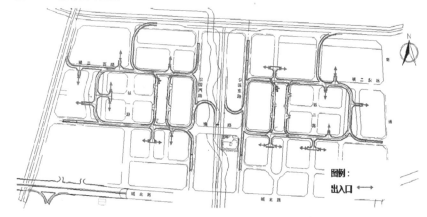

图12-3　地下车行环路与地下车库衔接布置图

与外围快速集散道路便捷联系，减少平均出行时间。

（3）实现车库资源高度共享。可减少配建泊位，改善区域环境。

4.2 地下车行环路总体布局

本阶段设计工作以《地下空间综合规划》为设计依据，在此基础上深化地下车行环路与地下道路系统的功能关系、连接要求，提出与外围地下快速路网的出入口设置方案。方案综合考虑交通、行车安全、运营管养的要求。

根据功能定位，地下车

行环路以服务金融核心区到发交通为主。

地下车行系统围绕金融核心区东西两片布置，以规划中心区地下道路为界，总体布置为东西两环，西环主线全长约1千米，西环匝道总长约0.8千米，东环主线全长约1.1千米，东环匝道总长约0.7千米。两环均采用逆时针单向组织，全线为3车道规模，主要连通办公、商业、文化娱乐地块的地下二层车库。

地下车行环路围绕规划横一路、横二路、公园东路、公园西路布置，东西两环部

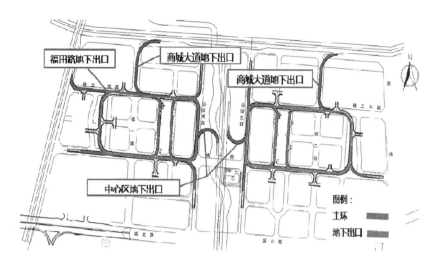

图 12-4　地下车行环路地下出口总体布置图

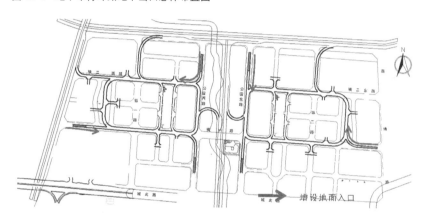

图 12-5　增设地面入口示意图

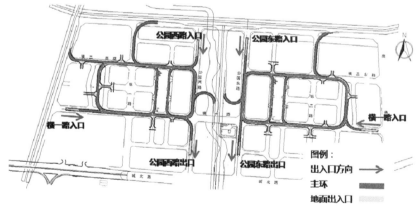

图 12-6　出入口布置示意图

分路段布置于绿化下方，以减少工程实施对地面道路的影响。全线最大圆曲线半径40米，最小圆曲线半径25米。

地下车行环路东环与西环竖向设计标高保证与外围道路及地块良好衔接，同时兼顾地下一层人行通道的建设要求。西环主环最大纵坡3.32%。东环最大纵坡3.5%。地下车行环路接地匝道控制纵坡≤10.0%。

地下车行环路采用小车专用标准，车道宽度3.0米，通行净空3.2米。

4.3　地下环路与地块衔接原则

（1）已批租地块根据其总体布置情况分析与地下车行环路衔接的可行性，通过地下室改建实现与地下车行环路标高的衔接；

（2）未批租地块根据地下空间规划预留与地下车行环路的衔接口；

（3）地下车行环路标高与地块 -2 层规划控制标高接顺；

（4）为了减小对地下车行环路主线的影响，原则上尽量采用支路与车库联络道形式连接主环与车库，部分车库直接连接到主环。

4.4　地下环路出入口布置

西环环线上设置 11 处出入口联系地下车库。其中，4 处为车库联络道口，2 处为支线。

东环环线上设置 11 处出入口，其中 4 处为车库联络道口，2 处为支线。

东环衔接出入口均通过规划控制。

4.5　地下环路交通组织

两环全线 3 车道规模，采用逆时针单向交通组织。与外围地下道路及地面道路采用单向匝道衔接，与地块车库采用双向开口或双向支

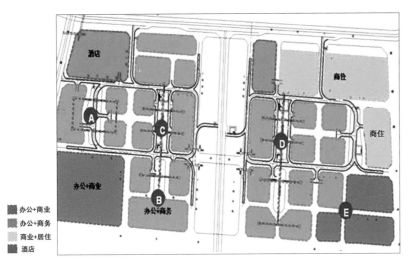

图 12-7　地下一层土地利用

线连接。

东西两环各布置 2 条车库连通道，采用单车道单向组织方式与环路主环连接，提高连通道运行效率。

5. 地下人行系统

地下人行通道的系统设计应与地面用地性质协调，由用地功能决定连通必要性。上位规划中，地下人行系统与连通需求较低的金融商务地块连接，而未与商业地块连接，人行系统的服务对象较模糊。同时，由于多个地块已经批租，故规划中的地下人行通道与周边地块的连通不理想，不能完全实现规划意图。因此人行通道调整如下：

（1）人行通道与商业连通，使用价值较高，利于地块开发。

（2）商务办公区涉及用地权属等问题，人行通道无连通必要性。取消 A、B 处人

行通道。

（3）保留 C、D 处人行通道，与公共绿地进行整体开发。地下一层以服务性小型商业为主，专为商务办公区服务。地下二层为公共停车库。结合公共绿地的设置，在该处建设下沉式广场。

（4）横一路与公园东路、公园西路交叉口处的地下人行通道，由于该处为地下环廊的地面匝道出口的起坡段，标高上不能满足设置地下人行通道的设置要求，因此本次规划取消横一路与公园东路、公园西路交叉口处的地下人行通道。

6. 地面道路系统

金融商务区内规划每栋楼有地下一、二、三层停车场，机动车辆主要通过金融商务区地面道路进入各栋楼的地下停车场。金融商务区地面道路以通行机动车辆为主，区内

交通组织基本遵循单行线和右进右出的原则，局部交叉口根据需要设置左转，除横一路、纵一路（横一路～北城路段）为双向通行外，区内其余道路均为单向通行。为了减少车辆绕行，本次规划在东、西两环各增设了 2 处地下入口，目前金融商务区在商城大道上共设置了两个进口和三个出口；在城北路上共设置了六个进出口；在福田路上设置了两个进出口；在商博路上设置了三个进出口，所有进出口与周边主干道的交通组织均采用右进右出的交通方式，以保证商务区周边主干道的交通疏散。

7. 地下管道系统

7.1　给水规划

本区块由商博路、福田路、商城大道、城北路四条路联网供水，因各道路主管管径均为 D400～D800 的给水管，并且横穿管预埋了 N200 的给水管，考虑从部分 DN200 预留管上接入本区块，并将与商城大道平行的道路布置 D300 给水管，东西两区块中间主要道路布置 D300 给水管，区块用水从这四条道路下埋的给水管中接入，区块内给水管布置成环状，以增加给水的安全可靠性。

地块内的给水管预留，除世贸中心预留四处给水管各 DN150，其余各地块均预

留两处给水管，管径均为DN150。

7.2 排水规划

整个区块为北高南低，东高西低，南北向道路坡度相对较大，且福田路处有D1500的雨水管需横穿西区块接入东青溪。

东区块雨水系统：在纵二路下布置D1500雨水干管，主要收集纵二路东侧区块的雨水，最后横穿城北路接入六都溪；纵二路西侧地块雨水分两个排水系统，即在横一路与公园东路、城北路与公园东路交叉口，分别设置D1000雨水管排入东青溪；部分地块的雨水接入城北路的D800雨水预留管内。

西区块雨水系统：在纵一路下布置D1500雨水干管，主要收集西区块（除世贸中心外）的雨水，排入东青溪；另考虑福田路与横一路处的D1500雨水管需接入河道，此管经横一路、纵一路、城北路，沿途收集世贸中心的雨水，用D1800雨水管接入东青溪。此两管在城北路及纵一路（横一路～城北路段）下分别设置，以减少管道的坡度和埋深，使其能接入东青溪。

横一路与福田路交叉口处设置有地下人行通道，在此处的D1500雨水管需设置倒虹管。

地块雨水管的预留，除世贸中心预留四处雨水管D600及D1000，其余各地块均预留一处雨水管，管径均为D600。

因地下二层环路的出入口处雨水泵房设计流量为50L/s，则每个雨水泵房处均预留D400的雨水支管。

7.3 污水规划

区块内的污水管网根据道路竖向控制和本区块的开发时序布置。

污水干管沿南北向道路（即纵一路D400～D600、公园西路D400、公园东路D400～D500、纵二路D400～D500）布置，接入城北路侧污水总管。各支路的污水管利用道路坡向就近接入污水干管内，并尽量避开人行通道，减少倒虹管的设置。污水管道标高控制覆土1.8米以上，以方便其他管线的布置、建筑污废水、地下二层环路废水的接入。

地块污水管的预留，除世贸中心预留四处污水管D400，其余各地块均预留一处污水管，管径均为D400。

依据本次污水规划，在城北路北侧辅车道下的污水管需进行改造。

因地下二层环路单个废水泵设计最大消防水量为78L/s，则每个废水泵房处均预留D400的污水支管。

地下一层人行通道的废水结合地块考虑。

7.4 燃气规划

义乌市城市天然气接收门站选在义乌市区西南侧里介村一带，此处位于城市隔离带处，地势平坦开阔、供水、供电便利，交通方便，门站占地20亩（含预留分输站用地）。义乌金融商务区位于义乌市主城区东部。整个金融商务区管道供气主要由义乌市城市门站及高中压调压站调压后输出，通过商城大道（DN300）、福田路（DN200）及城北路（DN150）中压管接入。

8. 建设时序

8.1 需要协调好的建设时序关系

（1）地下车行环路与地面道路（管线）的建设时序。

（2）地下步行系统与周边地块开发、地下车行环路的建设时序。

（3）地下车行环路与市政地下道路的建设时序。

建议计划的编制还考虑以下因素：

（1）技术上应具有可操作性：地下车行环路近期实施明挖段与远期暗挖段的交接面处理应科学，近期实施后尽可能不影响远期实施的施工要求，充分考虑远期实施施工技术上的可靠性；

（2）经济上合理，采用

动态分析，确保投资造价安排在可承担范围内；

（3）远期实施不影响地面道路正常使用及区域功能的正常进行。

因此本规划设计提出三个方案，即分步实施方案、一次性实施方案及地下环路远期一次性实施方案（分步实施方案二），做比较如下。

8.2 分步实施方案

本次修规的设计，地下环路增加了共 6 处地面出入口匝道，地下人行系统与公共绿地的地下空间开发相结合设计。在主体采用暗挖施工前提下，以下分段部分仍需要明挖工法施工：

① 地下车行道路地面出入口匝道；

② 地下车行道路与周边地下快速道路的接口段；

③ 地下人行通道，人行通道位于地下一层，覆土很浅，不能暗挖；公共绿地下的地下空间部分也需明挖实施；

④ 地下车行环路与地下人行通道的相交节点。由于人行通道位于地下一层，车行环路位于地下二层。为保证地下人行通道的安全，环路仍需要明挖施工。

远期明挖施工区段，将会造成近期实施的地下管线和地面道路部分的破坏，造成重复投资，同时会对周边环境及交通造成极大的影响。

因此建议对金融商务区市政设施的建设时序进行调整。

8.3 分步实施方案建设时序

采用明暗挖结合工法，区域市政设施建设的时序如下：

（1）先实施地下环路、地下人行通道在市政道路下方的明挖段，实施范围至道路红线；明挖段内与周边地块的接口也一并实施；

（2）再实施地面道路与市政管线；

（3）公共绿地内预留暗挖施工用地 4 处，每处面积约 2000 平方米，近期可采用临时绿化覆盖；

（4）公共绿地下的地下空间实施时，将附属于内的地下人行系统、环路设备用房一并实施完成；地下空间如先于环路暗挖段施工，则必须为环路暗挖预留设备吊装井；

（5）地下人行通道在地块内的接口部分，由地块建设时一并实施到位；

（6）周边地下快速路建设先于地下环路的，将接口一并实施；如地下环路先实施，则接口滞后，与快速地下道路同步建设；

（7）暗挖段的地块接口实施时，与地块实施到道路红线的部分对接；

（8）地下车行环路、地

下人行通道等地下公共空间在投入使用前，管理中心应建设完成。

综上所述，分步实施、明挖暗挖工法结合的建设方法，有利于降低初期资金投入，但由于暗挖工法造价较高，还需考虑后实施对先实施建构筑物的保护费用，在建成区的施工、环境保护，暗挖预留用地上临时绿化的废弃等综合费用，工程全部完成的总投入仍较大。

9. 规划建议

9.1 地下车行环路

9.1.1 施工工法

地下车行环路采用暗挖工法部分，主要位于粉质黏土及松散的粉砂、粗砂，暗挖施工有难度，也存在一定的施工风险。实施阶段应充分评估浅埋暗挖工法对管线、地面道路、周边地块建成地下室的影响，下阶段通过风险评估，明确设计、施工过程中的重要风险因素控制措施，以保证安全。

地下车行环路采用明挖工法部分，施工期间对区域环境、道路环境都会有不利影响，下阶段应根据区域交通基本需求、环境控制要求，对明挖工法段的施工组织做进一步研究。

9.1.2 管理中心

目前管理中心位置暂定，

供配电系统设计暂按设独立变电所考虑，待管理中心位置明确后，若管理中心与地下环路某一环位置接近，存在合用变电所的可能。

9.1.3　中央公园

由于地下车行环路的管理用房和几个设备用房置于中央公园内，请中央公园建设单位引起注意。

9.1.4　用地调整

义乌市金融商务区二期的规划中提出了一期的用地调整优化意见。建议一期的03-03、03-06、03-17、03-18、03-19（公共绿地）、03-20、03-21地块改用住宅性质。

地下环路穿过商住用地，不利于商住区地下车库的整体开发，且商住区中心绿地的公共属性得不到体现。同时考虑地下环路对商住区环境的综合影响，建议规划用地调整方案如图所示。

9.1.5　人防标准

根据《义乌市中心区及国际商贸城地下空间控制性详细规划人民防空部分》人防设施设置，鉴于地下车行环路出入口、风口多，并与地块设置众多的连接口的情况，建议地下车行环路不设置人防。

9.2　地下管道系统

（1）城北路下规划有地下道路，而北侧为规划地块，南侧为义乌江，在义乌江侧布置有D800的污水总管，亦可将布置在道路中心线下的D600污水管废除，并靠金融商务区侧辅道下的雨污水管重新敷设。

（2）福田路下规划有地下道路，道路中心线位置处布置有D400—D800的雨水管，施工地下道路时须采取一定的保护措施。

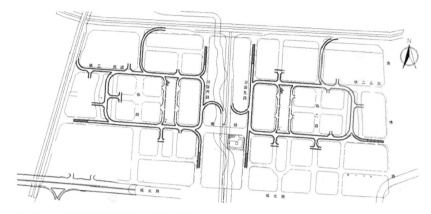

图 12-8　相关规划建议用地调整示意图

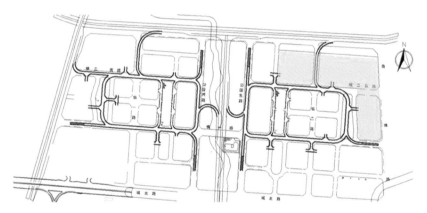

图 12-9　本次规划建议用地调整示意图

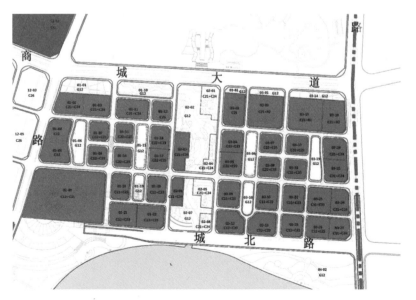

图 12-10　人防区域布置图

（3）福田路与城北路交叉处的雨污水管线较复杂，做此交叉口的地下道路设计方案时须加以考虑。

（4）现状福田路东侧距路人行道外边线8米处有D1000引水管，地块地下室开挖时注意保护措施。

（5）由于部分道路人行道下地埋管线较多，某些管线需布置在道路红线外。

（6）因本区块110KV商务变电所所址未最终确定，电力规划为暂定的规划方案。需与供电部门作进一步衔接。

（7）为使道路与景观协调，建议人行道下的检查井井盖材料与路面铺装材料相同，美化金融商务区的环境。

9.3 轻轨预留问题

考虑纵一路道路宽度较窄，轻轨线位和站点布设都比较困难，同时为了减少对高品质区噪声等的干扰，建议轻轨进一步考虑有利于景观和人流需求的线位，同时纵一路横断面也相应作了调整。

9.4 03-27 地块调整

根据六都溪河道规划，因六都溪穿越03-27 地块，需要调整该地块的用地范围、用地面积及地下室控制范围。

第13章 2012义乌金融商贸区区域交通研究

时间：2013年

设计单位：华中科技大学

1. 现状道路通行服务水平分析

高峰小时七个路段的饱和度都较高，尤其是稠州路（宗泽路至商城路）、福田路（银海路－商城大道）饱和度都超过1.0，路段服务水平低，容易发生拥堵。主要道路高峰小时饱和度高的主要原因在于城区的道路网结构不合理，次干道和支路未能充分发挥交通功能，不能有效分流，未能起到缓解城市道路拥堵的作用，进而影响整个路网车辆的运行速度，降低了路网的使用效率。

2. 现状道路交叉口及桥梁服务水平分析

大部分路段的交通拥挤均为相应交叉口的交通运行效率偏低所引起的。通过VISUM分析，国际商贸城一期附近交叉口拥堵严重。同时，福田路、城北路由于沿线交叉口饱和运行，难以实现主干路的功能。现状跨江交通主要由宗泽大桥、商博大桥、下朱大桥分担。跨江

通道严重不足，在未来将成为金融商贸区内部的主要交通瓶颈。

3. 交通需求分析主要结论

（1）不同的交通管理和土地利用策略中，在基本情形和不控制停车泊位供给的前提下，地区交通网络难以支撑既有规划土地利用开发规模，而在现有控规的开发规模下，采用停车供给从紧策略可使地区交通系统处于较为平衡的状态。

（2）伴随着经济的发展和居民生活水平的提高，居民出行的机动化水平将有显著提高，预计远期国际商贸城的小汽车出行达到30%，金融商务区和文化中心的小汽车出行也分别达到29%和28%。考虑到远期区域开发全面使用成熟，为了支持地区开发，公交出行比例必须达到30%以上，道路网络系统才能支撑地区开发所带来的交通压力。

（3）在规划的出行结构下，规划年金融商务区与西南老城区的联系占主导地位，分布比例达到36%，而与向东和向北的联系较少，约为18%。

（4）金融商务区一期和文化区建成投入使用后，区域交通系统存在较大的交通压力，区域干道系统处于饱和状态，必须采用需求管理措施，特别是公交优先措施。为支撑包括金融商务区二期等地区的开发，必须通过改善公交服务，提高公交的出行比例，并发展快速大运量的公共交通系统，如BRT和轨道交通。

（5）若完全按照控规的开发强度进行地区建设，规划路网可能达到其可以承载的极限，甚至过饱和，这样的不平衡状态不仅无法完成区域交通的高效运行，而且对突发事件如自然灾害、交通事故的影响十分脆弱，一旦发生将导致整个区域路网的瘫痪。

（6）既有控规的用地规划中，金融商务区的居住用地较少，加剧了金融商务区与老城区之间"钟摆式"通勤交通的特征，为区域内部的主要集散通道如稠州北路、福田路和商博路以及过江桥系统带来巨大的交通压力。

（7）在对路网的脆弱性分析中，发现较为脆弱的路

段主要是有商城大道、城北路、商博大桥、福田路、银海路和兴隆大街；较为脆弱的节点主要有福田路—银海路交叉口、福田路—商城大道交叉口、福田路—城北路交叉口、商博路—江滨路交叉口、宗泽路—工人北路交叉口、兴隆大街—银海路交叉口、兴隆大街—城北路交叉口。

（8）根据需求模型对路网进行瓶颈的识别，分析显示主要交通瓶颈分布在以下路段及相应的节点：城北路（稠州北路—春风大道）、商博大桥、商博路（江东东路—环城南路）、商城大道（春风大道—兴隆大街）、商城大道（兴隆大街—春风大道）、银海路（福田路—商博路）。

（9）按照80％饱和度进行预留规划过江通道通行能力，则过江通道的需求至少为14条车道（单向），而现状研究范围内既有过江桥5座，过江通道有12条车道（单向），因此在该范围内需要有新的过江通道。

4. 交通改善主要建议

（1）一定程度上减少金融商务区的开发体量，综合用地性质，增加区域的居住用地面积，并设立文化中的住宅区与国际商贸城和金融商务区的通勤班车。

（2）改造03省道快速路沿线在金融商务区区域的部分交叉口形式，增加交通的转换功能：03省道与诚信大道交叉口采取半互通立交方式，与商城大道交叉口采取半互通立交方式。

（3）增强春风大道的交通功能，改造沿线银海路、城北路、江东北路等主要道路交叉口为分离式立交，其余相交次要道路交叉口实施右进右出的交通管理，并在环城北路以北、环城南路以南南北两端采用交通组织管理手段，限制大型客货运车辆进入。

（4）将诚信大道（西城路—春风大道）建设高架道路，主线双向6车道规模，主线跨越西城路、03省道、城中北路、工人北路、稠州北路、江滨北路、春风大道后落地。

（5）将宗泽路改建成准快速路，主要将城区段（江滨路—西城路）段进行改造，与机场路（西城路以北）段共同构建全市性的南北方向快速路网。

（6）商城大道东段建设高架道路，从春风大道至阳光大道，主线跨越兴隆大街、茂盛大街、阳光大道后落地，主线双向4车道。

（7）商城大道西段建设隧道，从春风大道至雪峰东路，主线下穿春风大道、商博路、福田路、稠州北路、工人北路、城中北路、03省道、西城路后进入地面，主线双向4车道。

（8）建设过江隧道，隧道走向从商城大道至南环路，主线下穿中央公园、商城大道、城北路、江东北路、南环路后进入地面，其中商城大道至江东北路段双向6车道，江东北路至南环路段双向4车道。

（9）考虑到区域内货运交通量较大，建议将西城路和诚信大道作为主要的物流通道。其中西城路作为南北向主要货运通道，北段（诚信大道以北）将以大型货运功能为主，服务于内陆口岸；南段（诚信大道以南）将以客货运并重，服务于小型货运以及03省道的客运辅助；诚信大道为义乌港和国际物流中心东西向的货运交通提供物流通道，与宗泽路的客运交通分开。

（10）重点梳理和完善主次干路系统，尽快完成规划主次干路网，加快建设包括城北路（37省道—阳光大道）、诚信大道（城中北路—西城路）、大通路东西延伸段、涌金大道东西延伸段等。

（11）将超过一定宽度（如10米以上）的内部道路纳入微循环系统，并由城市交通管理部门进行管理，发挥支路交通微循环的作用，增加可达性。

（12）稠州北路—宾王路交叉口建议改造成稠州北路主线下穿宾王路，地面辅道与宾王路平面交叉的简单互通立交；银海路—福田路、银海路—商博路、商城大道—商博路交叉口按照平交方式，采用进出口道拓宽、内部渠化、调整信号控制方式等手段，按照最大通行效率目标进行交通改造。

（13）针对规划的轨道交通线网站点覆盖率偏低、站间距偏大等问题，建议一号线国贸大厦站与商贸城北站之间增设一个站点，缩短站间距，同时通过增加轨道交通站点接驳循环巴士，建议增设4条循环巴士线。

（14）改善方案中提出了在义乌金融商务区区域建立地下、高架和地面道路的三层道路网系统，其中宗泽路、福田路和诚信大道等也是未来轨道交通的建设通道，建议在对高架和地下道路进行工程规划和设计时，充分考虑轨道交通线路的走向和形式，为轨道交通的建设预留条件。

（15）为使路网的建设领先于地块开发的步伐，结合项目区域相关用地开发的时序，建议金融商务区区域的交通改善按照以下建设时序进行：

——近期（金融商务区东侧地块基本建成使用，预计2015年底）：基本完善规划路网、宗泽路沿线交叉口改造、03省道快速路建设以及沿线交叉口改善；

——中期（金融商务区一期建成使用，国际文化中心基本开始建设，预计2018年底）：过江隧道建设、商城大道地下通道以及高架建设；

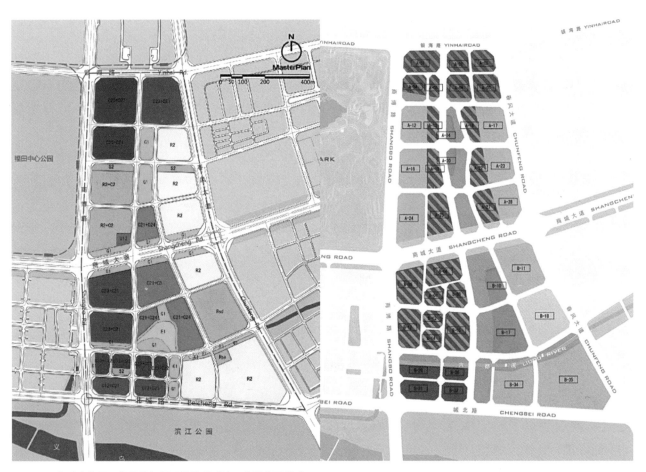

图 13-1　金融商务区二期用地规划调整前后对比（右图为调整后）

改善后出行方式   表 13-1

时段	步行	自行车	电动车	摩托车	出租车	小汽车	公交车
全日	22.8%	6.8%	9.2%	4.1%	4.0%	39.0%	14.1%
早高峰	22.5%	7.1%	11.8%	5.1%	1.5%	37.4%	14.6%
晚高峰	19.2%	6.6%	9.2%	3.9%	2.3%	46.4%	12.3%

改善前出行方式   表 13-2

时段	步行	自行车	电动车	摩托车	出租车	小汽车	公交车
全日	12.6%	6.3%	10.2%	4.8%	4.7%	45.0%	16.5%
早高峰	12.1%	6.8%	12.9%	6.0%	1.7%	43.3%	17.1%
晚高峰	9.8%	6.0%	10.3%	4.5%	2.7%	52.6%	14.1%

——远期（金融商务区一、二期、国际文化中心均建成使用，预计2020年以后）：诚信大道高架、春风大道沿线交叉口立交改造。

5. 金融商务区二期城市设计调整前后对比

（1）用地规划前后对比

如前言所述，在本项目完成后，因对金融商务区二期的城市规划提出了反馈，建议其调整建设容量和用地性质，增加用地混合度。因此市有关部门要求将金融商务区二期规划以本研究成果为依据进行调整，调整之后两个方案用地规划。

在各类技术指标上，经过调整，总建筑面积从250.71万平方米调整为199.4万平方米，其中居住用地面积比例得到较大提高，居住功能建筑面积大幅提升，商业用地有所减少，商务办公建筑面积大幅下降。

（2）设计调整后区域交通状况研究

经调整后，我们对交通模型进行了修正，得出结果如下：

①出行总量

金融商务区日出行总量略有增加，从31.7万增加到34.5万，增长8.8%。

②出行方式

经过方案调整后，区域主要道路的饱和度均有一定程度下降，交通压力有所缓解；

金融商务区内部交通比较畅通，外围流量和饱和度较大，需要采取交通改善措施；

快速地下道路主路压力不大，辅路交通量较大，交通压力大，在设计时需要综合考虑。

（3）交通改善后区域交通状况研究

在金融商务区二期城市设计调整后，结合实施第7章区域交通改善措施后，我们建模对区域交通情况重新进行了研究，得到区域道路饱和度，可以看出，经过交通改善措施后，区域内主要道路的饱和度均得到一定幅度的下降，交通状况得到了较大的改善。

图 13-2　金融商务区规划调整后区域交通量分布图（交通改善前）

图 13-3　金融商务区规划调整后区域饱和度分布图（交通改善前）

第五部分
中心区开发建设

第14章 开发建设

1. 开发建设概述

自 2010 年正式启动义乌金融商务区一期建设工程以来，商务区开发进展顺利。世贸中心、三鼎商业广场、稠州商业银行、义乌农商银行、国信证券、曙光国际大酒店、福田银座等 7 个项目的 14 幢大楼已在建设中。其中，三鼎商业广场、稠州商业银行、义乌农商银行、世贸中心等 6 幢大楼主体已经结顶，现已进入幕墙装饰准备阶段。浙江民泰商业银行、浙商回归总部基地、中青（浙江）保险经纪有限公司总部大楼、金华银行办公大楼等 4 个项目 10 幢大楼的招商任务已经落实，现正在进行进场前期方案设计工作。金融商务区剩余的 9 幢大楼将在今年底前全部确定投资业主。到 2017 年底，义乌金融商务区一期将全面建成并投入使用。

为更好地节约和利用中心区土地资源，解决义乌国际商贸城周边的交通、停车和综合配套等问题，义乌金融商务区投资 5 亿多元向地下要空间。其中，地下交通环路设 3 个车道，直接与城北路下穿、福田路下穿、商城大道等周边干道相通，并通过过江隧道与义乌国际文化中心相连接。目前，义乌金融商务区市政综合设施、地下空间项目已准备就绪，2014 年即将开工建设。

2. 开发管理主体简介

国际商贸城管委会前身是国际商贸城建设指挥部。2000 年前后，为适应义乌市场发展需要，义乌市委、市政府决策建设国际商贸城市场。国际商贸城建设指挥部负责市场和周边配套设施的建设，以及涉及农村的拆迁安置等工作。经过 10 多年的开发，国际商贸城一至五区市场已经建成，涉及 11 个行政村和 1 个自然村的拆迁安置工作基本就绪。

为顺应市场国际化潮流的发展趋势，进一步深化"兴商建市"战略，义乌市委、市政府决策对国际商贸城功能区进行范围更广、更深入的开发，规划红线面积 32.6 平方公里，涉及 55 个村庄，拟建设 28 个社区。为理顺工作机制，进一步加强对该区域建设的领导，2010 年 4 月，义乌市委决定在原国际商贸城建设指挥部基础上设立国际商贸城管委会，为正科级常设性临时机构，主要职责是负责国际商贸城功能区范围内的规划、建设、市政基础设施工程配套建设、招商引资、项目立项和审批（核）等工作的组织、协调。根据 2013 年 1 月义乌市政府印发《义乌商贸服务业集聚区管理委员会主要职责内设机构和人员编制规定》，国际商贸城管委会下设综合科、招商科、规划科、建设管理科 4 个股级机构。

管委会除承接原国际商贸城建设指挥部的拆迁安置和安置区市政配套设施建设等工作外，还负责金融商务区的开发，以及市重点工程国际商贸城周边配套道路诚信大道、银海路、涌金大道、大通路，长途客运中心周边配套道路等工程的建设。

3. 招商引资政策简介

为高质量的保证金融商务中心的定位，义乌市委市政府特别针对拟入驻金融产业、现代服务业设定了严格的产业条件以及相关优惠条件。具体如下：

（1）引进银行、证券、保险等金融机构，促进金融产业的集聚发展。金融机构必须在本市缴纳主体税种的税收，且符合以下条件：在义乌设立分行及以上，或存款规模100亿元以上的银行机构，在义乌设立二级分公司及以上，或年保费收入5亿元以上的保险机构；在义乌设立区域性营销（管理）中心，注册资金20亿元以上，监管分类登记在B类以上的综合类券商。

（2）鼓励国内外企业入园投资建设和发展现代服务业，项目投资规模在3亿元以上，投资业主为单一法人主体，并符合下列条件：综合类企业（限于商贸服务为主营业务之一的多元经营企业集团）必须近3年净资产3亿元以上，资产负债率不超过60%，且上一年度纳税额6000万元以上，商贸服务类（不含批发类）企业必须净资产1.5亿元以上，资产负债率不超过60%，且上一年多纳税额3000万以上。

（3）吸引国内外大中型商贸服务业企业入区设立总部、地区总部或区域性分支机构。引入的企业应符合上述第2条规定的条件。

①对世界500强企业。

跨国公司投资项目，对我市产业特别是服务业优化升级具有重大影响或重要意义的项目，以及投资8000万美元以上或6亿元以上的重大项目，实行"一事一议"政策。

②对新引进的银行、证券、保险类金融机构在区内购买自用办公用房的，按每平方米800元的标准给予一次性资金补助；租赁自用办公用房的，三年内每年按每平方米30元的标准给予资金补助，后三年每年按每平方米15元的标准给予资金补助。

③对新引进的外贸、物流、信息、文化传媒、中介服务等企业，以及跨国公司地区总部、区域性分支机构或国内大中型商贸服务企业总部，在区内购买自用办公用房的，按每平方米400元的标准给予一次性资金补助；租赁自用办公用房的，三年内每年按每平方米15元的标准给予资金补助。

4. 规划决策机制简介

中心区顾问规划师制度是义乌市规划局2014年度的一个重要制度创新。以前中心区项目评审的专家人员并不固定，专家人选存在较大的不确定性，导致参会的专家一般缺乏对义乌城市发展现状的基本认知，缺乏对义

乌城市规划建设工作的长期跟踪服务，缺乏对中心区城市规划设计工作整体把握。针对上述情况，义乌市规划局在充分调研论证的基础上，于2014年正式开展城市中心区顾问规划师工作。

中心区顾问规划师是义乌市规划局聘请的相对固定的由城市规划、建筑、市政交通等专家组成的专业技术团队，依照公正、公开、专业的原则，负责在较长的时期内对义乌市中心区的规划设计项目进行跟踪服务和技术审议，为中心区的城市规划决策提供智力支持。

为保证中心区顾问规划师的工作顺利开展，义乌市规划局着手制定了《义乌市中心区顾问规划师工作章程（试行）》，对中心顾问规划师的聘请条件、工作职责、运作模式等进行了明确。

当前，义乌市规划局聘请的第一批中心区顾问规划师为3名，以工作组的形式开展工作，任期为3年。

5. 单体建筑简介

5.1 浙江稠州商业银行大厦

工程规模：建筑落地面积4755平方米，总建筑面积128417平方米（其中地上93436平方米，地下34981平方米），由地下室三层、

图 14-1　地块开发主体示意

裙房四层、A幢主楼20层、B幢主楼36层、两幢主楼间三层连廊组合而成，A、B主楼总高度分别为：85.80米和156.8米。

结构体系：A楼为框架剪力墙结构，B楼为框架核心筒结构，连廊为大跨度预应力框架结构。

5.2 福田银座A、B座

工程概况：01-07地块（福田银座A座）用地面积4340平方米，01-08地块（福田银座B座）用地面积4507平方米，两个地块各大致呈正方形。福田银座A、B座整个地块位于金融商务区西侧中间，东靠区间道路（轻轨）、南临世贸中心地块（在建）、西接区内小广场、北靠三鼎商业广场（在建）。用地性质主楼用途为商务办公，裙房为配套服务用房（主要用于银行营业场所），出让年期40年。

项目投资主体为义乌市国有资产经营有限责任公司，概算投资8亿元。

主要技术指标：建筑密度福田银座A座为48.06%，福田银座B座为46%，占地面积福田银座A座为2086平方米，福田银座B座为2072.8平方米，容积率福田银座A座为12，福田银座B座为11.6，两个地块地上总建筑面积为106891平方米，绿地率为20%，机动车停车位为648个，非机动车停车位1615个，地下室三层，深度为15.5米，两个地块的地下室全面连通，地下室总面积为27324.7平方米，地上裙房4层，裙房高20米，上部结构为A、B两个塔楼，高36层，塔楼高度为148米，两个塔楼由3、4层裙房间的连廊相连。

5.3 国信证券大厦（义乌）

工程概况：国信证券大厦（义乌）项目由国信证券股份有限公司开发建设，位

图14-2 浙江稠州商业银行效果图

图 14-3　福田银座 A、B 座效果图

图 14-4　福田银座 A、B 座鸟瞰图

于义乌市国际商贸城金融商务区的 01-21 地块，为大型商务金融（金融业）用房。

概算投资：总投资 35000 万元，其中固定资产投资 35000 万元（土建 22000 万元；设备 7500 万元；安装 2000 万元；工程建设其他费用 3500 万元。）

投资主体：国信证券股份有限公司

技术经济指标：总用地面积为 7715 平方米，总建筑面积：78869 平方米，地上建筑面积为 61642 平方米，地下建筑面积为 17227 平方米，其中计算容积率面积 61642 平方米。主楼高 30 层，裙房

4 层，地下室 3 层。

地下室—3F 层高：3.9 米

地下室—2F 层高：4.9 米

地下室—1F 层高：4.9 米

地面 1F 层高：5.8 米

地面 2F 层高：5 米

5.4　义乌市农村合作银行大楼

工程概况：浙江义乌市农村合作银行投资建设的《义乌市农村合作银行金融商务综合用房》项目，地处义乌市金融商务区（CBD）01-22 地块，建设用地面积为 7970.70 平方米，东临规划建设中 20 米宽主要街道，毗邻中心公园，南靠已建设通车的城北路，濒临义乌江，西

接 01-21 地块待建用地，北至规划建设中 14 米宽服务性道路；

本工程的总建筑面积为 72200.56 平方米。地上建筑 30 层，地下建筑 3 层，总建筑高度 149.80 米，为一类超高层建筑。首层为银行对外营业大厅和办公入口大堂，二层以上属于办公性质，集会议、档案、员工餐厅、中心机房等附属功能。

本工程投资概算 5.6 亿元。

5.5　三鼎商业广场

工程概况：三鼎商业广场项目位于义乌市金融商务区 01-02、01-03 地块，计划总投资 186000 万元，用地面

图 14-5　国信证券大厦效果图

图 14-6　国信证券大厦鸟瞰图

图 14-7　义乌市农村合作银行大楼效果图

积 16061.8 平方米，总建筑面积 151843 平方米，建筑占地面积 5198 平方米。项目外观为双塔型主楼，1 号主楼三鼎万豪酒店，设计高度 150 米，共计 37 层，建筑面积 58234.45 平方米；2 号主楼三鼎开元名都酒店，设计高度 98.5 米，共计 23 层，建筑面积 38688.55 平方米；底部 4 层为一体式裙楼；地下室四层，面积为：51638.66 平方米。

5.6 义乌世贸中心

工程概况：义乌世贸中心位于义乌市金融商业区，紧邻国际商贸城，基地位于城北路与福田路之间，沿基地东侧设有城市轻轨站，项目周边有市海关、国际商贸城等重要设施，整体区位突出。

本项目地上总建筑面积约 346241 平方米，包括 260 米超高层酒店、150 米高级住宅两栋、150 米公寓式酒店以及大型综合商业与配套设施，建成后将成为义乌的城市新高度和地标。

本项目由义乌世茂中心发展有限公司投资建设，作为义乌第一高楼表达着城市的雄心，承载着文化的内涵，设计以"盛世花开—龙腾义乌"立意，凸显大楼在城市中的地位，同时也是义乌经济腾飞、繁荣的表现。

图 14-8 三鼎商业广场效果图

图 14-9 义乌世贸中心效果图

图 14-10　曙光国际大厦效果图

5.7　曙光国际大厦

工程概况：义乌市曙光国际大酒店、曙光国际大厦项目位于义乌市国际商贸城金融商务区，分别为金融商务区 03-02 地块、03-04 地块。其中 03-02 地块面积为 8858.47 平方米，用地性质为旅馆业用地（C25），建设标准为豪华的五星级酒店。03-04 地块面积为 5833.93 平方米，用地性质为商务办公用地（C23），建设标准为五 A 级商务写字楼。

投资主体：义乌市曙光投资有限公司

投资总概算：17 亿元

5.8　义乌世界侨领商业总部大楼

项目概况：义乌世界侨领商业总部大楼位于义乌金融商务区一期公园东路东侧地块，东靠区间道路、南临城北路、西接公园东路、北靠曙光酒店（在建），由金融商务区 03-05、03-07、03-08、03-09、03-011、03-012 和 03-013 相邻的七个地块组成；该项目宗地总面积 72002.68 平方米（约 108 亩），其中出让用地面积 45251.54 平方米（约 67.88 亩），规划区间道路用地面积 17294.61 平方米，公共绿地（06、10 地块）用地面积 9456.53 平方米。该项目由义乌市国资公司中福置业投资建设。项目主要功能为银行总部办公和现代服务业总部基地。

图 14-11　义乌世界侨领商业总部大楼效果图

图 14-12　义乌世界侨领商业总部大楼效果图

第六部分
论文

新型专业市场与义乌CBD建设

陆立军：浙江省特级专家、义乌市政府顾问、义乌市场经济研究所所长

一、义乌小商品市场的演化

（一）全球最大小商品市场的发展历程

义乌被称之为"建在市场上的城市"，义乌市场的诞生被列为"改革开放30周年浙商十大标志性事件"之首。小商品市场富裕了当地百姓、带动了产业发展、培育了大批企业家、推进了城市化和城乡一体化、促进了社会和谐稳定、提升了全市对外开放和跨区域协作水平，是义乌改革开放的基石和成就的集中体现，也见证了中国从计划经济走向市场经济的转型过程。

1. 小商品市场的萌芽（1978—1987年）

早自清朝乾隆年间，义乌便已出现"鸡毛换糖"这一商业活动，它是基层百姓出于改变贫苦生活状况而进行的尝试和本能追求。"鸡毛换糖"铸就了义乌人吃苦耐劳的精神，也使义乌人逐步积累了较为丰富的商业经验，培养了经商技能，并形成了不以利小而不为和善于发现、挖掘、把握商业机会的品质，为此后小商品市场的萌芽、诞生和发展奠定了必要的商业文化基础，这也是义乌市场从薄利多销的小商品起步的重要原因。改革开放以后，正是那些"鸡毛换糖"的"苦行者"，最先萌生了做小商品生意、办小商品市场的要求。

纵观义乌小商品市场的萌芽阶段，大体经历了三代市场的更替：第一代为1982年9月5起正式开放的湖清门、廿三里小商品市场，严格地说它们只是小商品市场的雏形，市场摊位数仅700余个，交易品种很少，经营户较少；第二代小商品市场—稠城镇新马路市场建成于1984年12月，实现了由"马路市场"、"草帽市场"向"以场为市"的转变，设摊位1800个，商品种类2740余种，流通范围逐渐跨出本县、周边县市区范围，并向外省市辐射；第三代小商品市场—城中路市场于1986年9月建成，总占地面积44000平方米，设固定摊位4096个，临时摊位1387个，商品门类日趋齐全，场内建有综合商业服务及工商、税务、邮电、金融等管理服务大楼，立体型管理服务体系初步形成，至1987年，市场年成交额达到1.538亿元。

2. 小商品市场的形成与发展（1988—2001年）

在经历前期的萌芽阶段后，义乌小商品市场的场地规模、摊位总数、商品种类、年交易额等继续稳步增长，形成了篁园、宾王两大市场群。1992年2月，第四代小商品市场—篁园市场一期工程建成，设摊位7100多个，真正实现了由"马路市场"向"室内市场"的转变；1993年建成的第四代二期市场，设摊位7000个；1995年11月，与篁园市场同属第四代市场的宾王市场建成开业，建筑面积28万平方米，摊位8900个，营业用房600间。这一时期，市场总体功能逐步健全、市场主体日益多元化，市场管理、经营业态、营销方式等各方面的改革稳步推进，使得市场的档次有了较大提升，形成了"买全国货、卖全国货"的大格局。

20 世纪 90 年代中后期，中国经济整体紧缩，加之受 1997 年亚洲金融危机的影响，义乌小商品市场进入调整巩固阶段，市场经营场地和规模没有显著增加，年成交总额甚至有所下降。此后，随着产业结构调整的深入和支撑义乌小商品市场的产业集群分布范围的拓展，小商品市场又一次呈现出强劲的发展势头。与国内同类市场相比，义乌小商品市场的核心地位日益凸显，市场规模和辐射能力开始逐步超越其他市场。不仅周边县市区的相关产业日益围绕义乌小商品市场发展，来自浙江各地和其他沿海省份的商品也陆续入驻。

3. 小商品市场的国际化（2002 年至今）

早自 1998 年起，便陆续有外国企业和外商入驻义乌建立采购点。2002 年开始，义乌市委、市政府明确提出了建设国际性商贸城市的总体目标，并于当年 10 月建成了具有标志性意义的第五代市场—国际商贸城一期市场，建筑面积 31 万平方米，商位 6800 个，内设中央空调、自动扶梯、宽带信息接点等，使义乌小商品市场开始步入现代化、信息化、国际化的新阶段。2004 年 10 月，建筑面积 60 余万平方米、拥有 8000 余个商位、逾万经营户的国际商贸城二期市场建成，使义乌小商品市场的硬件设施、规模质量、交易方式、服务体系等实现了大跨越，成为国内现代化、信息化、国际化程度最高的市场之一。

为加快义乌实施国际化战略的步伐，将义乌打造成全球最大的日用工业品采购基地、全国乃至全世界中小企业品牌产品的销售中心、世界小商品新技术新产品的展示平台，自 2007 年 1 月开始建设总建筑面积 175 万平方米、商位 23000 余个的第六代市场—国际商贸城三期市场（分为两个阶段）。按照"数字化、国际化、标准化、人性化"的要求，突出"绿色、环保和节能"理念，在市场服务体系、交通组织、能源利用等方面实现十大功能创新。如设置国际商务中心、外商接待中心等，努力实现"国际化"；除宽带入户外，还设置了数字化中心、网上交易中心、电子导购等相应功能，充分体现"数字化"；在经营管理中导入 ISO 9001 质量管理标准，体现"标准化"特色；市场内部设置集系统化、专业化、休闲化、娱乐化于一体的综合配套服务于市场的休闲内街，体现"人性化管理"的特点；导入可开启移动天窗、雨水回收器，安装太阳能电板等，体现"环保、节能"理念。2008 年 10 月 21 日，总建筑面积 108 万平方米、拥有商位 16000 个的国际商贸城三期市场一阶段正式开业；2011 年 5 月 5 日，总建筑面积 64 万平方米，拥有 7000 多个商位的国际商贸城三期市场二阶段正式营业。

（二）"义乌商圈"的形成与拓展

"义乌商圈"是指国内外所有与义乌小商品市场或企业有着紧密联系的经济主体和区域；既包括前向的产品销售区域，也包括后向的产业支撑区域，以及由此形成的跨区域分工协作网络。可以纳入"义乌商圈"范畴的经济主体和区域的共同特征是：它们或借助义乌小商品市场这一平台，把自身的产品销往各地，带动本地特色优势产业的发展；或通过义乌小商品市场，采购来自全国各地乃至国外的小商品；或凭借义乌小商品市场，开展来料加工，进行劳务输出，承接产业转移，推进招商引资，寻求跨区际合作，拓展国外市场。"义乌商圈"与商贸零售业所称的"商圈"有着根本性的区别，它是一个"大商圈"的概念：义乌小商品市场所具有的独特功能催生了"义乌商圈"，而随着义乌小商品市场功能的日益完善、发挥和市场业态、结构的日益提升，"义乌商圈"逐步成型、稳固。在市场与产业互动、提升的过程中，"义乌商圈"超越了传统市场交易功能的范畴，通过信息化、网络化提升，形成了一个跨区域分工协作网络。

"义乌商圈"的形成与发展大致经历了以下三个阶段：

1. "义乌商圈"的孕育期（1982年至20世纪90年代初）

该时期经历了第一代小商品市场（1982年）至第四代小商品市场（1992年）的发展，以及在本地及周边地区"家庭工厂"的出现，"前店后厂"是这一时期"义乌商圈"萌芽的外在表现形式。一方面，市场的形成与发展促进了小规模家庭工业的资本积累；另一方面，分散的生产者源源不断地向专业市场提供价格低廉的商品，有力地支撑了市场的形成与累积性发展。由于面临较为不确定的市场进入环境，市场经营户和家庭工业主要采取利用性的知识学习方式，市场知识向产业专用知识的转换较为缓慢。因此，这一时期本地企业的成长较为困难，市场内销售的产品主要来自外地。较高的创新收益预期吸引更多的潜在进入者加盟市场，一些比较殷实的市场经营者开始进入创新收益更高的产业领域，从而为"义乌商圈"的正式形成奠定了重要基础。在这一时期，政府不但主导建设、扩大了有形市场，而且通过有关政策措施逐步规范市场服务管理体系，从而有效发挥了政府对专业市场发展的导入作用。如积极推进市场基础设施建设，协调解决市场用地和资金信贷问题，鼓励、扶持市场专业户和重点户发展等。

2. "义乌商圈"的形成发展期（20世纪90年代初到21世纪初）

随着小商品市场四代一期、二期的陆续建成与功能发挥，义乌逐渐形成了篁园、宾王两大市场群，市场规模不断扩大，商品门类日益丰富，义乌本地和周边开始逐渐形成市场导向的各种制造业集群，"义乌商圈"日渐成型。这一时期，政府的战略规划与引导作用功不可没，它与企业家社会网络和市场竞争发挥了同等、甚至更为重要的互动选择功能。尤其是1994年义乌市委、市政府果断提出实施"引商转工"、"以商促工"、"工商联动"的发展战略，引导一大批完成了资本原始积累的经商大户，迅速转向发展与市场关联度较高的轻工产品生产。例如，目前义乌具有较大影响力的大企业基本上都是在20世纪90年代中后期由市场进入到产业投资领域的，如新光饰品（1995年）、浪莎袜业（1995年）、梦娜袜业（1994年）、三鼎织造（1994年）、芬利集团（1994年）、王斌集团（1994年）等。这些大企业及其周边所形成的分工协作集群，为义乌市场输送了大量质优价廉的产品，有效地支持并引领了义乌市场的进一步扩展。与此同时，政府通过实行市场"管办分离"、组建国有资本控股的上市公司—浙江中国小商品城集团股份有限公司，全面退出竞争性领域，转而为市场交易活动提供稳定规范、公正透明、可预期的制度环境和体制框架，有力地推进了"义乌商圈"的稳步形成。这一时期，义乌市场体系与产业支撑区域开始向更为广阔的周边地区、省外乃至境外扩展，"义乌商圈"形成并实现了快速发展。

3. "义乌商圈"的转型拓展期（新世纪初至今）

这一时期，随着第五代、第六代小商品市场即国际商贸城一、二、三期市场相继建设成，小商品制造业集群、市场服务性（会展、电子商务、现代物流等）产业集群迅猛发展，"义乌商圈"内部的市场、产业等相关市场主体和区域相互支持，互促共进，向跨区域、国际化、网络化方向发展。义乌不但形成了政府主导型的工业区、产业园区、开发区等产业集聚区，集聚区内的企业与各类专业市场进行有机互动，而且一个以来料加工、中间贸易、市场或集聚区外投资、产品代理销售和推介等方式扩展而成的跨区域产业与市场分工协作互动网络日趋成熟。目前，义乌小商品市场联系着全国20多万家中小企业，直接带动1000多万名产业工人就业，并为全国31个省（市、自治区）的350多万名农村剩余劳动力提供来料加工业务，年支付加工业务费超65亿元。近年来，

"义乌商圈"的国际化拓展步伐不断加快。目前，义乌商品已出口到了世界219个国家和地区，在泰国、阿联酋、南非、俄罗斯等10多个国家和地区设有境外分市场或配送中心；每年到义乌采购的境外客商超过40万人次，常驻外商约1.5万人，居浙江省首位；全市涉外经济主体5000多户，其中外商投资合伙企业超过1900家，约占浙江省的90%、全国的80%；2008年开设的进口商品馆占地面积10万平方米，引进了90多个国家和地区的5万余种特色商品。

二、义乌新型专业市场的崛起

（一）义乌新型专业市场的发展特点

新时期、新阶段、新形势下，面对电子商务、现代物流、会展经济等新兴经济形态以及直销、连锁等现代营销方式的迅猛崛起，以及产品供应链不断缩短、流通渠道日益多样化等诸多挑战，国内许多专业市场尤其是一批国内外驰名的大型专业市场，顺应客流、商流、物流、信息流、资金流相分离，以及交易、交割相分离的趋势与要求，大力推动现场交易向远程交易，现货交易向仓单交易、中远期交易，现金交易向电子结算、信用保证交易等转变，使专业市场的转型发展呈现出规模化、品牌化、国际化、多态化、连锁化、商圈化等特征和趋势。目前，以义乌"中国小商品城"市场为代表的一批全国知名的大中型专业市场以创新功能、提升品质、培育品牌、推进国际化等为手段，努力从粗放型扩张向集约型发展转变，正在实现由传统专业市场向新型专业市场的嬗变。

1. 实体市场与网上市场相融发展

义乌市场联系着全国20多万家中小微企业，拥有强大的供货、组货能力，加之小商品廉价、必需、便于打包运输的特性，使得义乌实体市场成为网商成长的沃土。正因如此，近年来，义乌依托有形市场，革新传统购销模式，充分运用专业电子商务平台、APP移动信息平台、微博、微信等营销手段，大力培育和发展网上无形市场，并着力推进网上无形市场与网下实体市场相融发展，呈现出网上网下有机互动、协同共进的态势。目前，全市拥有电子商务平台企业超过100家，其中有一定规模和影响力的13家，中国饰品网、中国日用品网、华夏礼品网等已成为各自行业网站的领军者，涌现出了汇奇思、万客商城、紫薇、俏货批发等年销售额超过1000万元的规模网站。全市88.1%的网商在市场内拥有商位，混批网商50%的商品采购来自义乌市场，零售网商70%的商品采购来自义乌实体市场。

2012年10月21日，义乌"中国小商品城"市场正式推出线上官网"义乌购"，市场内7万商铺全部上线。2013年5月29日，"义乌购"旗下B2R平台"合众网"正式上线。2013年10月21日，"义乌购跨境电子商务平台"正式发布。"义乌购"平台为市场经营户和全球采购商提供具有实体市场特色的电子商务服务，经营户可以通过该平台进行商铺管理、商品展示、在线交易、外贸预警、商业交流等操作；采购商可以通过该平台浏览3D实景商铺、发布采购需求、投诉商铺信用，并可享受价格诚信、品质诚信、服务诚信三大采购保障。"义乌购"符合义乌实体市场以批发为主并主要面向中小零售商的特点，也与当前主流电子商务平台直面消费者的零售模式错位发展，是义乌新型专业市场创新发展、转型发展的集中体现。

2. 实体市场与现代物流相融发展

义乌市场的发展提升与现代物流业的稳步壮大密切相关，物流产业是义乌市场持续繁荣的重要支撑，而市场的兴旺发达在很大程度上提升了物流产业整体的规模和品质。两者互为前提，呈现出相融发展、互促共荣的态势。依托全球最大的日用工业品批发市场的货源支撑，目前义乌已成为浙江乃至长三角地区业务最为繁忙的内陆港和物流枢纽。目前，义乌物流成本约占商品总成本的12%，低于浙江省18%的平均水平，更远低于全国23%的平均水平，形成了明显的"价格洼地"，吸引了宁波、杭州、温州等周边区域甚至江西、福建等省的货物到义乌中转。2013年9月30日，国家发改委、国土资源部、住房城乡建设部等12个部委联合下发《全国物流园区发展规划》（发改经贸〔2013〕1949号文件），将义乌列为全国二级物流园区布局城市。

目前，义乌正在以全社会、系统性、一体化物流的理念，对现有分散、低效率的小配送体系进行颠覆性改造，致力于构筑现代物流体系，建设全国性物流节点城市和国际陆港城市。重点是完善以公、铁、空三大运输方式为主的物流基础设施，在城西38平方公里区块内建设义乌国际陆港物流园区，全力打造物流快速反应、干线运输、铁路物流、陆海联运等四大核心组团。作为市场运营管理主体的"商城集团"依托全球最大小商品市场的货源优势、采购配套优势、"中国小商品城"品牌优势等，通过品牌扶持、管理输出、贸易对接、信息共享、协助采购等各种途径，大力拓展加盟市场，以构建遍及全国的小商品采购配送服务网络，打造专业市场连锁"航母"。目前，已拓展国内加盟专业市场19个，包括广东佛山义乌小商品城、内蒙古赤峰新天地义乌小商品城、黑龙江中国义乌尚志小商品城、湖北天门义乌小商品城、重庆合川义乌小商品批发市场等。在上述模式下，加盟市场经营户"足不出市"便可采购质优价廉的义乌商品。

3. 实体市场与会展经济相融发展

展会与专业市场一样，都具有重要的信息集散和交易平台功能。因此，两者具有天然的合作关系，既可以把市场看作常态化的展会，也可以把展会看作临时性的市场。义乌凭借独特的市场优势、良好的会展环境、突出的经贸实效性，走出了一条"以贸兴展、以展促贸、展贸互动、共促繁荣"的特色发展之路，市场与展会相互融合的展贸型市场发展态势日趋明显。目前，义乌共有国家部委参与主办的国家级大型展会4个："中国义乌国际小商品博览会"（简称"义博会"）、"中国义乌文化产品交易博览会"（简称"文博会"）、"中国国际旅游商品博览会"（简称"旅博会"）、"中国义乌国际森林产品博览会"（简称"森博会"）。此外，还有26个国家级行业协会在义乌举办规模大、层次高的展会活动。上述展会与义乌市场的发展紧密相连，举办场地除了义乌梅湖会展中心、义乌国际博览中心等专业展览馆之外，还包括义乌"中国小商品城"市场。因此，义乌"中国小商品城"市场及其网上交易平台"义乌购"也被称为"永不落幕的展览会"。

2013年，义乌共举办会展活动150个，实现展会总成交额578.67亿元，同比增幅高达66.7%。其中2013年第19届"义博会"（唯一经国务院批准的日用消费品类展览会、继"广交会"之后国内第二大经贸类专业展会）设国际标准展位4500个，来自59个国家和地区的2747家企业参展，实现成交额166.15亿元，吸引了来自203个国家和地区的19.7万名客商参会，其中境外客商2.22万人。义乌还创新了会展与电子商务的互动模式，加强对参展商和采购商的线上线下服务，在"义乌购"开设"义博会新品展示区"、"义博会品牌企业廊"、"森博会精品馆"等。会展与市场的有机联动，使义乌被评为"中国最具魅力会展城市"，"中国十佳会展城市"，"中国十大品牌会展城市"，"最受关注的十大会展城市"，"国际展览联盟UFI会员"，"国际展览管理协会IAEM会员资格"等。

（二）义乌新型专业市场的建设经验和重点

1. 政府牢牢掌控市场发展提升的主动权

由于专业市场具有开放性、共享性等特点，因此它内含着公共资源的性质，属于一种准公共产品。尤其是新型专业市场的建设涉及电子商务、现代物流、会展经济等多种业态，人力、物力、财力投入大，建设任务重，且面临较高的风险，对统筹资源、组织协调、分工协作等提出了极高的要求，许多问题依靠市场自身力量难以解决。因此，政府"有形之手"的介入显得尤为重要。在义乌，历届党委、政府始终牢牢把握市场建设的主动权，主要由政府控股的"商城集团"或国资公司出资建设专业市场、物流站场等，再以低廉、合理的价格出租给经营户和货运公司，从而有效掌控市场商位和货运场站等事关义乌长远发展的战略资源的调控权。义乌市党委、政府超越经营户、工商企业个体利益的追求，从全市大局和长远发展利益角度进行通盘考虑，兼顾经济效益和社会效益，对市场交易进行必要的规制，推动创新发展、转型发展，从而保障了市场的持续繁荣和转型升级。尤其是在新型专业市场的建设上，不畏余力，大胆设想、大笔投入、大力推进，调动和整合市内外各种资源，有计划、有重点、有层次地稳步推进，使义乌新型专业市场的建设走在了全国前列。

2. 注重新型专业市场发展的思路研究和制度设计

目前，我国新型专业市场的建设还处于探索过程之中，国内外均缺乏可供参考的模式。因此，必须加强对新型专业市场的理论研究、制度设计和实践总结，为政府合理规划布局、出台政策举措、推进平台建设等提供决策支持。长期以来，义乌市委、市政府高度重视新型专业市场建设的思路研究、制度设计，广泛邀请国内外高等院校、科研院所的专家学者，就实体市场与电子商务、现代物流、会展经济等相融发展开展专题研究，举办相关论坛、研讨会等。例如，2010年，义乌市围绕加快专业市场转型升级步伐、建设新型专业市场问题，委托国务院研究室、商务部研究院、新华社、中科院计算所、中国社科院工业经济研究所、浙江大学、浙江省委党校等7家机构的专家学者开展专题研究。尤其是2013年10月17日，义乌召开全市"拓展内贸市场"考察调研活动动员会，组织10个考察调研组，走遍全国各省、市、自治区具有较大影响力的综合类市场和专业市场、主要边贸市场、义商在外兴办的市场、冠名类似"义乌小商品城"的市场，考察这些市场的基本情况、经营情况、与义乌市场关联度，以及各地推进市场转型创新做法、和义乌市场合作前景等，从而为义乌拓展内贸市场、建立市场分销网络奠定坚实基础，加快推进新型专业市场的建设和发展。

3. 不断完善新型专业市场发展的政策和规划

作为一项新生事物，新型专业市场的建设和发展存在一些不确定因素，迫切要求从电子商务平台、现代物流体系、会展经济模块以及市场信息化改造提升、金融服务功能升级、知识产权保护、品牌和标准体系建设等多重角度入手，制定专门的政策和规划，给予精心呵护和强力支持。为此，义乌市委、市政府多管齐下，大力完善新型专业市场建设发展的支持政策和专项规划。例如，为了加快市场转型升级和"电商换市"步伐，义乌市委、市政府把电子商务作为战略性、先导性产业进行重点培育，不断加大对电子商务的培育扶持力度，相继出台了《关于加快电子商务发展的意见》、《义乌市促进电子商务发展的扶持政策（试行）》、《关于加快电子商务发展的若干意见（试行）》、《义乌市促进电子商务发展扶持政策实施细则》等文件。

2013 年 10 月 30 日，义乌市委、市政府召开全市电子商务发展大会，要求把发展壮大电子商务产业作为义乌经济发展的重要抓手、推动转型升级的重要动力，通过推进线上线下融合发展，打造义乌经济升级版的新引擎。又如，为了强化义乌新型专业市场建设和发展的物流支撑，义乌市委、市政府制定和出台多项政策、规划，全面推进大交通、大物流、大港口战略，着力打造区域物流高地。再如，为了不断提升新型专业市场的展销功能和服务水平，义乌市委、市政府高度重视会展业的发展，学习借鉴全国其他地方的成功做法和经验，制定出台推动会展业健康持续发展的专项政策。

4. 全面构建与新型专业市场相匹配的管理服务体系

新的交易方式会带来新的市场系统、规则和习惯，从而要求构建与其相匹配的管理服务体系，以保障其高效运行。基于新型专业市场建设和发展的新要求，义乌从多方面入手，大力提升对市场商品、商位、商人等的管理和服务水平。对重点商品建立行业自律公约，建立从市场准入到退出的商位全程管理办法，对商人加强信用管理，通过强化诚信文明积分考核制度，提高经营户诚信经营、守法经营的意识。为了营造与新型专业市场相适应的良好经营环境，对经营户在纳税、商品质量、商位申请和使用、商位环境卫生、维护市场秩序、保护知识产权等多方面进行积分考核，并对考核的环节进行细化、定量化、标准化，将相关记录存入市场商位管理系统，并通过设立在各个市场大厅内的商位信用查询系统面向社会进行公布。此外，义乌国际商贸城借鉴运用国际大型商业中心先进的设计理念，融合高科技、信息化、人性化及专业市场的商业特点，市场内设中央空调、大型电子信息屏、单双色信息显示屏、广播系统、电子信息咨询系统、宽带网络系统、液晶电视系统、太阳能发电设施、雨水回收器、自动天窗及平行扶梯、消防安全监督控制中心等。上述这些与新型专业市场相匹配的管理服务体系，使义乌市场的发展走在全国前列，成为全球科技含量和现代化、国际化水平最高的商品批发交易市场。

综上可见，新型专业市场的发展，已不仅仅是自身硬件、软件的改造提升，更重要的是与现代商业模式的创新相结合，充分吸收借鉴各种现代商业模式的经营、运作办法，集聚金融、保险、广告、餐饮、住宿、休闲、娱乐等配套设施，并与现代物流、会展经济等有机联动、相融发展，从而呈现出多业态融合的格局；同时，更加注重对市场的商流、物流、信息流、资金流等进行重构，重点方向是从纯实体市场向线上与线下有机互动转变，从平面式市场向立体式市场尤其是楼宇式、SHOPPING MALL 式、城市综合体式转变，从交易型市场向物流型、展贸型市场转变。可见，新型专业市场的发展对以集聚生产性服务业、中间性服务业为主的商务中心（CBD）建设提出了强烈的内在要求。而商务中心（CBD）的建设和发展，有利于义乌以更大的市场优势、产业优势、竞争优势吸引国际高层次的产业和资本转移，逐步形成包括总部经济、楼宇经济、虚拟经济、会展经济等现代服务业态相互融合与支持的现代城市经济形态；有利于义乌新型专业市场交易范围、规模的扩大与提升，也有利于新型专业市场与国内外产业集群分工协作的深化和联动。

三、义乌建设浙中商务中心（CBD）的思考

（一）义乌建设浙中商务中心（CBD）的内涵

商务中心（CBD）是现代经济发展的重要空间载体，是一种以人才、智力、创新为核心要素的经济形态，是以高产出、高增值、低消耗、低排放为标志的经济组织结构。按照传统理念，

商务中心（CBD）几乎都位于城市中心，交通发达，土地价值高，拥有一批商务办公楼、大型购物中心、金融机构、剧院、旅馆等设施，是城市经济、文化、社交活动的中心。与传统商务中心（CBD）概念不同的是，笔者这里所说的浙中商务中心（CBD），同样具有传统理论中商务中心所具有的商务活动、金融服务、信息咨询、经济辐射等各项功能；从构建过程和形成机制的角度来看，二者也是相似的。但是，区别于传统商务中心相对狭小的城市区域属性，笔者所提出的"浙中商务中心（CBD）"概念则依据"义乌商圈"这一跨区域分工协作网络，对CBD的构成在地域空间范围上进行了必要的拓展。即传统的商务中心概念强调的是人流、物流、资金流和信息流在城市某一特定区域的集中、交流和组合；而"浙中商务中心"（CBD）则强调了在"义乌商圈"所包含和影响的经济区域中，人力、商品、资金和信息流在义乌主城区这一区域经济核心的交汇与整合。

笔者之所以对商务中心（CBD）概念作出这样的拓展，主要是基于以下考虑：（1）商务中心的出现是由于城市或区域经济的发展，需要有一个相对集中的核心区域以凝聚经济能量、降低商务成本。而在浙江中西部地区，随着浙中城市群建设、现代经济的发展所带来的日益庞大而复杂的商品、资源和信息交流，对商务中心（CBD）的建设同样提出了要求，特别是义乌主城区作为"义乌商圈"的核心区承担着整合整个商圈商务信息的功能，而"义乌商圈"自身的发展同样要求有一个相对集中的区域来处理商务信息。在浙江中西部地区目前尚未形成一个类似杭州、宁波和温州那样的大都市，因而世界上现有的以大都市为基础在其内部建立商务中心（CBD）的模式，显然不适合浙江中西部地区。因此有必要突破传统商务中心的定义和模式，以区域经济发展所带来的现实需求为依据，对商务中心（CBD）的定义进行新的拓展。（2）在浙中地区，以"金华—义乌"为发展主轴线的趋势日益明显，浙中地区这两个最重要的城市充分发挥各自的优势、扬长补短、相互支撑，使义乌打造浙中商务中心（CBD）成为可能。（3）考察国际上现有的商务中心（CBD），其最核心的内容是经济控制能力，而义乌正是由于其经济上的控制和影响能力成为建设浙中商务中心的首选。（4）从浙中地区的现状来看，金华市本级尤其是其中心城区作为浙中政治、文化、科教等中心的地位已经确立，其主要任务是继续强化上述"四大中心"的地位和功能，做强浙中城市群的这一内核；同时，加强与周边经济强市的分工协作和产业联动，并帮助周边欠发达县市确立自己的发展战略和主导产业，共同打造浙中城市群。而义乌拥有丰富的商务资源，已经形成了自己独特的发展道路和优势，如果能打造成浙中商务中心（CBD），必将大大提高浙中城市群的影响力。（5）从国际经验来看，世界上许多大都市都出现了商务中心（CBD）与政治、文化等中心在地理上偏离的趋势，形成多中心、网络化的模式。例如，在巴黎，随着拉德方斯的建设，城市的商务中心实际上已从原来的老市区独立出来；又如，上海市的商务中心是由浦西传统商务中心与浦东陆家嘴的电子商务中心（E-CBD）组合而成的，二者的功能相互补充，缺一不可。因此，考虑到浙中城市群建设的未来趋势，笔者对CBD所作的区域拓展，并不限制或排除未来浙中商务中心向多元化、网络化发展的方向与可能。

（二）义乌建设浙中商务中心（CBD）的着力点

专业市场是义乌经济社会发展的根基和命脉，浙中商务中心（CBD）的建设必须与义乌新型专业市场的发展紧密相连，为新型专业市场发展提供基础服务和配套支撑。要通过浙中商务中心（CBD）的建设，进一步巩固和强化义乌新型专业市场在全球的渠道优势、控制力及话语权，提升基于价值关联的跨区域分工协作网络"义乌商圈"的全球资源配置能力，将义乌打造成一个可供全球生产贸易企业和广大客商共享、开放透明、便捷高效、连通全球的商流、物流、资金流、信息流平台；使义乌进一步发挥全国其他城市和销售渠道难以起到的带动作用，促进产销的专业化分工和专业市场同遍布全球的产业集群之间的合作与联动，显著降低中小企业的信息搜寻等交易费用，为国内广大中小企业参与国际贸易创造独特的内生优势。要通过努力，着力建设交易成本低、信用好、信息灵、手段新、服务佳的国际小商品流通中心、展贸中心、信息中心、定价中心，在国际小商品贸易网络体系中发挥中枢功能，成为可与香港、迪拜等国际知名商贸城市相媲美的"世界商港"。

面对日益严峻的土地、资源、人才等要素瓶颈制约和环境承载压力，以及新型专业市场建设发展的新要求，义乌在推进浙中商务中心（CBD）建设的过程中，必须充分结合自身优势与实际，以国际商贸城及周边为核心，着力集聚电子商务、现代物流、会展经济、研发设计、金融服务、国际商务、广告策划、品牌推广、信息咨询等现代服务业。要结合对外经贸繁荣、中外客商云集、各种文化交融的独特优势，着力打造凸显"国际化"特色的浙中商务中心（CBD）。为此，必须大力推动规划理念、基础设施、服务功能、管理制度、人文交流等的国际化，接轨和融入世界主流经济形态；营造更加宽松便利的贸易政策环境，提供更加全面完善的贸易综合服务；在国际商贸城周边集中布局更多的城市国际服务功能和国际贸易服务功能，包括跨境结算、跨境电商、国际货代、国际信用评估、涉外行政管理和服务等；尤其要针对国际大企业、大集团的特殊需要，全力完善相应的商业和生活配套服务，以引进更多国内外知名大型企业集团的公司总部、地区总部、投资与决策总部、财务总部、物流总部、采购总部、营销总部等。

云集于义乌的广大国内外客商，既是保障义乌市场持续繁荣最宝贵的资源，也是建设独具特色的浙中商务中心（CBD）的重要优势。但在全球经济一体化不断加速的当今，客商的稳定性较差，流动性日益增强，这也是资本逐利的本性所决定的。为此，义乌在推进浙中商务中心（CBD）建设的过程中，要努力服务好客商、留住客商并争取更多高端、优质客商，以提升商务中心（CBD）的层次和水平。目前，义乌的外来客商层次还比较低，大都是中小采购商，缺乏国际知名大型商贸企业。今后，围绕浙中商务中心（CBD）建设，招商引资要以"大、高、新"为重点："大"即国际大型采购商、大型贸易商、大型电商企业、大型物流企业等；"高"即国际知名商贸企业、高层次客商、高端服务业等；"新"即战略性新兴产业、高新技术企业、文化创新创意企业等。要大力倡导商业模式创新，发展移动增值、数字新媒体、远程医疗等新兴服务业态和商业模式；要大力引进国际著名的会计、法律、咨询、评估等中介服务企业，积极培育信息咨询、会计税务、法律仲裁、广告及设计、知识产权、人力资源服务等。通过上述努力，为浙中商务中心（CBD）建设提供坚实支撑和强劲动力。

论义乌商贸转型发展路径选择

张晋庆：中国城市规划设计研究院上海分院义乌总规项目组

义乌市副市长 义乌市规划局局长

前言

改革开放 30 年来，义乌以其独具特色的"义乌模式"创造了一个市场经济的奇迹，实现了"买全球，卖全球"的商贸城市的演变，义乌用 42 万种小商品、年成交额近 580 亿元的力度打造了一个名副其实的"世界超市"。

"十二五"期间，国家进入经济转型期，特别是 2011 年义乌被批准为国际商贸综合改革试点和 2013 年国家"新丝绸之路"战略的提出，义乌迎来了商贸转型提升的新时机，这对于加快义乌实现发展方式转变具有重要的战略和现实意义，同时也对义乌的发展提出了更高更新的战略要求。而就义乌城市自身而言，30 多年义乌从建成区仅为 2.5 平方公里的小村庄迅速发展为 100 多平方公里的百万人口城市，在非常态的快速扩张中，城市也暴露出服务水平低、居住品质差、生态环境不佳等城市问题，人们对义乌城市品质的提升需求十分迫切。可以说，义乌将进入城市全面转型的新时期，而转型中最重要的是要明确未来商贸发展的方向与出路，这是决定义乌城市发展的核心动力。因此，我们需要对义乌商贸特征、问题进行全面的认知，在此基础上提出转型发展的路径。

一、义乌商贸发展的现状特征

（1）小微个体、低成本

剖析义乌市场运行机制，义乌商贸表现出"小微个体、低成本的惯性路径"的义乌模式。7.3 万个体商位、30 多条专业街、10 万个淘宝卖家、2.5 万家小微工业企业以及小微物流企业是义乌商贸繁荣的主力军，以 2.5 万家小微工业企业为例，其贡献了全市 57.1% 工业产值。然而，由于小微个体规模有限、创新能力弱等不足，缺乏小商品生产核心技术，因此采取了"低廉的地租 + 低廉劳动力 + 生产技术低 + 批量的家庭作坊式"生产模式。2010 年的数据显示，不同规模企业的利润均在 6% 左右。如牙签产业，卖 100 根只赚 1 分钱，即使每天销售 1 亿根牙签，也仅进账 1 万元。而一个打火机的利润只有 5 厘、1 分钱，一支吸管的利润在 8 毫—8.5 毫钱之间。就企业利润与企业规模的关系而言，可以发现，小企业的利润率更低，500 万—2000 万元规模的企业的利润率仅为 5.6%，相比较 1 亿—5 亿元规模的企业利润率达到 7.7%。可见，义乌商贸发展是低成本的竞争，而非小商品技术和质量的竞争，通过拼低成本和低价格、薄利多销的来获得相对可观的收益。

（2）外贸出口主导

2006 年至今义乌市场的外向度一直保持在 60% 以上，外贸逐步成为义乌城市发展的主要发展动力之一，义乌商贸在国际市场的份额和影响力也不断扩大。2001—2010 年义乌市进出口总额从 2.38 亿美元增加到 31.22 亿美元，占 GDP 的比重从 13% 增加到 34%。2007 年问卷调查显示，义乌小商品市场中开展国际贸易的商户比重达到 74.8%，其中 60.8% 的经商户主要通过产品出口方式来开展国际业务，在境外自建销售网络的占 7.8%，开展国际生产分包的占 2.3%，进行境外投资办厂的占 1.3%，开展境外股权投资的占 0.9%。截止到 2010 年，全球 100 多个国家和地区的 1.5 万名境外客商常驻义乌采购商品，义乌有境外企业代表处 3000 多家，日均出口 1500 标箱，销往 215 个国家和地区。上述数据表明，义乌以出口主导的外贸市场的作用越来越显著。

二、义乌商贸发展的发展瓶颈

（1）义乌商贸的国际化层次低、受外部形势影响大

义乌的小微个体、低成本的商贸模式，往往是模仿复制的产品，使得产品的质量不高，这也限制了商品销售的范围，影响了义乌商贸的国际化层次。从外贸出口国家来看，义乌小商品出口大多是为发展中国家，在外贸出口前 20 位的国家中，除了美国、西班牙和德国以外，其他 17 个国家均是欠发达的第三世界国家，贸易额高达 88.6%。出口目的地局限在第三世界国家，影响了义乌商贸在国际影响力和品牌形象。因此，尽管义乌市场外向度高达 60% 以上，但是义乌商贸的国际化层次较低。

此外，义乌的外贸是以出口为主的小商品单向流动，比较 2001—2010 年义乌商贸出口与进口的比值逐渐扩大，由 2001 年的 7.1 倍增加到 2010 年的 11 倍。小商品的单向流动容易受买方市场的左右和国际经济形势的影响，导致义乌商贸市场存在不可预测的风险。

义乌小商品出口前 20 位国家　　　　　　　　　　　　　表1

序号	国家	贸易额（万美元）	出口量（万千克）
1	印度	68727.9	93809.9
2	伊朗	57775.1	50357.3
3	埃及	51178.6	61103.4
4	阿拉伯联合酋长国	44695.9	44670.8
5	伊拉克	41189.7	33147.2
6	马来西亚	39500.9	36600.7
7	巴西	36751.7	23218.1
8	沙特阿拉伯	33991.4	24128.1
9	美国	29958.6	23294.1
10	阿尔及利亚	26906.4	23456.4
11	菲律宾	26272.7	38234.2
12	约旦	26075.5	23312.8
13	巴基斯坦	24986.1	29745.3
14	西班牙	23432.6	18285.6
15	利比亚	22068.8	18630.8
16	德国	20966.4	21192.7
17	智利	20876.3	16507.3
18	加纳	19427.3	16345.9
19	以色列	19076.5	14301.3
20	肯尼亚	18533.3	23579.8

（2）小商品的利润空间被恶性挤压

在复杂的国内外经济形势的影响下，以价格取胜的义乌小商品的营销策略，促使义乌出口利润不断降低，导致在商贸交易中商家易受到买家议价的影响，而对交易的控制权和主动权不够。据相关报道，企业在义乌市场批发销售的 1 元人民币商品，在美国休斯敦好运街批发价能达到 1 美元，而中间利润全被海外采购商赚走。而来自金华海关的一组统计数据显示，2012 年，义乌玩具累计出口额同比增长 65%，但玩具出口单价同比却下降了 21%，企业赢利空间大幅压缩。此外，浙江饰品行业协会副会长梅建孟坦言："利润难题，实际是长期以来义乌企业过于依赖贴牌生产、订单贸易的结果，产品附加值长期难以得到有效提升。"

此外，由于生产成本的上升、国内外宏观经济形势的影响，导致小商品的利润空间进一步压缩，以玩具企业为例，往年玩具的毛利率维持在 7% ～ 10%，而 2012 年仅有 5% ～ 8%，最低约 3% 左右。可见，义乌小商品贸易面临巨大瓶颈。

（3）义乌小商品市场缺少话语权和控制力

由于义乌市场采取"低利润、批量模仿"销售模式，同时市场外向度高达 60%，导致义乌商贸容易受到外部经济形势变化的影响，在交易过程中对小商品市场的控制力不足。突出表现在 2008 年国际金融危机以及 2010 年电子商务对实体商贸带来巨大冲击，造成义乌外贸出口比重大幅降低、商贸对城市经济的带动作用开始减弱。从 2008—2012 年五年间，义乌小商品外贸占总出口额的比重下降 5 个百分点，同时义乌小商品成交额增长率出现下滑，近年来义乌小商品城的成交额增长速度明显低于 GDP 的增长速度。随着外部经济形势变化加剧，市场作为义乌城市发展的唯一动力也受到质疑，政府和民间开始寻找城市发展的其他动力。

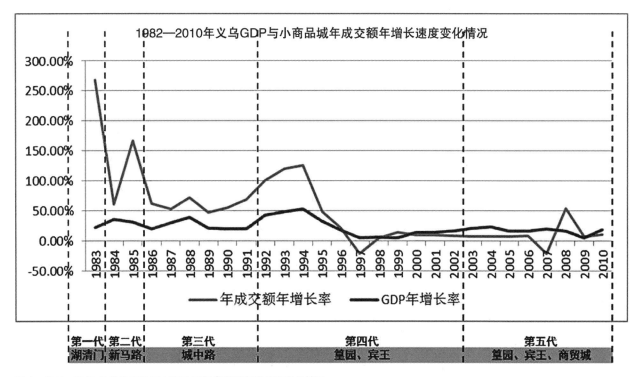

图1　1982—2010 年义乌 GDP 与小商品城年成交额增长率变化情况

三、义乌商贸发展的方向与目标

（1）国际经验：加强商贸的管理和控制能力

① 芝加哥经验：从专业型城市向控制型城市转变

芝加哥是美国仅次于纽约市和洛杉矶的国际化大都市，美国第三大城市。芝加哥是全球最重要的一个金融中心，是美国第二大商业中心区，也是美国最大的期货市场，被评为美国发展最均衡的经济体。芝加哥从 19 世纪美国的谷物集散地发展成为全美最大的期货市场，主要依赖于其作为全球城市对金融资本的强大掌控能力和对跨国公司的强大集聚能力，使其成为具有全球经济掌控者和市场价格的发现者。

一是金融资本的掌控能力。随着国家间金融管制的不断放松，投资自由化成为可能，资金不断地流向后工业化场所。大型跨国银行、证券交易所、保险公司等金融机构不断地集聚在全球城市中。大量金融资本流向了具有全球经济控制功能的城市，使其成为全球金融中心，芝加哥就是一个具有经济控制力的全球城市，成为全美最大的期货市场[1]，实现了其从农贸市场向价格发现者的功能提升，从传统商贸向控制力转变。

二是跨国公司的强大集聚能力。美国经济的高度全球化是世界跨国公司总部集聚在美国大都市的重要条件。1998 年芝加哥拥有 35 家世界 500 强企业，仅次于纽约排名第二，占世界 500 强企业总部数量的 7%，这种优势是其他城市无法比拟的。跨国公司利用现代化交通和通讯等便利条件可以在全球各地设立分公司和工厂，与此同时也减少了经济壁垒和优化了资源配置，加快了全球经济一体化进程，对全球经济起到了掌控作用。自 20 世纪 80 年代以来，跨国公司子公司的销售额超过了直接出口，1998 年此类销售为 11 万亿美元，而直接出口仅为 7 万亿美元。许多国家间的贸易往来是在跨国公司内部完成的。跨国公司内部贸易占全球贸易的 1/3，通过跨国公司内部非股权安排进行的贸易也占了 1/3，使企业内部贸易占全球贸易的 60%。跨国公司的存在弱化了国家间的经济界限，由于跨国公司的产品管理、研发和销售等各个环节都是坐落在全球城市或全球城市周边地区，无疑加强了该城市在全球经济中的作用。跨国公司中具有控制和管理公司经济的总部不断地集聚在全球城市之中，增强了全球城市掌控全球经济的作用。

② 香港经验：全球供应链管理枢纽

香港这个贸易商埠在 20 世纪 50 年代进入工业化的第一次经济转型后，80 年代制造业开始在本土退出历史舞台，香港经历了"前店后厂"依赖珠三角制造业加香港转口的第二次转型。然而现在，香港已经悄悄地进入了第三次转型：重新回到了一个国际市场掮客的角色，在覆盖更大的产地（超越目前占港商离岸贸易 60% 的珠三角，进入全国和亚洲第三世界地区）的同时，在本土提供更全面的全球供应链管理，完成全球销售链需要的多种服务。

1　19 世纪初期，芝加哥是美国最大的谷物集散地，随着谷物交易的不断集中和远期交易方式的发展，1848 年由 82 位谷物交易商发起组建了芝加哥期货交易所，该交易所成立后，对交易规则不断加以完善，于 1865 年用标准的期货合约取代了远期合同，并实行了保证金制度。芝加哥期货交易所除厂提供玉米，大豆、小麦等农产品期货交易外，还为中、长期美国政府债券、股票指数、市政债券指数、黄金和白银等商品提供期货交易市场，并提供农产品、金融及金属的期权交易。芝加哥期货交易所的玉米、大豆、小麦等品种的期货价格，不仅成为美国农业生产、加上的重要参考价格，而且成为国际农产品贸易中的权威价格。芝加哥期货市场还让全球的投机者通过解释及利用经济资料、新闻和其他信息来确定交易价格及是否以投资者身份进入市场。投机者填补套种期保值者买卖价的缺口，因此使市场具有更高的流通性及成本效率。各种市场参与者均具有不同意见及接触不同市场信息，市场参与者的交易导致价格发现及提供基准价格。

香港贸发局研究显示，"自 2006 年起，每年的离岸贸易货值都高于转口货值。2011 年，离岸贸易货值估计达 4.5 万亿港元，相当于同期香港转口贸易货值的 1.4 倍。事实上，由 2002 年至 2011 年，离岸贸易货值增加了逾 200%，远高于同期香港转口货值的 130% 增幅。"

2012 年香港贸发局问卷调查显示，未来三年（2013—2015 年）不少企业会扩张，但主要不是在珠三角，而是广东其他地区、其他内地省份以及东南亚，特别是越南等比珠三角劳动力便宜近倍的地方。但大多数企业都会在香港聘用更多的人手，以处理因为境外离岸贸易和生产带来的各种高端服务需求。香港仅贸易行业有 50 万人就业，这些职位越来越多地与离岸贸易相关。

这类的经济活动最终从两个渠道实质性地影响着香港经济。第一个渠道就是"子企业"返回给香港本土"母企业"的利润回报。第二个渠道是这些子企业为母企业在管理、金融服务、产品设计、外销网络、物流等等诸方面带来的供应链效应。这些经济活动还将越来越多出现在香港，它们恰恰是这些全球供应链的增值高端，即所谓微笑曲线的两头。在境内，靠强大的金融业、优良的对外交通运输基础设施、便宜兼自由的电子信息系统和令人信赖的法治环境为基础；在境外，靠市场力量，不断扩充和转移着其庞大的贸易网络，将产地与市场链接起来；境内的环境与境外的市场一起促成了本土作为区域甚至全球供应链管理枢纽的定位。这就是香港这个新型亚洲贸易中心的本质。

（2）义乌商贸转型的发展目标

义乌要在全球贸易竞争中处于优势地位，必须学习在由专业型城市向控制型城市转变的经验，成为全球小商品供应链的管理者。义乌要借助过去三十多年小商品贸易积累的大量市场情报、销售信息、全球客户网络和国内生产商户信息，在增强和积累营运管理的经验和能力上，建立全球范围内的高效及高灵敏度的小商品供应链，摆脱目前的"供应商管理"方式，真正掌握贸易链条的高附加值区段，成为全球小商品市场价格的发现者、供应链管理者和市场规则设计者，真正获得小商品贸易的掌控能力，打造"全球小商品贸易中心"。

（3）义乌商贸转型的功能支撑

支撑"全球小商品贸易中心"的建设，义乌需要对既有商贸功能进行全面的转型升级，重点完善与拓展五大核心能力，提升其在全球贸易领域的控制力和话语权。

① 实施基于云智造的"国际营运商"计划，做强信息管理功能

义乌应立足于长期处于转型升级阶段这个最大实际，持续构筑引领经济竞争合作的新优势。根据产业专题规划，义乌应实施基于云智造的"国际营运商"计划，打造未来型"全球小商品贸易中心"。

"国际营运商计划"意味着，将义乌建设成为统筹国内、国际市场；统筹在岸、离岸业务；统筹贸易、物流和结算功能的国际枢纽。而这种功能的背后，实际上是信息功能的提升，形成以信息引领的商贸模式，打造贸易信息管控平台，包括设计信息、文化信息、产品信息、制造商信息、价格信息、金融信息、信息发布、国际论坛等。

② 实体虚拟并重，积极培育电子商务市场

就市场而言，今后将向网络市场与实体市场共融共生的方向发展。实体市场需要加强定价平台、配送平台建设，加强总部服务、金融服务、商务服务等服务体系建设，发展生产销售指导、信息反馈、业务培训等职能，营造良好便捷的交易环境；电子商务市场需要依托一定的电子商

务平台，开展订单集合大规模交易，建立批发商主导型供应链管理，从卖商品向卖信息和卖商品并重转型，从无线城市建设、电子商务平台建设等多方面加强电子商务的发展。

此外，义乌要积极促进虚拟市场与实体市场之间的共融，需要从六个方面加强电子商务平台培育：一是加强义乌通信网络等信息基础设施建设，加强无线城市的建设，建设物联网体系，为电子商务发展提供良好的城市氛围；二是积极引入相关中介、信息服务机构，建设顺畅的物流仓储网络，为网商的进一步集聚打好基础；三是积极发展电子商务平台、数字交易市场等虚拟市场，运用第三代移动通信和物联网技术，打造一个第三方电子商务服务平台，如加快义乌购等平台建设，进一步完善义乌购平台功能，加快 B2R 项目建设，拓展布点城市，增加大型智能仓储基地和网络；四是建设数字交易市场，发展云计算中心小商品市场的海量数据中心，为"无形市场"和"有形市场"的融合提供技术保障；五是加强体制机制建设，制定电子商务规则与标准，提供多样化选择，加快小商品编码中心建设和应用，建立小商品质量安全可追溯体系，展示和市场流行趋势发布平台；六是通过金融财税等政策引导手段，积极促进现有商铺向虚拟市场发展，推动虚拟市场的规模化发展，加快"义支付"平台建设，争取获批第三方支付牌照。

③ 借势义乌金融改革试点，完善商贸金融功能

义乌是国际贸易综合改革试点城市，金融改革是贸易综合改革的重点任务。义乌需要借助这次改革机遇，重点建设三大方面，打造区域性的商贸金融中心：

一是，发展区域性中小企业金融服务中心，通过简化融资程序（审批权限下放）、拓宽融资渠道（小额贷款、债券、金融仓储）、创新融资产品（结合融资特点提供产品）、提供金融咨询等服务，有效支撑区域内中小企业的发展；

二是，发展区域性货币兑换和跨境贸易人民币结算中心。由于义乌汇集了世界各地的采购商资源，跨境贸易十分频繁，推动跨境贸易人民币结算能够有效保护本国生产者的利益，避免国际形势变化带来的额外风险。

三是，完善信用担保体系建设。包括建立金融业统一征信平台、完善企业和个人信用信息系统、建立境外采购商信用档案、探索建立义乌非居民个人交易数据库、推广出口信用保险等业务，保障义乌市场贸易的资金安全。

④ 以新丝路战略支点为契机，拓展国际商务、国际交流等功能

顺应国家新丝绸之路发展战略，同时凭借义乌在全球贸易网络的优势和发达的商品市场体系，义乌要在东部沿海打造新丝绸之路战略支撑点。重点加强三方面的工作：一是积极推动和争取国家在义乌先行探索"协定贸易方式"，通过与"新丝绸之路"沿线国家和地区签订双边或区域贸易协定，破解经贸往来中体制机制、道路运输、信息共享等方面存在的难题；二是积极推进与"新丝绸之路"沿线主要城市，尤其是轻工业较为薄弱的中亚国家城市的贸易往来，加强在专业市场规划、投资、建设、运营、管理等方面的交流，增强相互之间在商品销售、产业协作、要素供给等领域的全方位合作；三是根据我国推动与"新丝绸之路"沿线国家和地区实现本币互换和结算的战略构想，以"义乌试点"金融专项改革为切入点，大力推进与中亚、西亚、中东、东南亚等国家和地区的人民币跨境业务。

在功能上，义乌要进一步完善国际商务、论坛等功能建设，提升国际影响力，通过举办国际商务商贸交流活动，拓展国际商务功能，打造经贸区、东盟合作区、国际文化中心、商贸博

览等功能性设施；举办国际论坛："义乌－新丝路－自贸带"论坛、"义乌－东盟"经济合作论坛等系列商贸论坛，提升义乌的国际影响力。

⑤ 突破小商品制造瓶颈，搭建小商品研发创意平台

义乌现有产业基础均是以小商品制造为主，包括饰品、无缝织造、工艺品、服装、拉链、袜业、印刷包装、玩具、化妆品、纺织业、圣诞用品等。这种制造业很大程度上缺少设计附加值，多是由外商将国外新款的产品带到国内进行仿制而成。客观上造成了义乌产品附加值低，品牌意识弱，将利润让给了国外经销商。

目前义乌开始重视品牌的建设和研发能力的提升。在巩固行业原有优势的基础上，拓展价值增值空间。一是提高企业的新产品开发能力，由生产低档产品向生产高档产品转型；二是投入新设备，采用新材料，提高企业的制造水平；三是加强企业管理，进一步推进企业内部管理的信息化，提高管理效率和精确化水平；四是价值链提升，从"微笑曲线"的制造环节向两端的研发设计、品牌以及渠道和服务等环节移动；五是不断加强商业模式创新，优化供应链管理，依靠整条供应链的低成本、高效率、快反应获得竞争优势。

未来义乌更应着力于搭建小商品创意设计平台，实现从模仿到创造的转变，建设工艺创意基地。而这一平台的建设，有赖于引入国内外知名的工业设计大学或分支机构，培养属于义乌本地的工业创意设计人才；引入小商品研发中心，通过高层次人才的引入，分析国内外的小商品市场发展形势、加强小商品创意设计研发，提升义乌本地小商品生产的技术含量和产品附加值，实现从低端加工向高端制造的转变。

四、义乌商贸转型的空间承载

（1）在区域中重构支撑义乌商贸转型的新格局

义乌市场的发展不仅促动城市职能的提升，同时也带动周边城市的共同发展。根据 2005 年市场调查显示，义乌市场 50% 以上的商品来自浙江省内。以小商品市场为契机，义乌逐步承担起省内以商贸为特色经济的发展串联平台的作用，为永康的五金制品、东阳的磁性材料、磐安的塑料制品、武义的文旅休闲用品、浦江的水晶和挂锁以及兰溪的天然药物等特色产品提供展示、销售的平台，形成了著名的"义乌商圈"。此外，随着义乌城市能级的提升，其对比邻的金华市本级、东阳市和浦江县地区的功能辐射和空间发展作用更为显著。例如，金华在东侧临近义乌西南部谋划布局金义新区，旨在打造为高新产业集聚、金融商务繁荣、科教文卫发达、生态环境优美的国际化现代城区；东阳则在对接义乌的西侧城区积极培育商贸市场、建设高档住宅、发展小商品加工业，主动接受义乌辐射、承接义乌产业和人的转移；浦江则跳出现状城区，在最靠近义乌的黄宅、郑宅拓展城市新空间，建设承接市场配套产业的生产基地。

从区域格局分析，义乌对区域的辐射作用也受益于其优越的区位条件。义乌地处浙江之心的独特区位、位于省域内杭州—金华、宁波—金华两条发展带的交汇点，并且位于"Y"形市场经济[2]流向的上游和交汇处，这也促使义乌在浙江省域地位的不断提升，奠定了义乌在浙中城市

2　"Y"形市场经济流线：一个方向是对接上海、杭州，另一方向是与宁波的物流联系。现状义乌空运出口货物每年有 10 多万吨，约占全国空运出口货物量的 4%，主要经上海浦东、杭州萧山出口。义乌已经与宁波签订无水港合作协议，义乌小商品每年通过宁波、上海水路运销往世界各地的数量有 70 多万标箱；2008 年义乌小商品出口集装箱首次突破 50 万标箱，其中 80% 通过宁波口岸出口运至世界各地，平均每天发至宁波港的运货卡车 500 辆左右。

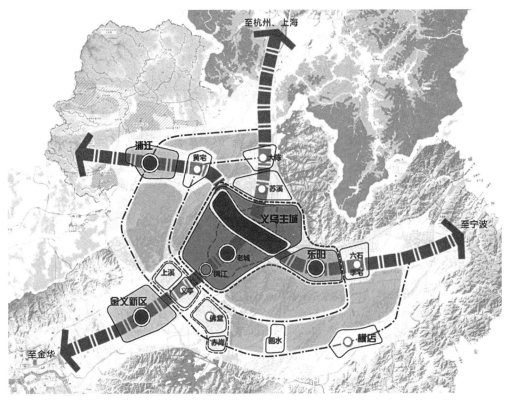

图2 义乌-东阳-浦江-金义协调区空间格局

群和浦—义—东地区的核心地位。因此，义乌应该在区域层面去构建支撑商贸转型升级的格局，特别是在义乌—东阳—浦江—金义的协调区内完善"双轴开放、圈层支撑"的区域分工格局。

①双轴开放——区域对接的主要发展廊道

依托浙中城市群层面梳理的Y轴格局构建面向区域的开放廊道，延续并完善金—义城市发展轴和浦—义—东区域功能提升轴，打通区域经济两大通道，并且加强与周边地区的对接与联系。其中，金—义城市发展轴是金华—义乌—杭州/上海之间的经济联系通道，也是义乌与金华之间联系的重要功能轴；浦—义—东区域功能提升轴，打通宁波方向的经济通道，并加强义乌与东阳、浦江的对接与联系，沿线完善小商品贸易、商贸商务等核心功能外，合理布局小商品制造、商贸物流等功能，是小商品生产、交易、流通的功能，是支撑义乌商贸发展的功能带。

②圈层支撑——区域协同分工的三大功能圈层

依据区域经济流向分析，形成以义乌主城为核心的三圈层拓展的区域新格局。其中，核心圈层是以义乌主城为主体，重新组织面向区域的服务与贸易功能。在已有商贸、会展的基础上，完善金融商务、现代物流等商贸相关功能，优化各类功能空间布局，支撑商贸的转型升级。此外，随着高铁站的建设，空铁联运将进一步提升义乌作为区域核心的地位，需要完善面向区域的生活服务和生产服务功能，提高服务品质；支撑圈层是核心圈层外围，依托城镇的产业特色。重点是依托现状产业基础建设小商品制造产业园，支撑商贸的生产配套环节。主要包括苏溪利用省级高新园政策，引导技术升级，建设小商品制造示范基地。浦江黄宅、郑宅形成以五金制锁、水晶工艺品、饰品、建材、食品加工为主的小商品生产基地。东阳江北、白云街道进一步完善专业市场、小商品加工。此外，培育先进制造、新经济产业园，支撑城市转型升级；拓展圈层包括浦江、东阳主城区、金义新区，积极促进资源共享和生态共建，加强一体化的道路网络建设，推动同城发展。

（2）建设丝路新区，支撑全球小商品贸易中心的战略目标

基于对义乌商贸发展目标和功能解析，在区域格局建构的基础上，核心圈层（即义乌中心城区）进行空间优化，明确"一核三区"的空间布局，完善义乌老城为主的核心城区，建设丝路新区、科创新区和陆港新区三大战略功能区，支撑商贸的转型升级。重点是建设丝路新区，进一步完善商贸转型的核心功能。

在丝路新区的选址上，首先要有效整合和积极联动现有的商贸空间的发展，主要包括以国际商贸城为核心的市场区、江东会展和博览中心，发挥既有功能运行效益的最大化。同时在毗邻既有空间的周边寻求未来拓展的充足腹地，因此在对现状土地利用情况的梳理基础上，建议将国际商贸城东部大片的未开发地区作为全球小商品贸易中心建设的主要拓展区，纳入到丝路新区的统筹范畴。丝路新区的四至范围大致为西至西城北路、南至宗泽路和甬金高速、北侧和东侧至疏港高速。

在空间布局上，义乌江北岸做为未来核心发展区域，在现状国际商贸城、在建金融商务区的基础上，进一步完善国际商务、商贸信息管理平台、国际交流论坛等功能的建设，既是商贸核心功能的承载地区，也是展现义乌形象特色、国际城市魅力的重要展示区；其北侧是主要的生活空间，重点发展国际社区，形成多元文化、多元风格相互融合的特质生活区；义乌江南岸则在现状会展博览等公共文化功能建设基础上，进一步加强义乌国际文化中心的建设，为商贸的转型升级注入多元的支撑动力，也是义乌商贸对接国际的重要窗口。此外，加强对丝路新区内部本底资源的保护和积极利用，通过优化环境的塑造，吸引人和企业进驻，建设一个集聚商流、信息流、资金流、人流的全国商贸示范区，也是一个贸易便利、文化交融、环境优美、生活舒适的全球商贸圣地。

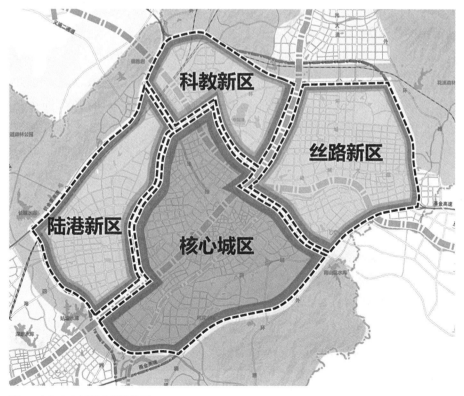

图 3　义乌中心城区空间结构图

挖掘文化"富矿" 打造文化强市

刘峻：义乌市政协副主席

党的十七届六中全会作出了"关于深化文化体制改革、推动社会主义文化大发展大繁荣若干重大问题的决定"，吹响了建设社会主义文化强国的号角，党的十八大对进一步加强文化建设提出了明确要求，这给我们加快建设文化强市指明了方向。近年来，我市的文化建设意识逐渐增强，步伐逐渐加快，成果不少，成效渐显，但要成为文化强市，还有大量的工作需要我们去做。义乌的市场早已名满天下，义乌的商品已然走遍全球，但义乌的历史和现实并不为外界所全面了解。义乌的文化还没有成为一张响当当的品牌，以至于前些年有的媒体记者想当然的把义乌称作"暴发户"，认为义乌是"文化沙漠"，言语中颇有些不屑，无形中使义乌的城市形象大打折扣。这种状况将会影响各类优质资源和人才在义乌的进一步集聚，成为义乌转型发展和持续发展的不利因素。因此，当务之急，就是要着力展示义乌丰富的文化资源，大力推进文化强市建设，摆脱文化弱势的形象。

一、博大精深的义乌文化

义乌可资挖掘的文化"富矿"主要包含"六大元素"。

（一）历史悠久的"元老之县"

最近发掘的城西街道桥头遗址表明，早在1万年前左右的新石器时期，义乌地区已有人类活动。春秋战国时，这里属越国的一部分，大陈镇的勾乘山曾是越王勾践和名臣范蠡卧薪尝胆之地。秦王政二十五年（公元前222年）秦始皇统一中国后实行郡县制，义乌即以"乌伤"之名成为中国历史上第一批建制县，辖区包括今婺城、金东、兰溪、义乌、永康5个县（市、区）的全部和东阳、磐安、武义、浦江4个市县的大部和仙居、缙云的一小部分。当时，在如今整个浙江范围内，总共只设了钱塘、余杭、山阴、余姚、诸暨、乌伤等15个县，义乌可谓名副其实的"元老县"。义乌不仅历史悠久，而且文化遗存非常丰富。在第三次全国文物普查中，我市共登录文物点1659处，其中复查325处，新发现1334处，新发现的文物点中有古遗址25处、古墓葬10处、古建筑973处、近现代重要史迹326处。义乌文物类型之丰富，古建筑数量之多，建筑艺术特别是木雕、砖雕、石雕之精美，曾受到罗哲文先生等国家级文保权威和联合国有关专家的高度评价和赞赏。佛堂镇于2007年被建设部和国家文物局审定为国家级历史文化名镇，在金华地区尚属唯一，这块牌匾"含金量"相当高。

（二）名流众多的"人杰之地"

义乌的名人众多，主要有"六宗二仙三杰十名人一群体"。

"六宗"为：商宗范蠡，孝宗颜乌，禅宗傅大士，文宗骆宾王，兵宗宗泽，医宗朱丹溪；

"二仙"为：黄大仙黄初平，葛仙葛洪；

"三杰"为：《共产党宣言》的中文首译者、杰出的教育家陈望道，我党早期的文化战线领导人、杰出的诗人、作家和文艺理论家冯雪峰，杰出的历史学家吴晗。

"十名人"为：骆统、惠约、徐侨、黄溍、金涓、王袆、吴百朋、倪人吉、朱之锡、朱一新。

"一群体"为："戚家军"义乌兵群体。

可谓群星璀璨，星光熠熠。他们在国内的知名度都比较高，有的还具有国际影响力。他们共同缔造了义乌的"商祖文化"、"孝义文化"、"三国文化"、"居士文化"、"忠义文化"、"兵样文化"、"信义文化"、"理学文化"、"滋阴文化"、"货郎文化"、"禅商文化"、"红色文化"等，为义乌改革开放后的崛起准备了丰厚的精神文化积淀。但令人遗憾的是，在义乌之外甚至包括不少新老义乌人并不知道他们都是出身于义乌或在义乌活动过的精英名流。

（三）传承深厚的"商贸之都"

义乌的商业发展，早在先秦已开始萌芽。春秋战国时代已形成集中的"市井"，义南地区也有了较为发达的农业、养蚕业和缫丝业，为义乌商贸业的发展提供了较好的货物基础。据说越王勾践和谋臣范蠡在大陈勾乘山卧薪尝胆、再图霸业的重要举措"十年生聚、十年教养"的重要依托即为义南地区。越王成功后，范蠡辞职下海经商并大获成功，成为一代商宗陶朱公，也就是所谓文财神之一。经汉至唐不断发展，入宋以后义乌商贸业上了一个比较大的台阶。到了明代，义乌全境已有大小十余个集市，万历初年，商税在官府课税中占比高达八成六七。及至清朝嘉庆年间，义乌已有集市近30个，并形成了佛堂、苏溪、廿三里3个中心镇，集市之多为金华府之冠。而佛堂、倍磊两条较大古街和廿三里、上溪、赤岸、尚阳、雅治街等几条较小古街的商贸功能则几乎一直延续至今。其中仅佛堂古街在鼎盛时期就有大小商号300多个，如今还在正常营业的古街面仍有1000余米。到了明中后期，随着"义乌兵"的出现，其返乡者更推进了这一行当的兴起。至清初期，随着种蔗制糖技术的引进，义乌鸡毛换糖的"敲糖"生意迅速发展，乾隆年间达到极盛，约有"糖担"万副，以廿三里、苏溪为中心形成大规模的"敲糖帮"，并孕育出富有特色的"拨浪鼓文化"。尤其是经过改革开放后30年来的发展，义乌更成为全球最大的小商品（或日用和消费品）批发市场，义乌市场的商品出口到世界上220个国家和地区，被中央电视台和外国学者称作"丝绸之路"新起点。可见，义乌是一个具有深厚"坐商"和"行商"传统的"商贸之都"。

（四）多元包容的"万国之窗"

义乌是国内改革开放后出现的移民城市，目前外来常住人口约是本地户籍人口的两倍。其中有少数民族50个、人口7万余人，涉及100多个国家和地区的外商1.5万人，外商驻义代表处和办事机构超过了4000家，去年办理入境的外国人超过40万人，占全省总数的一半以上。在义乌的约200万总人口中，包括了佛教、道教、伊斯兰教、基督教、天主教、印度教等世界几大主要宗教的教徒，展示出非常丰富的多元文化。新老义乌人在这块热土上和谐相处，合作创业，相互包容，其乐融融。这种图景在全国县级城市中仅见，在大城市中也只有少数可以相比。

（五）文化产业的"兴盛之处"

据统计，目前全市文化产业生产销售总值已超过1000亿元，生产经营单位1万余家，形成了以文化用品、工艺礼品、画业挂历、印刷包装、玩具花类、数码电脑、娱乐演艺、古玩收藏、购物旅游、体育会展等行业为主导的特色产业群，许多还是国家级产业基地，市场占有率名列前茅。一年一度的"文博会"、"旅博会"、"义博会"和"森博会"均为文化含量很高的国家级国际性展会，参会企业、成交额和影响力不断扩大。特别是今年"文博会"向"文交会"转型后，产生了更大的辐射力和影响力。国际商贸城旅游购物中心为国内第一个4A级购物旅游景点。市、镇（街道）两级政府和群众性文化体育节庆、比赛、展演活动一年到头红红火火、热热闹闹，给新老义乌人以巨大的精神愉悦和享受。

（六）义乌精神的"派生之源"

我总认为，创造"义乌奇迹"或曰"义乌现象"、"义乌模式"、"义乌经验"的重要"内因"和"秘诀"是"义乌精神"。自古以来，义乌民间就有"三尚"之风，即"尚文好学"、"尚武勇为"和"尚义取利"，可谓经世孕育，传承千载。及至新中国建立特别是改革开放这个重要"外因"的嵌入，两者交互作用，在义乌这块古老的土地上逐渐迸发出巨大的动能，形成了"不畏艰辛、不弃小利、灵活应变"的"鸡毛换糖精神"或"拨浪鼓精神"和"勤耕好学、刚正勇为、诚信包容"的"义乌精神"，进而创造出举国惊叹、全球瞩目的"义乌奇迹"。

上述义乌文化资源"六大元素"，既是义乌文化的"家底"和"成果"，也是今后需进一步挖掘利用的"富矿"和重新出发的"起点"。

二、深度利用挖掘义乌文化"富矿"

众多事例证明，文化不仅是创新创意的"催化剂"、转型发展的"助推剂"，也是社会稳定的"减压剂"、民众和谐的"润滑剂"，还是地方形象的"亮光剂"、城市品位的"增效剂"。而义乌打造文化强市、推动转型发展，必须重视做好充分挖掘利用文化资源这篇文章。有关工作可从以下五个方面着手：

（一）聘请形象大使，系列推介宣传

邀请各方名人充当形象大使，已成为国内外许多知名企业和城市的通常做法。义乌的形象大使，我觉得有两位义乌人责无旁贷：一位是中央电视台的义乌籍双语主持人季小军，最适宜以国际通行的英语向世界推介义乌这个"没有围墙的城市"；另一位是祖籍义乌的著名歌手王力宏，最适合以他的阳光形象展现义乌的时尚与活力。而义乌的历史文化则可请一位近年来在国学讲坛较活跃的女学者来推介，那就是北京师范大学教授于丹。这一义乌版的男女搭配式"锵锵三人行"，或分或合，以系列专题节目和广告推介义乌，可使义乌的城市文化形象在国内外各类媒体和舞台上大放异彩。此外，还可以考虑打造一个动漫效果的"白鹅宝宝"形象大使。骆宾王可以说是义乌最具知名度的历史人物。他七岁所作的《咏鹅》诗生动传神，经年流传不衰，可谓千古第一童诗。目前已被联合国教科文组织作为中国诗歌的唯一代表作品列入其文化名录（音乐类为江苏民歌《茉莉花》），同时还被纳入遍布全球的孔子学院的汉语教材。因此，以鹅的形象为载体做城市品牌推介，生动活泼，抓人眼球，容易引人关注，快速显效。此可谓"形象大使炫义乌"。

（二）申报文化名城，构建三级体系

佛堂镇申报国家级历史文化名镇成功，给了我们信心和启示。目前，佛堂、赤岸的若干保存较好的古村如倍磊、雅端正在申报省级历史文化名村，一旦批准，可立即申报国家级历史文化名村。在继续实施佛堂古镇保护工程的同时，尽快实施佛堂倍磊古街保护开发工程和赤岸雅端、尚阳、雅治街、东珠、朱店街以及江东大元等古村的历史风貌恢复工程，义乌主城区环绣湖广场地区的传统风貌充实整修工程以及异国风情区街改造扩建工程，在义乌城郊系列建设山西平遥、云南丽江、成都宽窄巷、上海新天地、丽水大港头等多种类型风格的古街巷、古镇村景点。当条件成熟时，以传统文化、多元文化和商贸文化为主题，申报义乌为国家级历史文化名城，让义乌的城市名片镀上一抹金灿灿的亮色。此可谓"申报名城耀义乌"。

（三）吸纳天下才俊，合力推动创新

从某种意义上说，我们已实现"天下客商聚义乌"，尽管其中多半是做小生意下小单的小商小贩，这已殊为不易。现在，有史以来中央政府最大的政策支持降临义乌—即被国务院正式批准实施国际贸易综合改革试点。它包含了对义乌以往努力的肯定和褒奖，也是对义乌干部群众的信赖和重视，但它何尝不是对我们发展潜力的检视和考核呢！目前，已列入国家试点中的诸多任务和我们准备转型发展的众多项目，几乎都是我们以往不太熟悉和擅长的。要想完成好试点任务，实现转型发展，义乌必须设法实现由"天下商贩聚义乌"向"天下人才聚义乌"的跃升。义乌需要的人才包罗万象，仅从与文化建设关联密切的领域看，就有景观规划、建筑设计、创意研发、工艺制作、非遗传承、宗教民俗、美术摄影、文学创作、编导演艺、旅游策划、中（西）医诊疗、养生保健、体育教练、国学讲授、艺术培训、新闻宣传、广告推介、影视开发等诸多门类。要利用各种平台特别是民营教育医疗文化平台和多种高等院校平台、采取多种形式（目前条件下更多采取柔性引进的办法）吸纳各类人才。这些领域的中外高端人才一旦汇聚义乌，将会产生无穷无尽的创新源泉，成为推动义乌转型发展的生力军。此可谓"引才创新推义乌"。

（四）建设文化中心，打造城市客厅

要吸纳天下之才汇聚义乌，一个必不可少的条件就是要营造浓郁的文化氛围和良好的休闲环境，否则不要说人才可能不愿意来，即使来了也待不长久。在这方面，我市的消费类娱乐和购物游、乡村游尽管有了一定基础，但仍需进行大力整合充实使之向文化创意、休闲旅游形态升华。尤其是要大力加强文化基础设施建设，高度重视、高端规划、高速推进国际文化中心项目，让中国商贸博物馆（义乌博物馆新馆）、大剧院、美术馆等标志性建筑早日矗立起来，成为展示义乌历史文化、商贸文化、多元文化这三大重点文化元素的高品位国际范儿城市客厅，成为义乌市民、外来游客、高端客商享受文化大餐和休闲生活的理想去处，亦成为义乌打造丝路新城、深化国贸改革、呼应国家战略的崭新平台和重要窗口。此可谓"打造客厅靓义乌"。

（五）实行政策倾斜，加大资金投入

许多地方的经验证明，文化事业和文化产业的发展，大规划、大投入可以带来大产出和大效益，巧规划、巧投入亦可带来可观的产出和效益。而对文化的投入，其效益不仅有看得见、算得出的和近期的，更有不少是潜藏的、长远的、持续性的。我们应学习借鉴各地文化强市建设的各种"高招"，尽快制定出台一系列扶持文化事业、文化产业快速发展的政策措施，将文化建设纳入岗位目标考核体系，着力打造有利于社会主义文化大发展大繁荣的机制环境，加大对文化建设和发展项目的资金投入，设立各类奖励发展专项资金或基金，如艺术创作奖励基金、创意设计奖励基金、民间艺术和非遗保护发展专项资金、体育事业和体育产业奖励和发展专项资金等，与现已设立的旅游事业发展专项资金、文物保护专项资金等一起，配套成龙，合力推动，

激发各文化部门、企业和民间团体、机构乃至个人的积极性和创造力，让各种类型、各种规模的民营文化旅游项目、文艺体育活动、民间博物馆等在义乌大地百花盛开、争奇斗艳，形成龙腾虎跃、千帆竞发、争先恐后、共同进取的崭新局面。此可谓"机制政策升义乌"。

如此一来，义乌将以崭新的形象展现在世人面前，一个国际化、充满活力的商贸特区将会真正成为义乌的新名片。

由"混合"产生的向心力

——义乌国际文化中心城市设计

丁刚强：义乌规划局副局长
赵彦超：中国建筑设计研究院

一、规划背景

（一）历史文化

义乌在福布斯发布的 2013 年度中国最富有 10 个县级市当中排名第一，是全球最大的小商品集散中心，被联合国、世界银行等国际权威机构认定为世界第一大市场。

义乌奇迹或义乌现象的出现，很大程度上根基于其文化传统。而义乌传统文化的演进和更新，则根底于"三大文化支柱"：尚文好学的学术传衍、尚武勇为的义乌兵精神、尚利进取的商业文化传统。"尚文好学"的学术传衍，主要体现在地域学术的传承上。"尚武勇为"的义乌精神，主要体现在义乌子弟为保家卫国而敢于赴难的大无畏气概。"尚利进取"的商业文化传统，主要体现的是植根于民间以鸡毛换糖为特色的经商行为，或称之为行担经济，以及由此而孕育出的"拨浪鼓文化"。

从某种意义上来说，三者的彼此良性互动，成为义乌文化生命力的不竭源泉和强大动力。特别是在植根于事功学派、浙东学派、理学观念、宗族文化之上颇富包容性的商业文化传统的陶铸下，义乌文化得以焕发出历久不衰的生命活力。

图 1　义乌是全球最大的小商品集散中心

（二）规划发展

国务院日前正式批准实施《长江三角洲地区区域规划》，这是贯彻落实《国务院关于进一步推进长江三角洲地区改革开放和经济社会发展的指导意见》、进一步提升长江三角洲地区整体实力和国际竞争力的重大决策部署、深入实施区域发展总体战略、促进全国经济平稳较快发展的又一重要举措。

浙江省城镇体系规划（2011—2020 年）中确定了三大城市群和四大都市区，浙中城市群和金华—义乌都市区成为带动全省率先发展、转型发展的重要地区，也是全省加快创新体系、文化服务体系和综合交通枢纽建设的重点地区。

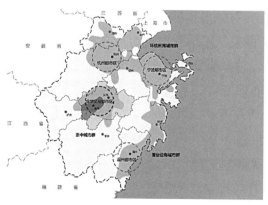

图 2　浙江省三大城市群和四大都市区

2011 年，浙中城市群规划获批，通过形成浙江中部宜居宜游城市群、优质生活圈，建成"浙江省参与长三角区域竞合的载体之一"。浙中城市群将形成"一主一次"发展轴，金义主轴线是未来城市群最重要的发展轴线，并形成联结兰溪—金华—武义—永康—磐安—东阳—义乌—浦江的发展次轴线。金华—义乌都市区作为浙中城市群的核心区域和主中心城市成为区域面向世界发展的主引擎。

义乌总体发展战略中提出引领义乌从单一、低层次的国际化向全方位、高层次的国际化迈进；从小低散的传统小商品贸易向高端、现代的国际贸易迈进；从在国际上综合影响力一般的城市向具有较高知名度、美誉度的国际城市迈进。

在义乌市"一带二群三中心"的城市中心与市场群结构当中，国际文化中心用地位于沿义乌江城市中心与市场群综合功能带上；承担国际小商品会展、交易、信息、功能设施群当中的重要功能；是依托国际小商品城的信息、会展、金融、贸易中心的核心公共空间和文化服务设施。

作为城市中心区的组成部分，用地毗邻国际商贸城，位于义乌江南岸，与金融商务区隔江相望，义乌国际文化中心成为推进城市发展战略，融入长三角、浙中城市群等区域城市群发展的重要支撑；成为体现城市形象的标志性区域和城市公共生活的焦点；成为城市新区建设开发的重要动力之一。

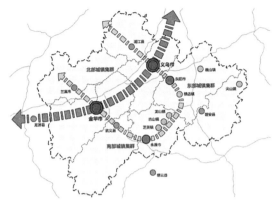

图 3　浙中城市群"一主一次"发展轴

图 4　义乌市"一带两群三中心"

二、场地解读

（一）周边环境

随着图书档案馆、国际博览中心、广电中心、现代城高级居住区等项目的实施，公共文化设施的建设需求日益凸显；原中心区城市设计方案所锚固的空间结构、空间主轴线日渐形成；为进一步完善城市中心的文化功能，提高中心区的城市公共生活质量，义乌国际文化中心的发展建设成为当务之急。

规划方案需考虑应对的周边建筑肌理较为多样：金融商贸中心、商务办公区建筑和现代城住区形成行列式较规整的高层建筑群肌理；展览中心与商贸城等大体量建筑则形成曲线型的大体量公共建筑肌理。

规划方案需考虑的重要视线廊道和空间轴线也是多方向的：基地到福田中心公园的绿化通廊和空间主轴、文化中心与老城中心的视线通廊以及文化中心沿规划道路的空间轴线。规划方案需考虑与地标建筑的对景：义乌江北福田路与城北路口处 50 层五星级酒店和国际博览中心西侧 25 层商务酒店。

（二）现状分析

义乌国际文化中心用地正位于中心区南端，西北为义乌江畔，东临商博路，西接宗泽东路和规划二号路。项目总用地面积约 82.8 公顷，研究范围包括用地周边约 3～5 平方公里城市建设用地。

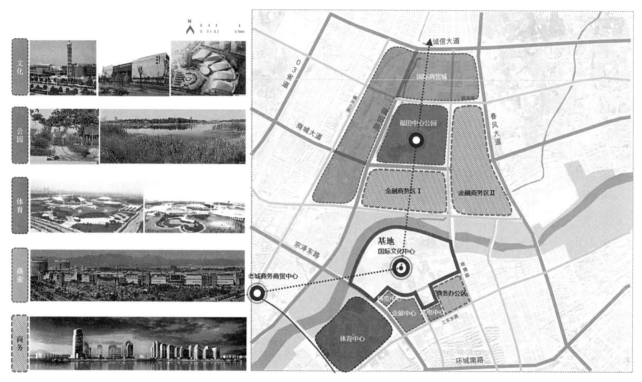

图 5　基地周边的城市区域和空间轴线

项目主要功能以文化公共服务设施为主，结合商业服务、休闲、娱乐等配套服务功能。《义乌市中心区城市设计深化调整》已对项目基地作出相关功能、开发强度、交通系统等方面的设计指引，本次城市设计以此相关内容为参考，作为深化设计的前提条件。

规划方案需考虑主要东西两侧来向的交通人流：基地距机场约 13 公里（约 23 分钟车程）、距火车站 12 公里（约 20 分钟车程），老城中心区位于基地西侧，进入现状国际文化中心地块的人流来向主要集中在场地西侧；北侧城市新区经过建设发展后，将有大量居民和北侧国际商贸城、基地周边居民人流集中由场地东侧跨义乌江进入基地、同时轨道交通线经过场地东南边缘，基地东侧成为未来人流进入基地的主要来向。

规划范围内用地较为平坦，无现状建筑，除耕地外，为前期施工形成的路基等。

三、核心理念

（一）城市文化中心发展趋势

文化建筑一直是城市中重要的公共建筑，随着城市发展的深入与城市生活的变化，在城市中出现文化建筑成群组进行建设的情况，形成城市文化中心。"城市文化中心一般以大型或重要的文化设施为主构成，可包括剧院、展览馆、美术馆、博物馆、纪念性建筑等。随着物质文化生活水平的提高，文化中心的内容将越来越丰富。"大约从20世纪90年代至今，我国城市文化中心进入到一个快速发展的时期，不少城市进行了城市文化中心的建设，一城市文化中心由于本身在城市中的重要地位以及与城市公共文化生活的特殊关系，其建设现状与情况具有一些特点。

为进一步明确文化中心的空间特征和功能布局，有针对性选取了国内外不同类型的文化中心进行对比研究，包括：名古屋的爱知艺术文化中心、香港文化中心、洛杉矶盖蒂中心、昆山文化艺术中心、沈阳文化艺术中心、苏州科技文化艺术中心、河南艺术中心、天津文化中心。并对其各项指标和功能布局进行了对比分析：

项目名称	建筑面积	所在城市	建成区面积	所在城市人口	功能
盖蒂中心	9.3 万 m²	洛杉矶	1200 km²	369 万人	博物馆、美术馆、餐厅、咖啡厅、历史研究所、图使馆
爱知艺术文化中心	10.9 万 m²	名古屋	326 km²	227 万人	剧场、音乐厅、美术馆、艺术图书馆、影像资料厅、会议室
香港文化中心	6 万 m²	香港	165 km²	713 万人	音乐厅、大剧院、剧场、展览馆
天津文化中心	100 万 m²	天津	371 km²	420 万人	大剧院、博物馆、美术馆、图书馆、银河购物中心、阳光乐园
苏州文化艺术中心	40 万 m²	苏州	436 km²	408 万人	展览厅、大剧院、电影城、餐厅
昆山文化艺术中心	7 万 m²（一期）	昆山	77 km²	80 万人	大剧院、会议中心、影视中心、城市展览馆
河南艺术中心	32 万 m²	郑州	373 km²	450 万人	大剧院、美术馆、音乐厅、艺术馆、小剧场
沈阳文化艺术中心	9 万 m²	沈阳	399 km²	472 万人	音乐厅、美术馆、综合剧场

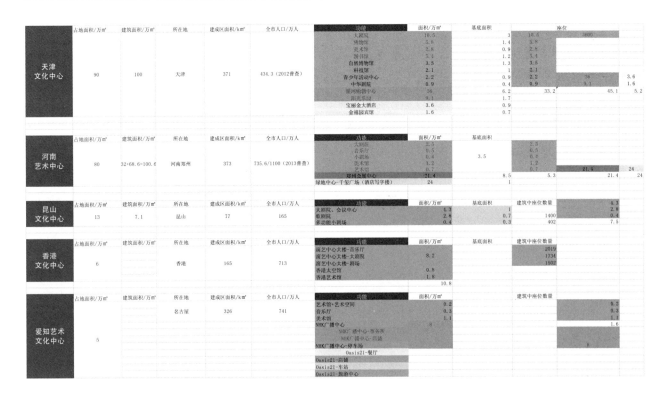

（1）功能多样化、功能混合

城市文化中心中常见的文化设施为剧院、展览馆、博物馆、美术馆、纪念性建筑等，而由于城市的发展，城市文化中心中除了传统类型的文化设施外，还出现了一些新功能类型的文化设施，如城市规划展览馆、少年宫、电影城等。

另一方面，一些文化设施随着社会和文化的发展，逐渐转变了原来的功能特点，扩展了新的功能与目标。如美术馆、博物馆、剧院等传统类型的文化设施，其展示的主题所涵盖的内容与类型越来越丰富。除了传统常见的艺术、历史人文等，新的主题类型包括数码、媒体艺术等。文化设施的主体功能发展有两个方向，一是向综合化多元化发展，强调对各种不同类型的艺术文化的适应性与可变性，一馆多用，满足公众的多种需求，如满足不同演出类型的剧院、综合性的博物馆等。另一方面，有些文化设施特别是展览类设施，其专业性与针对性更为加强，专门针对某一类人群或某一类专项的展览主题，如专门针对儿童的儿童博物馆，专门进行某一类型展览的海事博物馆、邮政博物馆等，满足公众对文化艺术活动更为细致深入的需求。

随着文化中心片区用地范围的日益增长，很自然地，文化功能范畴之外的功能多元化特点也日趋明显。由分析数据可见，选取的文化中心案例中，商业娱乐、旅游餐饮等非文化功能的建筑面积有时远远大于文化功能。

（2）公共空间尺度更加人性化，注重"场所"的形成

作为城市重要的公共活动区域，文化中心常结合城市公共开放空间建设，并采用水体、绿化、广场等景观要素提升开放空间的品质。一段时间内一些城市出于对"形象"和"气势"的追求，或者对人流量的错误估计，建成了大而不当的公共开放空间，文化中心区域也难免出现这样的现象。而当今城市公共尺度应更加人性化的理念已为大众所认可，更多城市建设工作注重城市公共空间当中形成"场所"，体现以人为本的原则。通过与国内外文化中心或城市中心公共开放空间尺度的综合比较，义乌国际文化中心的用地面积、公共开放空间尺度明显偏大，如何通过功能的合理设置聚集人气，形成极具活力的城市场所空间，成为规划设计必须要面对的重大挑战。

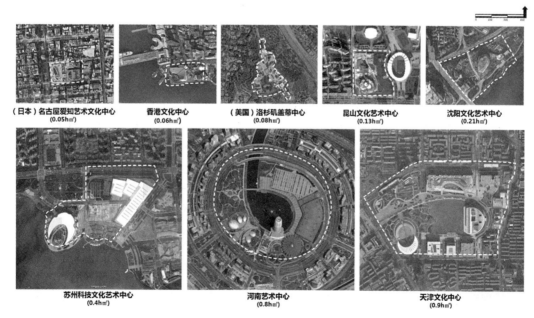

图6　文化中心案例空间尺度对比

在城市空间尺度之外，现代文化中心提倡通过城市景观化和文化市民化形成"场所感"。通过精心的景观布局和环境设计、建筑与景观的融合、场地与景观的融合、文化与景观的融合，实现一个城市中心区域的景观化，为城市提供一个具有文化氛围的绿色中心。在传统文化中心注重高雅艺术的基础上，现代文化中心更加注重丰富市民的文化生活，为核心文化功能周边衍生更多自发的市民活动提供空间场所。

（二）规划理念

以凝聚活力为主要目标，真正实现义乌国际文化中心成为一个统领周边地块的城市空间地标、一个以文化为主题的城市生活焦点，规划提出"包容、欢快、生态"三位一体的核心理念

（1）包容

多元包容、汇聚世界集中体现了义乌作为国际商贸中心的核心文化精神，而由于基地周边相继建成的城市片区从功能上特征明显各不相同，从城市肌理和建筑形态上又是各具特色，一个包容和统领的核心又成为国际文化中心地块在城市发展中应当扮演的角色，在空间上统领和包容周边已经形成的城市片区的同时，文化中心又要吸引和包容从来自世界各地到来自周边社区的不同背景、不同年龄、不同需求的使用者。

（2）欢快

一个城市中心对于城市的凝聚力和吸引力在于它的活力，而一个城市区域的活力则来源于建筑功能的多样、人与人的互动所形成的城市场所空间。通过提高建筑与场所空间的趣味性、特异性和多种使用功能的兼容性，吸引市民和游客的到访，提供不同的活动发生在同一个空间的可能性，进而充分激发不同人群和文化之间的自发交流，国际文化中心将真正成为一个欢快向上、充满活力的城市中心区域。

（3）生态

紧邻母亲河义乌江的国际文化中心，更应该注重对河流水系的保护。在国家"五位一体"总体布局下，一个新的文化中心作为城市生活的焦点，必须顺应绿色生态的时代潮流，为广大市民提供一个水清草绿的休闲游憩好去处的同时，宣扬生态城市、可持续发展的新型城市发展理念，让生态文化融入城市的核心价值观。

（三）规划愿景

义乌国际文化中心顺应新型城市文化中心空间模式的发展趋势，强调以功能混合为核心的文化功能生活化、以建设美丽城市为目标的都市核心景观化。从传统的"文化中心"功能限定中跳出来，建设一个以文化为主题的城市公共活动中心，一个以优美环境为基底的市民休闲游憩场所，通过将城市市民生活引入基地，实现文化的活力和有效的传播。

在这样的核心规划理念之下，义乌中心区将形成一个新的城市生活焦点、一张根植于文化传统而又体现时代精神的城市名片、一个面向世界而又集中体现义乌核心文化精神、同时为义乌高端文化交流和市民文化活动提供场所的国际文化中心。

四、规划与建筑设计

（一）规划布局

规划采用螺旋向心的总体空间布局联系与包容周边功能形态各异的城市片区，从空间形态

的层面诠释义乌包容汇聚的商业文化内核和城市意象。围绕面积缩小之后的内湖构建"一核五心，一湖一带"的总体空间布局结构，强调建筑、环境、景观与总体空间布局一体化。

（1）一核：

环绕内湖营造滨水广场和亲水活动空间。环湖建筑保留原城市设计中的商业街及影院功能，形成以商业为主体，特色文化功能为亮点的功能内核；建造绿色覆土建筑为基座，层叠单体为主立面的空间外观，塑造丰富的水上活动空间。通过将建筑、环境、景观、功能全面一体化，形成基地中最热闹，最具活力的区域。

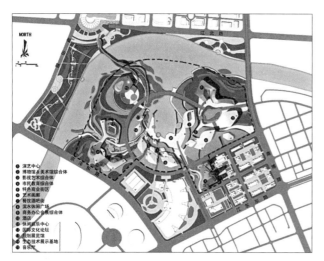

图7 总平面图和鸟瞰

（2）五心：

靠近现代城和轨道交通站点的东区与社区和城市联系最为紧密，规划更加注重面向市民的文化功能，在这个区域形成以市民教育综合体、影视艺术综合体、演艺中心和博物馆综合体组成的市民文化集群，共同围合中央的绿色广场空间。这一集群中，不同功能相互支撑，市民教育综合体和影视艺术综合体提供了长期、复合的人流，演艺中心和博物馆综合体提供了高雅的文化氛围。

流线干扰相对较少的西区接近老城中心区和机场方向，较为独立而环境景观条件良好，出入较为便捷。在这一区域形成以酒店、休闲娱乐中心、会议会展综合体组成的高端文化集群，建筑同样采用围合的姿态形成绿色的院落空间，以高品质的环境和特有的文化氛围吸引高端商务人群。

在义乌江转弯处，步行桥跨江而至，音乐厅建筑形成独特的地标。音乐厅与周边的露天音乐主题广场、滨河音乐主题游园一起形成一个以建筑为中心的空间组群，成为文化中心引人注目的标志性景观。

主轴线另一端，规划二号路东南侧的商务办公用地被视为将现代城社区人流引入基地的契机，通过兼顾展览展示功能的裙房将社区居民向基地内部引导，同时通过西侧道路的退让形成基地入口广场的核心空间。

国际博览中心及酒店建筑组群中形成了圆形广场空间，规划建立广场与滨水核心通畅的步行和视线通廊，把这个建筑组群当做五心中的一心，让基地有机地融入城市地块，凝结城市活力。

通过步行通廊或上人屋面建立外围中心进入滨湖核心区的通畅联系，将整个文化中心围绕内湖展开总体空间布局，通过建筑的扭转保证滨水建筑的临水界面与滨水通廊的连续畅通。

（3）一湖：

形成尺度宜人、空间丰富、活动多样的内湖，由基地建筑中水、义乌江水和部分城市供水提供内湖的清洁水源，湖中心形成景观眺望塔，湖周边设置生态技术展示区、儿童娱乐区、餐饮酒吧休闲区、庆典广场、露天影院等室外公共活动分区。

（4）一带：

沿义乌江形成联通的市民公园休闲景观带，保证步行、自行车等城市慢行交通系统的通畅，通过不同种类的景观植物、不同形态的活动空间、不同断面的滨水岸线，打造沿义乌江滨水休闲带中明亮的一环。

"一核五心"的规划结构，核心目标是将用地的场地、功能、交通充分地与城市对接，步行路径以"廊道－节点－廊道－焦点"的模式从多个方向上由城市进入文化中心，富有节奏的空间变化和便捷通畅的联系保证了区域核心对于市民及游客的吸引力。而城市中心公共空间的吸引力正是一个城市在向新区域拓展时所必要的动力之一。

（二）功能策划

（1）功能引入：

在原群艺中心的基础上引入和强化市民教育学习功能，包括主要面向青少年和儿童的语言教育、艺术培训、科学普及、体验性学习等功能， 其中包括科技馆、语言教育交流中心、市民美术教育中心、市民音乐教育中心、儿童乐园、体验工坊和配套的餐饮、零售商业等设施。

（2）功能多样化：

将传统文化功能多样化，充分发挥传统核心文化功能对大众文化活动的激发和带动，围绕文化艺术建筑形成多样化的非正式文化空间，面向多人群、多层次，丰富文化经营主体的经营方式；将商业商务功能特色化，通过民俗特色商街、特色餐饮、主题酒吧等商业服务功能充分体现商业街区的整体文化氛围。

（3）功能混合：

在确定主体功能区的基础上，将多种功能充分混合。

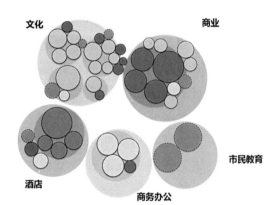

图8 混合功能聚落示意

通过引入市民教育学习这一类充分依托文化中心的功能促成以家庭为单位的使用群体进入，极大地提高区域使用者的丰富程度和使用时间。通过功能多样化，突出区域文化主题，丰富商业经营主体的经营方式，形成与城区中其他的商业街区相比的差异化。通过不同功能之间的相互支撑，形成良好的区域功能生态，保证公益性功能和营利性功能稳定而持久的活力。

（三）建筑设计

（1）建筑设计理念

在建筑与景观互融、建筑与场所互动的设计理念指导下，构建人与人、人与景、景与景的沟通与交流；强化汇聚包容的总体空间动势，形成结构清晰的主次级组群；塑造欢快丰富的局部空间趣味，通过对尺度的掌控，最大化地提升空间的可用性。

（2）单体建筑及建筑组群

大剧院、博物馆、商业街、滨水影院之间形成"对话"的态势，形成共同的室外场地。大剧院极具流动性的空间形式活跃了此组建筑群的氛围，为室内外空间提升趣味性。博物馆的现代感与大剧院相得益彰，相邻的商业街、滨水剧场等的加入，将这组建筑融于整体螺旋向心的空间格局中。

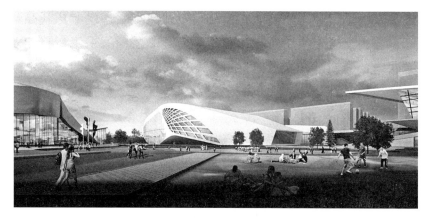

图9 剧院、博物馆、商业街围合的室外场地

环绕中央湖区伸展开来的商业建筑群，以其欢快的形式，活泼的造型营造丰富的空间层次和商业氛围。值得指出的是，商业街屋顶可上人的覆土屋面，串联内外，大大提高了中心空间的可达性与体验性，同时也增加了空间的张力。

义乌音乐厅以其独特的造型，形成整个场地中的视觉焦点。其外部露天剧场与建筑紧密结合的设计，担负着将内部文化活动的活力扩张到外部公共空间的使命。这样的设计也从某种意义上降低了高雅艺术的门槛，更加体现全民文化的理念。

图10 音乐厅建筑及室外场地

（四）交通系统

（1）轨道交通：

轨道交通是城市中运力最高的公共交通方式，规划当中的两处轨道交通站点靠近基地，但都未与基地直接对接，出于大型公共活动所必要的公共交通便捷性，规划建议将轨道交通站点北移至靠近基地东侧的位置，同时设置通达基地的地面出入口，保证未来城市发展中通过公共交通系统到达文化中心区的便捷性与舒适性。

（2）慢行交通系统：

根据文化中心特点，以水为空间核心，形成连续、完整的滨水步行系统。营建滨江休憩带、环湖休闲广场，为人的亲水行为提供层次丰富的体验空间。将滨水步行带与周边特色建筑组团广场相串联，构建步行网络系统。通过步道、桥梁、二层步行道、商业街区、地下通道、步梯等交通方式将主要公共空间串联，形成便捷安全的步行网络和富有趣味的步行区域。

充分考虑自行车交通的便捷性与舒适性，形成一主两副的自行车道环线，沿线设置自行车停车场地和租赁点，倡导绿色出行理念。

（3）地下机动车交通：

虽然总建筑面积不大，但文化中心的文化建筑和广场会时常承担文化演义活动以及大型的城市庆典，这一类的活动会在地块内部产生瞬间的高峰交通，必要时需要封闭地面机动车道路的通行。届时一套高效的地下机动车通行与停车系统将发挥疏导社会车辆的关键作用。规划的应对方法是：结合联通北侧金融商务区的地下过江快速通道，建设一环七片，单向环通的地下交通系统。

地下环形通道：在地面环形道路的下面，设置逆时针单向双车道地下环线，道路宽度7.2米，与地下二层的过江隧道建立右进右出的高效互通衔接，快速疏解地下机动车交通，增强了义乌江南北片区的可达性，在地面需进行机动车交通管制的时段，承担机动车交通的疏散功能。

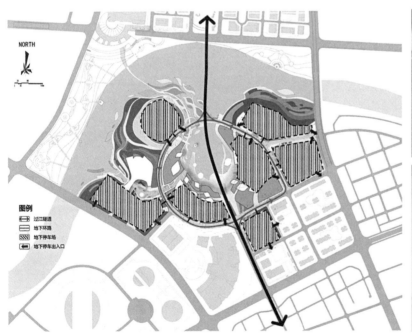

图11 地下交通系统规划图

七片地下停车场：具体核算停车场面积及规模，并结合各功能建筑组群集中设置七片大型地下停车场。

地上地下双向疏散：每片地下停车区域都设置地面出入口与地下环道的出入口，实现多方向车辆疏散。

（五）生态景观水系统

水网系统主要从场地引水、雨水回收、排水三个方面分别进行规划控制，通过生态净水系统与景观规划相结合，在水环境治理过程中塑造生态景观系统，成为义乌江水净化的示范平台。

（1）引水生态净化景观系统。抽取义乌江水，注入400立方米的厌氧沉淀池，经过沉淀后的水依次流经水流雕塑、兼氧池、植物塘、植物床、养鱼塘、氧化沟等水净化系统，使之由浊变清，最终流入场地内的中心滨水公园。整个净水系统和带状公园紧密结合，充分发挥寓教于乐的功能。

（2）雨水收集系统。场地内除生活污水纳入城市污水管网系统外，雨水收集系统通过场地竖向景观设计，控制雨水地表路径，最终汇集至地下调蓄池中。雨水收集系统主要包括低冲击开发技术、雨水管网隔离设施及道路渗水渠、滨水净化绿廊等。

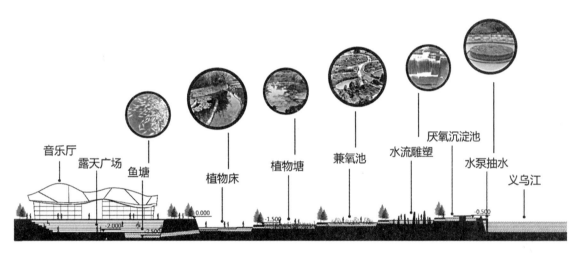

图12　引水生态净化景观系统

（3）排水净化景观系统。

排水净化景观系统在生态景观路径规划的同时加入地下合流制排水系统调蓄池，将冲刷路面后夹杂着大量污染物的初期雨水进行生态净化后再排入义乌江，从而保证规划范围内生态净污染降到最低。地下合流制排水系统调蓄池设置在生态科技展览馆的地下，占地5000平方米，结合科技展览可进行科普教育等文化活动。

五、结语

建筑、景观、环境一体的向心螺旋方案，其意义不仅是空间形态层面的，更重要的意义在于国际文化中心对于城市而言的可达性和吸引力，也在于塑造一个"义乌式"热闹欢快的城市公共文化空间（公共空间形态与混合的功能业态密不可分）、一个处处体现着绿色生态的时代理念的公共文化空间。

这样的国际文化中心才能为义乌市提升城市空间形象、激发城市中心区活力、引领城市新区发展、丰富城市市民生活、促进城市文化的传承与创新提供强大的推动力。但是我们在规划设计的过程中也认识到，方案中采用的流线型建筑形式可能并非唯一，而城市设计手段在面对这种建筑形态时如何实现控制力则需要进一步的探讨。

关于义乌市金融商务区交通规划设计的几点思考

骆耀先：义乌市城投公司总经理

一、CBD 概述

CBD 为 "Central Business District" 的简称，即为中央商务区，最初是根据伯吉斯的同心圆理论延伸出来的概念，他认为城市分为 5 个圈层由内向外扩展，其最核心层就是 CBD。现代 CBD 已经成为城市经济发展的中心，一般特指为大城市中金融、贸易、信息和商务办公活动高度集中，并附有购物、文娱、服务等配套设施的城市中综合经济活动的核心地区。若从 CBD 在全球化进程中所承担的功能这个角度去定义 CBD，也可以认为 CBD 是面对全球范围内日益扩散的经济活动实现功能一体化的中枢，是特指国际经济中心城市中与全球经济一体化直接关联的城市商务中心办公区。

英国著名城市规划学者彼得·霍尔认为，以面对面地交流和专业化为特征的现代服务业正在经历一个 "集中式的分散" 的复杂过程，高端生产性服务业在一个广阔的城市区域尺度上扩散，但是同时又在区域内的特殊节点上重新积聚。因此区域公交网的重要枢纽地区，即人流、信息和服务高度集中的区域，也是服务业发展最有潜力的地区。数十年来欧洲很多大城市发展的结果是，依托公交枢纽集聚形成了三级 "区域 CBD"。

一级 CBD：包括高端服务业（如银行业、保险业、政府和总部等）集聚形成的传统 CBD，主要位于城市中心区的公交枢纽地区。

二级 CBD：新型的服务业（如公司总部、媒体、广告业、公共关系和设计业等）在距离核心区 5—8 公里范围内集聚形成的新型 CBD。

三级 CBD：由特定的专门化功能（如教育、娱乐和运动、展览和会议等）在距离核心区 35—65 公里范围内集聚形成的专门化 CBD。

从这个分级来说，义乌市金融商务区属于二级 CBD。

二、 CBD 交通特征分析

CBD 土地利用的高强度决定了其交通系统的大容量，此外 CBD 集聚的商务办公功能使其交通需求有着一定的特殊性。

（一） CBD 与其交通系统的关系

（1） 便捷的交通系统是 CBD 运作的必要支撑

国际经验表明，交通系统设施水平的高低，直接影响了 CBD 的工地功能和布局。只有在便捷高效的交通系统下，高度集聚的 CBD 才能有效地运作，CBD 的聚集度应与交通设施建设的步伐一致，若土地开发强度与交通设施建设不相匹配，只会造成浪费。

（2）高效的交通系统是 CBD 活力的必要保证

CBD 在高度积聚状态下的有效运作，需要其相应交通系统的支撑，而其交通系统的效率也直接影响着 CBD 的繁荣和活力。CBD 的交通系统，尤其是通勤交通系统的容量和辐射力决定了在早晚高峰时段进入或离开 CBD 的客流量规模，进而决定了 CBD 的岗位规模和业务辐射范围，并直接影响 CBD 就业与经济的增长空间。

（二）CBD 交通需求特征分析

CBD 在用地功能、开发强度等方面别于常规的特点，决定了其交通需求同一般城市区域相比有着明显的区别。CBD 交通需求特征主要表现为：交通出行总量大，强度高；时空分布不均——早晚高峰通勤交通量大，昼夜交通量相差悬殊；交通需求多样化——各种目的的交通在出行方式和线路上具有特殊的要求；慢行交通需求和静态交通需求也有其自身的交通需求特征。

（1）出行分布特征

● 交通需求强度

CBD 土地利用具有建筑密度大、开发强度高、商办功能高度集聚的特点，决定了 CBD 以到发交通为主要构成的交通需求强度远高于其他城市区域。

● 昼间集聚人口

虽然 CBD 内居住用地比例小，居住人口一般较少，但由于高强度的土地开发带来的交通产生吸引量大，使得 CBD 昼间人口密度激增，一般成为城市人群最为密集的地区。

● 时间分布

由于 CBD 交通需求强度大，职住高度不均衡，使交通需求具有明显的早晚高峰特征，而且表现出极大的方向不均衡性。

● 空间分布

CBD 在出行距离、出行时耗等方面均超过城市其他区域，其交通辐射范围达到整个城市乃至区域。

这些出行特征也在义乌市金融商务区区域表现得特别明显，义乌市 CBD 区域成为义乌市内出行强度最大、交通最密集拥堵的区域，且出行早晚高峰明显，早晚高峰小时系数分别达到 0.11 和 0.143，交通的潮汐现象特点也显著呈现。

（2）静态交通和慢行交通需求特征

● 静态交通需求

CBD 高强度的土地开发引发高强度的交通需求，并且公务、商务等机动车出行占很大比重，其业务交流和运作要求配置较高标准的停车泊位。由于 CBD 开发强度大，建筑容积率高，按照一般城市区域的配建标准，在 CBD 有限的土地和空间资源内很难完全满足其规模巨大的停车需求。因此导致了一个巨大的矛盾，一般 CBD 区域均配置了高服务水平的公共交通网络，如地铁、通勤铁路、有轨电车、快速公交系统等。

● 慢行交通需求

CBD 高强度的土地利用特征和高度聚集的运作必然导致大规模、高强度的慢行交通需求。

CBD 的慢行交通需求大致分为两种，一种是以通勤和业务出行为主的工作相关的慢行交通需求；另外一种是以商业购物、休闲、旅游为主要目的构成的非工作慢行交通需求。两种慢行交通需求在交通流特性、时变特征和对慢行交通品质的要求上均有所区别。

（三）饱和交通背景下 CBD 交通运作特征分析

高强度的土地开发直接导致 CBD 产生高密度的交通需求，由于城市交通资源的稀缺性和交通系统能力的有限性，CBD 交通网络在本质上属于需求大于供给的饱和交通路网，尤其反应在高强度的高峰交通出行需求。

（1）交通强度特征

● CBD 道路交通出行强度

CBD 大规模的交通需求导致其道路交通的高负荷运行， CBD 一般为整个城市道路交通分布强度最高的地区。高峰小时期间，CBD 道路交通运行普遍出现过饱和的现象。

● CBD 公共交通出行强度

一般而言，公共交通为 CBD 交通出行结构的主体构成，CBD 公共交通的出行强度也远远超过城市其他区域。

职住不平衡引发的大规模通勤交通导致 CBD 公共交通高峰出行量具有明显的方向性。

（2）个体交通和公共交通的时变差异

由于道路交通趋于饱和，个体交通出行量全天的变化非常缓和，高峰现象已不明显；而公共变通出行量在时间分布上极不均衡，存在着显著的客流高峰。

在出行方式构成上，高峰出行时段同非高峰时段的交通特征也有着明显的差别，一般高峰时段的公共交通出行比例要大于非高峰时段。

（3）高峰交通特征

● 道路交通高峰特征弱化

由于高峰小时道路交通需求超过了道路通行能力，道路交通出行者只能被动地错开最高峰时段，选择交通量较少、交通设施容量尚有空余的非高峰时段。因此，CBD 道路交通高峰出行量的分布呈现明显的高峰小时出行量向高峰时段蔓延，以及非高峰时段出行量向全天扩散的趋势。

● 公共交通高峰特征强化

同道路交通交通量时变特征相比，由于公共交通容量较大，承担了较大比例的通勤交通，因此高峰特征明显。另外，受 CBD 职住高度不均衡的影响，到发交通量存在一定的方向不均衡性。

（4）道路交通车速

在 CBD 的饱和交通条件下，道路网的行程车速将趋于稳定，一般维持在一个可接受的水平。如果其行程车速高于一定的阈值，将会有更多的个体交通涌入道路网，促使其服务水平恶化、行程车速降低。反之，若道路网服务水平低于一定的阈值，一部分出行量将进行时空转移。

三、 义乌市金融商务区交通需求特征分析

（一）出行强度特征

● 大区层面的出行总量分析

根据控规提供的数据以及模型的测算，得到以行政区划为标准划分的各个大区的出行发生吸引总量如图 1 所示。

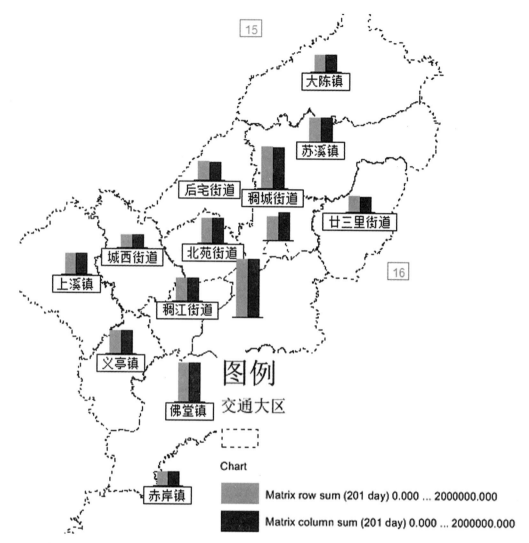

图1　各大区出行发生和吸引总量

由图1可知，金融商务区日出行量出行发生和吸引量都较大，分别占市域总量的11%和11.9%。金融商务区周边路网将会承担较大的交通压力。

● 金融商务区各分区出行总量分析

通过模型测算金融商务区各分区的出行发生吸引总量，得到结果见表1。

金融商务区各分区出行量		国际商贸城	金融商务区一期	金融商务区二期	文化中心
全日 （万人／日）	出行产生	26.1	18.9	15.3	7.7
	出行吸引	28.7	19.8	15.9	8.8
早高峰 （万人／小时）	出行产生	2	0.5	1.3	0.6
	出行吸引	6.1	5	3.4	2.1

表1

由表1可知，国际商贸城拥有最大的出行吸引量，其周边的城北路、福田路和银海路将承担较大的交通压力。金融商务区高峰小时交通需求总量21万人次，其中出行吸引量达到16.6

万人次，离开交通量为 4.4 万人次，方向比大约为 4:1，具有明显的方向性。

（二）出行目的

金融商务区是金融、贸易、信息和商务办公活动高度集中的地区，短时间内义乌金融商务区居住功能仍然较弱，因此义乌金融商务区交通出行仍以刚性通勤交通为主。另外，以商务、公务为目的的出行将占较高比重。

（三）出行方式特征

由于国际商贸城附近目前缺乏理想的居住、商业配套设施，造成了城市潮汐交通明显。义乌市交通结构有着自己的特征，主要表现为私家车出行率高、公共交通出行率低，这也是跟义乌市私人小汽车保有率高而公交服务水平较低有着密切的关系。义乌市商业气息浓厚，生活节奏快，个人出行者在出行中普遍追求便捷、快速、舒适的交通出行方式，小汽车交通出行率占比较高，全市范围内出行约占 35% 左右，而在 CBD 区域商务出行以及通勤出行中，小汽车出行率占比达到 50% 以上，因此也导致了 CBD 区域交通供需严重不平衡。

（四）停车需求

随着金融商务区逐步建成和商业不断发展，商务区的机动车出行势必大幅增加，停车难问题将日益突出。而商务区紧凑的用地特征决定了停车设施规模的有限性，因此，在义乌市全市实施分地区、分时段、分类别、差别化的停车设施供应政策，形成以配建为主、路外公共停车为辅、以路边停车为必要补充的停车局，以引导停车需求合理发展。

四、义乌市金融商务区的交通现状和规划情况

（一）义乌市金融商务区交通现状分析

（1）交通网络现状

金融商务区"五横六纵"主骨架路网已经基本形成，路网大体呈不规则方格网布局，道路等级及其特征见图2。

五横：环城南路、江东路、城北路、城南大道、诚信大道

六纵：西城路、稠州北路、商博路、春风大道、阳光大道、宗泽路

金融商务区现状道路网尚存在一些问题，主要表现为如下三个方面：

①道路级配不合理

金融商务区道路分级不系

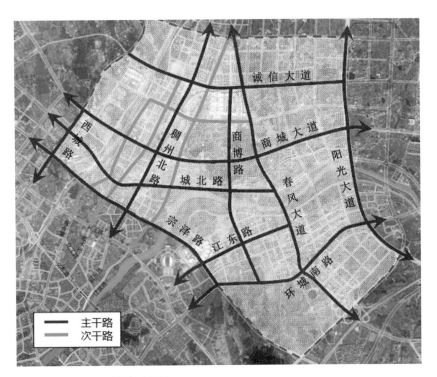

图2 金融商务区现状骨架路网图

统，次干道和支路缺失，导致整个道路系统的通达性不足。次干路及支路的建设完善相对滞后，

没有起到对主干路的有效的分流作用，在一定程度上增加主干道的交通压力。

②跨江通道不足

受义乌江的影响，金融商务区被分成两个部分，跨江交通主要集中在商博桥、宗泽桥上。商博桥高峰小时流量超过2500pcu/h，现状过江桥梁已经处于交通瓶颈状态。

③快速集散通道缺乏

金融商务区是目前义乌最大的交通集散源，目前区域内交通负荷大，主要通道存在高峰性拥堵。由于银海路、诚信大道、城北路在37省道位置断头，金融商务区东、西向通道不足；跨江交通主要通过宗泽路和商博路，缺乏连接文化中心和金融商务区、国际商贸城的快速通道，南北向通道不足。同时，虽然区域内路网已自成体系，但金融商务区与外围区间的交通联系通道网络还远未形成，尤其是与江东、佛堂、老城区方向的集散通道缺乏。

（2）交通运行现状

义乌市金融商务区内主要路段、交叉口已出现较严重的交通拥堵现象，具体服务水平分析如下：

①路段服务水平

国际商贸城是目前金融商务区交通流分布的中心，其周边道路饱和度普遍较高。例如，稠州路和福田路机动车高峰小时饱和度均已超过1.0，道路已经严重饱和。

从现状组织过境交通的道路分布状况看，行使过境交通组织功能的路段主要是骨架路网的组成部分，其中有部分路段直接穿越金融商务区。从交通流量分布情况看，这些道路也是机动车交通负荷较大的路段，在出行高峰期间部分路段机动车交通流量饱和度超过0.8，甚至1.0。

另外，由于义乌江的分割，跨江通道成为文化中心与金融商务区、国际商贸城联系的重要纽带，交通量高度集中。尤其是商博桥，高峰小时饱和度已达0.99。

②交叉口服务水平

通过VISUM分析，国际商贸城一期附近交叉口拥堵严重。同时，福田路、城北路由于沿线交叉口饱和运行，难以实现主干路的功能。

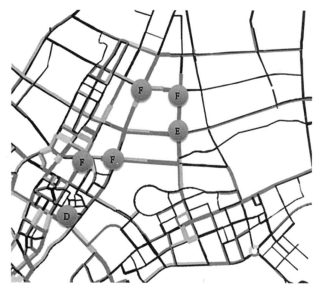

图3 CBD区域交通运行状况

根据城市道路服务水平等级划分标准，得到高峰小时主要交叉口服务水平见图3。

（二）义乌市金融商务区交通规划分析

《义乌市金融商务区区域交通研究》提出了构建集散高效、内外分离、快慢有序、公交优先的区域交通网络规划理念，并提出了立体交通、快慢有序的交通发展总体策略。在此基础上，深化了完善道路网络、优化出行结构、强化公共交通、控制停车设施规模、实施交通需求管理五个方面的交通发展策略：

（1）完善道路网络

完善道路网络的交通发展策略要求金融商务区贯彻立体分流、内外分离、地区循环、集散明确、节点优化的交通发展理念。

● 立体分流

构建地面骨架网络、高架道路系统、地下通道有机衔接的交通网络，实现关键节点车流的立体分离。

规划中在CBD区域构建了地下、地面、高架三层的立体交通网络，与外围城市快速路网衔接。地下主要通道包括过江隧道、商城大道地下道路、福田路地下道路，将CBD区域的到发交通通过地下通道快速集散到城市外围的快速路；地面道路主要包括03省道快速路、宗泽路、春风大道等，出于城市景观和区域形象的考虑，高架道路设置不多，主要设置在CBD区域外围，用于跟快速路网的衔接。

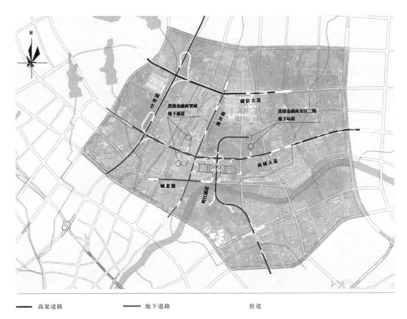

高架道路　　　地下道路　　　匝道

图4　CBD区域立体交通网

● 内外分离

研究中提出在CBD区域周围设立快速路网，形成一个交通的保护壳，分离过境交通和到发交通，将过境交通从CBD区域内剥离，从而确保CBD区域内以到发交通为主。交通保护壳主要有5条道路组成，分别为宗泽路、03省道快速路、诚信大道高架、春风大道、环城南路，这5条道路远期均为快速路或主要节点分离的准快速路。

● 地区循环

内部交通循环层面，为了加强金融商务区、商贸城、文化中心之间紧密联系，将构建健全的商务区交通循环网。外围交通循环层面，规划建立金融商务区与周边区域的交通循环网络，实现商务区与周边区域交通的快速高效对接。

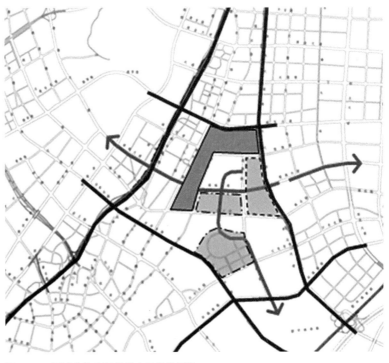

图5　CBD区域立体交通保护壳及集散通道

将超过一定宽度（如10米以上）的内部道路纳入微循环系统，并由城市交通管理部门进行管理，发挥支路交通微循环的作用，增加可达性。

（2）优化出行结构

通过构建商务区通勤客运交通体系、商务区微公交系统，一方面减少通勤带来的交通压力，另一方面提高金融商务区内部交通的畅通性。同时，亟需优化慢行交通系统，以方便商务区的慢行出行、改善商务区环境品质、增加住区活力，并为将来市域慢行系统的构建提供强有力的支撑。

（3）强化公共交通

大容量的公共交通不仅能从需求管理层面缓解对商务区的交通压力，还能极大地减少环境污染。规划应打造以交通枢纽为核心，以常规交通（远期应为轨道交通）为主体，以轨道交通、区内巴士作为补充的公共交通体系。

以交通枢纽为核心展开客运交通组织，建立多层次的公交网络（包括城市轨道、城市轨道、常规公交、区内巴士），扩展公交服务范围，鼓励公交换乘，通过将公共交通与电动车、步行及自行车绿色出行方式进行良好对接，凸显商务区的活力。完善公交行业经营体制，加强行业监督与管理，加大财政扶持，突现公交的社会公益性，构筑高效公共交通运输系统，全面落实公交优先政策，提升公共交通服务水平。

（4）控制停车设施规模

根据《义乌市城市综合交通规划设计》成果，参考一类地区标准，采用适度从紧的停车供应策略。考虑到金融商务区（一期）、金融商务区（二期）、文化中心地块通过发达的地下车行系统贯通所有地下车库，这些地块的车库可互通互联，停车资源共享，达到最大利用率，对这些地块的停车配建规模进行20%的折减。

（5）实施交通需求管理

针对交通需求管理的调控作用，建议义乌市金融商务区实施以下交通需求管理政策：

- 用地功能调整、大力发展公共交通
- 电子办公
- 错时上下班
- 停车收费、停车诱导、大型活动期间停车换乘及车辆限行
- 变更车道设置

金融商务区区域交通研究主要着眼于对未来交通运行情况的预测，找出未来交通运行中的拥堵点和脆弱点，通过改善拥堵点和路段，增强其局部的通行能力，补足区域交通设施的短板来实现整体区域的交通网络容量的最大化，同时采用各种措施尽量均衡CBD区域的交通需求，从而在交通的供需之间达到平衡。从实际交通运行角度，对于CBD区域，因受到用地和功能的限制，从提高交通设施的供给角度，是无法解决交通问题的，因此在这个意义上，通过交通需求管理措施、大力发展公共交通等手段，是解决CBD区域交通问题的唯一道路。

五、 义乌市金融商务区交通发展的建议和反思

在《义乌市综合交通规划设计（2008—2020）》以及《金融商务区区域交通研究》中，规划人员均规划设计了各种交通政策和工程措施来试图解决CBD区域的交通问题，从交通供给、

交通需求、静态交通、慢行交通等各个方面、多个渠道提出了各类解决的方法，但在侧重点上，往往着重于交通设施的供应角度。事实上也证明这些措施并不能从根本上解决 CBD 区域的交通问题，从义乌市 CBD 建设过程以及国内外的多个 CBD 发展进程中来看，我们认为对于交通需求的管理以及交通设施供应与土地开发的均衡发展才是解决 CBD 交通问题的主要途径，这也是我们认为在义乌 CBD 交通规划中最值得反思的地方。

交通需求管理涉及多个方面，减少和平衡交通需求是其主要的目的，在义乌市 CBD 发展过程中，我们认为在两个方面是可以在未来 CBD 交通规划中引以为戒。

（一）对公交发展重视不足

纵观国内外开发成功的 CBD，公共交通出行在出行结构中都占了绝对的优势地位，国外如纽约曼哈顿、伦敦道克兰、巴黎拉德芳斯、东京新宿等地，公共交通在高峰时期的出行率都达到了 80—90%；国内的北京建外 CBD、上海陆家嘴 CBD 等公交出行率也达到了 50% 以上，中国香港的中环区域公交出行率更是达到 93%， CBD 区域由于受到用地规模和功能的限制，以小汽车交通作为出行主要方式是绝对不可行的。可以说公交的发达程度在一定意义上决定了 CBD 的活力和发展水平，尤其是大运量公交的建设，地铁、轻轨、BRT 等，可以大大促进 CBD 区域的发展。

对于义乌市 CBD 区域，2008 年的交通调查中公交出行率约为 10%，当时在综合交通规划中就提出需要大力发展公交，通过近期 BRT、公交干线，远期建设轨道交通来实现公交的更大发展；而到了 2014 年，通过交通调查，CBD 区域的公交出行率为 12%，仅仅提高了 2 个百分点，远远落后于当时设定的目标。对于公交发展的不重视可能会在未来 CBD 发展中尝到苦果，特别是在金融商务区一期建成投用之后，交通拥堵可能将达到前所未有的水平。

（二）交通设施发展与用地开发的步伐不够协调

一般而言，交通设施的建设应当适当领先于用地的开发进程，这样在用地开发完成后，有足够的交通设施能够满足新增的交通流。而在义乌 CBD 区域的建设中，交通设施的建设远远落后于用地的开发。不说 BRT、轨道等大运量的公交系统建设，就是外围的快速路、准快速路等交通保护壳和主要的集散通道建设，也远远落后于用地的开发进度，目前金融商务区一期已经开发大半，而规划中商城大道地下道路、过江通道等均未提上建设的议事日程，进度已经大大落后，外围道路的建设进度也不尽如人意，包括城北路向东延伸、银海路、大通路向西延伸等工程。

交通设施建设和用地开发进度不平衡主要还是投资方向的选择问题，由于投入产出相差太大，投资资金往往先期投入用地开发，取得效益之后才会转向公共设施的建设，这样一来，交通设施的建设滞后就不可避免。

义乌市金融商务区发展过程中，尽管有诸多不尽人意的地方，但目前发展情况总体还是快速平稳的，在此提出的对规划和建设反思也主要是为了未来区域开发引以为戒。

义乌金融商务中心区地下空间利用及发展规划探索

丁刚强：义乌规划局副局长

王曦：上海市政工程设计研究总院（集团）有限公司

一、地下空间规划设计历程

义乌国际商贸城片区位于义乌城市中心区，作为城市市场体系的重要组成部分，面积36平方千米，核心区由国际商贸城、金融商务区中心功能组成，面积6.5平方千米。随着贸易综合改革的推进，国际商贸城片区功能定位在原小商品市场功能基础上，将为城市提供更高端的商贸流通，电子商务交易平台、会议会展，金融服务等综合性公共服务，即进行金融商务区中心开发建设。金融商务区中心占地面积188.82万平方米，以商博路为界，进行一期、二期开发：一期规划功能以商务办公为主，总用地面积66.71公顷，总建筑面积约248.28万平方米；二期功能转型以电子商务为主，用地92公顷，总建筑面积约198万平方米。

国际商贸城片区及金融商务区中心区建设，始终坚持规划引领，在长达十年的规划建设历程中，在总体规划、交通专项及详细规划等各个层面完善了规划控制，指导工程实施。片区坚持地下空间充分利用及开发的原则，构建由地下道路网络、市政设施系统以及地下公共空间开发三部分组成的地下空间系统。通过地下空间开发的规划与设计，不仅解决片区突出的交通矛盾和缓解服务设施紧缺；同时通过配套设施地下化减少地面环境负荷，提升地区环境品质；最终实现地下空间网络补充地面功能、促进地面开发活力，地上地下整体协同发展、共享资源的目标。

总规层面，《义乌市城市总体规划调整（2004—2020）》明确了城市中心区集约利用土地，充分利用地下空间完善市政交通、配套、停车设施的原则。《义乌市城市规划综合交通规划设计（2008—2002）》针对商贸城片区大容量开发引发的交通集聚提出立体交通疏解规划，建设福田路、商城大道、城北路、过义乌江通道组成的

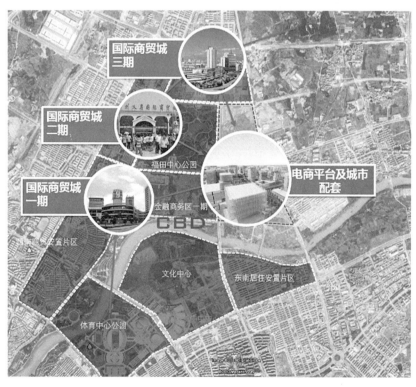

图1 国际商贸城片区核心区结构图

"井"字形地下主干路网，将核心区交通快速疏解到外围快速路网上。

详规层面，《义乌中心区及国际商贸城地下空间控制性详细规划（2009）》深化明确商贸城核心区地下空间提供交通、公共服务、市政和人防等综合服务功能。为了确保控规的实施落地，深化进行了《义乌市金融商务区（地下空间）市政设施综合规划》（2010）、《义乌金融区市政设施修建性详细规划（2011）》，规划中将地下市政管线、地下道路、地下步行系统、地下公共空间等内容与工程方案进行衔接；构建核心区支路地下道路网络，服务核心区到发交通，净化地面交通；结合地块开发、公共绿地进行规模化地下空间开发，以地下步行系统将地下商业空间连缀成片，发挥规模效应，地下空间总开发规模达到190万平方米。目前，核心区地下空间设施工程逐步设计并实施。

二、公共地下空间规划思路

义乌金融中心区作为国际商贸城的核心CBD区域，其规划面临的两大核心问题。一是交通问题，国际商贸城开发建设多年，地面道路网络已经达到饱和，金融中心区大容量开发将进一步引发交通拥堵，并导致环境品质降低等一系列影响；二是义乌金融中心区采用小尺度街区开发模式，单个地块用地小、容积率高，因此服务配套设施需另觅用地。为解决以上两个突出矛盾，金融中心区根据地上地下一体化开发的原则，提出了充分利用市政道路、绿地等公共用地进行地下空间开发，为区域提供交通、公共服务、市政和人防等综合服务配套功能的思路，以期达到"开发、交通、环境"三大要素的良性循环。

义乌金融中心区公共地下空间系统由地下道路网络、市政设施系统以及地下公共空间开发三部分组成，采取分层开发的方式，逐步实现规划意图。地下空间集中开发浅层（0—10米）、次浅层（-10—20米），分层开发功能为：

地下一层为市政管线及地下步行通道层。市政管线以服务自身的支管网为主，竖向布置在市政道路地下2.5—3米范围内，个别干管也与地下步行通道不产生交叉。地下步行系统原则上联通周边地块地下一层，联通地下商业、地下公共停车、轨交站点等公共功能空间，实现人车分离，提升慢行交通品质。一期在东西区核心绿地下根据南北向步行轴线规划，布置

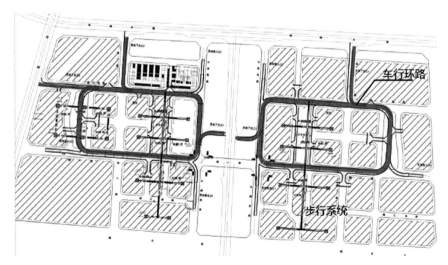

图2 金融中心区一期地下车行环路及地下步行系统

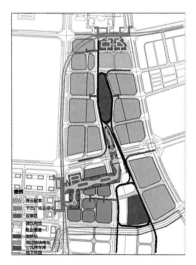

图3 金融中心区二期地下空间布局

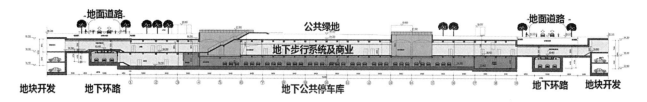

图4 公共地下空间分层布局

了地下人行通道系统及配套商业，将周边地下商业空间连缀成片，进一步发挥商业群的规模效应。二期则结合未来轨道交通站点，发挥周边半径500米范围内核心圈层价值，结合地块开发，并利用市政道路及公共绿地，构成地下步行主线；同时结合南北片区的核心绿地布置地下公共停车库，为本区域及周边区域提供停车共享资源。

地下二层为地下道路系统，区域交通根据区域潮汐交通特征，特别是晚高峰最为拥堵的情况，制定"慢进快出"的交通策略，将外围地下主干路、内部地下支路衔接成多层次的地下道路网络。同时，地下道路系统结合公共停车系统发挥区域停车资源共享功能，利用混合用地的错峰使用特征，控制区域小汽车总量。

三、地下道路系统规划与设计

金融中心区规划通过构建合理的路网结构，解决CBD区域过境交通穿越、大量到发交通集聚的交通难题。根据其区域交通的特殊性，形成了极具特色的交通解决方案，其中地下道路系统是核心内容：利用外围干道形成交通保护壳；利用径向地下通道剥离穿越核心区的交通；核心区内部地面地下道路网络与外围城市地面地下干道网做好衔接，高效服务到发交通的潮汐性集中集散。

1. 地下路网系统及功能

国际商贸城核心区外围由诚信大道等5条城市主干道打造成为交通走廊，形成保护壳，实现过境车辆的剥离、中长距离到发车辆的服务。

金融中心区的外围则形成由城北路下立交、商城大道地下通道、福田路江滨路地下通道以及过义乌江地下通道组成的主干路地下通道网络，形成由中心向国际商贸城外围快速路疏解的立体化交通网络。城北路下立交双向四车道，解决交通瓶颈。商城大道与福田路地下通道分别为双向六车道、双向四车道，城市主干路标准，疏解东西向、南北向过境交通；过义乌江地下通道双向四车道，联系义乌江两岸区域。

金融中心区内部的地面地下支路级立体道路网络，分别衔接外围地面地下干道系统，服务短途出行。地面道路以服务公共交通、慢行交通为主，地下服务小汽车到发交通。

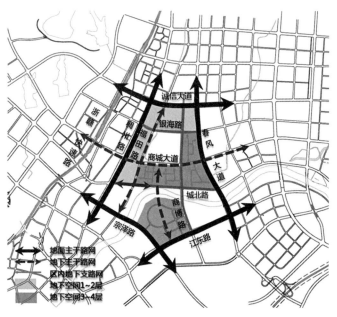

图5 立体路网系统布局

2. 中心区地下车行道路系统设计

金融中心区一期先期启动建设，根据一期由中央绿地分为东西两区的情况，规划建设东、西两环地下车行道路，每环长度约 1 千米，西环、东环分别设有 2 进 4 出、2 进 3 出的出入口，入口与地面道路衔接，出口除地面道路外，还与福田路地下通道、商城大道地下通道、过义乌江地下通道连接，实现"慢进快出"的交通策略。地下车行环路联系了金融区一期地下二层车库，服务对象以小型汽车为主，分担地块的通勤机动车辆到发交通。地下车行环路共联通西环周边 10 个地块、东环 12 个地块，即联通了区域逾 80% 的地块，近 1.1 万个地下车位。

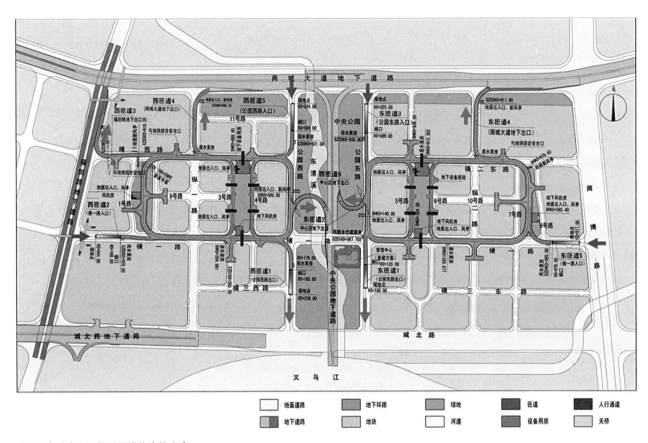

图 6　金融中心一期地下设施实施方案

地下车行环路是支路级地下道路系统，其功能主要是服务核心区到发交通，目前全国各城市新建 CBD 核心区逐步运用这种全新的交通形式，解决核心区到发交通，其作用体现在以下几个方面：

（1）地下车行环路将分担约 50% 核心区到发交通，使内部路网平均饱和度下降。从而净化地面交通，提升中心区功能品质，更多的地面资源可留给绿化和慢行交通，对区域环境品质有明显的改善。

（2）优化动静交通转换，提高区域可达性。地下车行环路实现了车库与外围快速集散道路便捷联系，减少平均出行时间，减少车辆在交叉口的等待时间与绕行距离，有效降低碳排放。

（3）以公共地下停车库为调蓄，利用区域商业网开发与办公错峰停车的特征，实现车库资

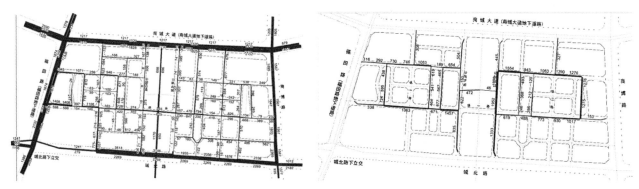

图 7　地面、地上车流量预测图（2020 年）

源高度共享，总体减少配建泊位约 10% ～ 15%，综合改善区域环境。

　　地下车行环路工程用于连接地面道路和车库，主线和匝道行车速度取 20 千米 / 小时，地下环路与车库衔接处行车速度取 10 千米 / 小时。地下车行环路工程服务小车通行，车道采用宽度 3.0 米，限高 3.0 米，通行净空 3.2 米的标准。两环均采用逆时针单向组织，全线 1 车道 +2 侧连续式集散车道规模。地下车行环路上与相邻地块地下室设置车行连通口，供车库进出。在地下环路内系统性设置导向指示系统，提供周边外围路网路况、地下室停车饱和情况信息，以发挥其到发交通及停车资源共享的两个目标。

四、地下空间规划控制与实施

　　义乌金融中心区充分利用地下空间规划，综合解决交通矛盾，提供公共市政设施服务片区开发，目前规划实施顺利。地下空间规划涉及了市政管线、地下车行网络、公共绿地地下空间开发、地下市政配套设施等多项工程，工程接口众多、界面复杂，规划实施得益于在控规、详规阶段已经进行工程方案的同步深化，使规划控制目标明确、控制要求可实施。

　　（1）规划阶段对地块地下空间以功能引导为主，而重点关注公共用地地下空间的规划与实施。具有前瞻性的公共用地开发规划建设地下市政配套，有利于完整实现既定规划功能，减少用地权属纠纷，降低了区域建设时序不一的影响，同时为后续全天候运营、统一管养创造条件，并在公共安全、地下空间品质方面也加大了技术保障。

　　（2）在控详规阶段需要明确各项地下空间设施之间的竖向关系、衔接方式及具体细节，包括衔接位置、标高及联通标准与规模。在金融中心区一期规划中涉及接口包括：地下车行环路与地面道路 6 处接口、与外围地下道路的 4 处接口、与地下车库的 22 处接口；地下步行系统与地块地下室的 12 处接口。所有的接口在规划阶段均需要确定彼此之间衔接关系，特别当设施功能之间有联动关系时，规划阶段宜确定联动的原则，并需以首先满足公共地下空间正常运营、防灾救援功能为前提，划分工程界面位置、运管权属界面。

　　（3）规划结合开发策略、分期建设程序进行弹性控制。以地下车行环路为例，外围地下快速道路网络实施有先后，地下环路与之对接的接口是规划预留。其规划设计阶段需要充分考虑这些因素，提供弹性的规划控制条件。地下环路主体与地块地下室标高衔接，可考虑利用两者边线之间的间距，确定地块地下室规划标高控制范围。地下环路所需与地块结合的疏散设施、设备用房，可作为土地出让条件进行规划控制，也可同时通过多个规划位置的方案提供选择的可能性。

五、结语

地下空间合理开发与利用，是城市高密度核心区、CBD 区提高土地利用率的重要途径。地下空间资源的不可复制性，要求其规划具备前瞻性、可操作性，在今后城市中心区的规划设计中，还有待结合地方特色、功能需求、技术创新，不断进行深入探索。

义乌金融商务区地下道路规划方案优化浅析

金兆丰：上海市政工程设计研究总院（集团）有限公司

一、研究概况

1.1　研究背景

义乌市地处浙江省中部，是浙江中部的经济、商贸核心城市。社会经济的高速发展以及城市化水平的不断提高导致交通需求急剧增长，城市交通问题已经开始显现。交通设施的严重不足和快速增长的交通需求之间的矛盾已成为制约城市发展的关键因素。要实现城市的可持续发展，实现真正建设"国际商贸名城"的目标，必须首先建立一个高效的、现代化的城市交通体系。

1.2　研究主要内容

本次研究的内容包括：主要针对地下道路规划方案及关键节点的设计方案进行分析，并提出优化建议。并通过金融商务

图1　重点研究范围

区一期环路的设计案例研究，分析地下车库环路对区域交通改善的效果，其对远期地下空间开发的借鉴作用。

二、区域交通现状及存在问题分析

现状路网情况

随着城市的快速发展，金融商贸区的市政道路建设也得到较快发展，"五横六纵"主骨架路网已经基本形成，路网大体呈不规则方格网布局。

金融商贸区现状主要道路一览表　　　　　　　　　　　　　　　　　　　　　　表1

走向	道路名城	道路等级	车行道宽（m）	人行道宽（m）	红线宽（m）
横向	环城南路	快速路	30	6.0+6.0	60
	江东路	主干路	24	5.0+4.0	54
	城北路	主干路	24	4.0+4.0	50
	商城大道	主干路	24	4.0+4.0	60
	诚信大道	主干路	31	4.0+4.0	60

续表

走向	道路名城	道路等级	车行道宽（m）	人行道宽（m）	红线宽（m）
纵向	西城路	主干路	28	6.0+6.0	60
	稠州北路	主干路	32	5.0+5.0	60
	商博路	主干路	34	4.0+4.0	60
	春风大道	主干路	32	5.0+5.0	80
	阳光大道	主干路	40	5.0+5.0	80
	宗泽路	主干路	32	3.0+3.0	54

现状交通运行情况

国际商贸城是目前金融商贸区交通流分布的中心，其周边道路饱和度普遍较高。稠州路和福田路机动车高峰小时饱和度均已超过 1.0，道路已经严重饱和。

现状主要拥堵道路　　　　　　　表 2

道路等级	道路名称	起始路段	终点路段	饱和度
快速路	环城南路	宗泽路	商博路	0.81
主干路	诚信大道	福田路	浙赣快速路	0.88
	商城大道	西城路	稠州路	0.85
	稠州路	宗泽路	商城路	1.02
次干路	福田路	银海路	商城大道	1.02
	银海路	福田路	工人北路	0.83
	商博路	城北路	银海路	0.79

现状交通存在问题分析

（1）现状路网体系尚不完整

区域道路分级不系统，次干道和支路缺失，整个道路系统的通达性不足。缺乏大容量、连续流快速路支撑，到发交通与过境交通混行相互干扰。

（2）越江通道缺乏

受义乌江的影响，金融商贸区被分成两个部分，跨江交通主要集中在商博桥、宗泽桥上。商博桥高峰小时流量超过 2500pcu/h，现状过江桥梁已经处于交通瓶颈状态，急需补充更多的越江路径以分流、平衡路段流量。

（3）小汽车出行比例高

受金融商务区业态影响，区域小汽车出行比例较高的特点较为显著，流量大但运载效率低，对区域网交通形成很大压力。远期应逐步优化公交线网、建设快速公共交通系统，进一步提高公共交通出行的分担率。另一方面应增加路网容量，合理交通组织，提高道路疏解效率。

三、地下道路规划情况

区域规划地下道路为商城大道地下道路、福田路地下道路和中心区地下道路。规划商城大道地下通道、福田路地下通道主要解决通过性交通对金融商务区以及商贸城内部交通的影响。

规划中央商务区越江地下通道，加强义乌江两侧的联系，同时解决过江通道不足问题。

四、规划地下道路设计优化及交通组织

4.1　地下道路规划方案优化

1）规划商城大道地下道路

规划方案设计：西起西城路西侧，在西城路东西两侧分别布置出入口，东至春风大道东侧，出入口同时接地面道路。

规划方案主要存在问题主要包括：仅布置出入口而不设置匝道出入口，使得地道交通功能单一化，造成地道的利用率降低；在东侧出入口下穿春风大道后一并接地，造成下一交叉口交通压力过大，在交叉口形成瓶颈。

优化方案设计，首先应明确的是根据规划，商城大道地下道路的交通功能应为：东西向的重要快速通道，重点服务过境交通。其次，我们希望通过设置匝道的方式，使其具备兼顾服务地区到发的功能，使

图2　规划地下道路网示意图

地道的交通功能更加全面。此外，希望通过主线出入口的调整，改善地面道路对地道交通的疏解。

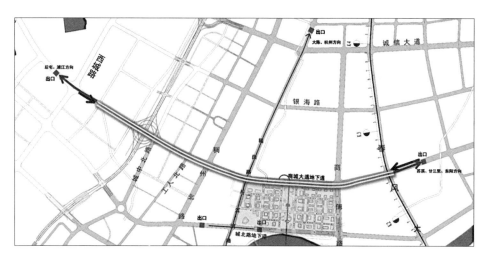

图3　规划商城大道地下道路平面示意图

通过上述思路，优化方案设计为：

西侧主线出入口仍然在西城路东、西两侧错位布置。在工人北路西侧布置一对出入口匝道，与城中北路衔接，服务西城路—工人北路之间区域的到发交通。

东侧主线出入口向西延伸，下穿过隆兴大街后接地。以便过境交通与阳光大道更便捷的联系。同时在春风大道的东西两侧分别布置出口、入口匝道。既能加强对金融商务区二期的到发交通服务，也对主线出入口的交通进行有效分流。

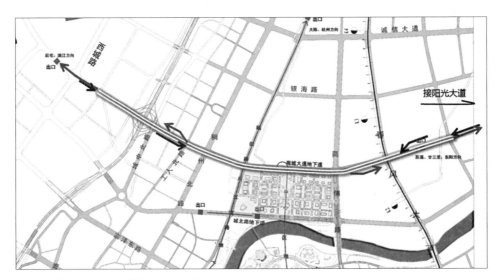

图 4 规划商城大道地下道路优化方案平面示意图

考虑金融商务区二期开发强度较大，为避免远期二期的到发交通流量较大对交叉口形成冲击，针对春风大道、隆兴大街交叉口进行服务水平分析。

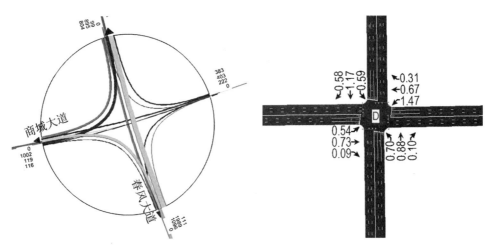

图 5 商城大道—春风大道交叉口转向流量及饱和度分析

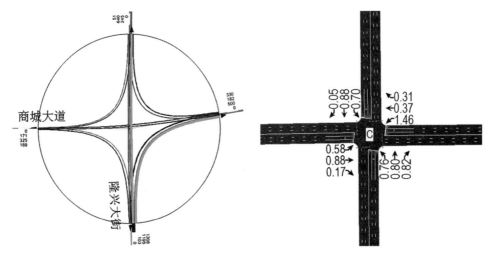

图 6 商城大道—隆兴大街交叉口转向流量及饱和度分析

出口匝道对应的春风大道交叉口饱和度 D 级、隆兴大街交叉口饱和度为 C 级，服务水平可以满足要求。

小结：优化方案后，西侧出入口匝道的设置一方面加强了地道对到发交通的服务，晚进一步完善了地道的交通功能，另一方面也形成了多级分流，减少主线出入口的流量，减轻了单一交叉口的交通压力，避免瓶颈的产生。

2）规划越江通道优化方案

规划方案过江隧道是国际商贸城核心区通勤交通的快速集散通道。

最新规划方案为：北侧联系金融商务区二期地下停车库，之后向南下穿过金融商务区一期中央绿地，在地下穿过义乌江后进入国际文化中心区域，再向东拐至商博路位置往南连接至新的环城南路。

图 7　规划过江通道方案平面图

规划方案主要存在两方面问题：

首先，北侧出入口直接接入商务区二期地块，快速路与地块衔接是否有必要，道路设计标准是否匹配，快速路的交通量能否得到快速疏解等问题存在疑问。

地块道路与越江隧道道路等级有级差，设计车速、通行净空、通行能力等均有差异，不宜直接联系；按一期环路与地下道路衔接原则：环路只出不进，设置长 1 平方米的出口匝道显然经济性较差；

其次，越江通道—商城大道节点衔接是越江交通与东西向快速路联系的重要节点，两者间的衔接方式，纵向关系等需深入研究，这也是之后优化方案考虑的重点。

优化方案思路：

金融商务区一、二期与文化中心的联系需求不强，两者沟通不应为越江通道主要功能。规划方案一期环路、文化中心对越江隧道均"只出不进"，因此越江通道对金融商务区及文化中心到发交通服务不是重点。

综上所述，越江隧道应为连接南北两岸的主要通道，同时兼顾服务金融商务区及文化中心区域到发交通。

优化方案为：过江通道与商城大道地下道路衔接，利用公园绿地布置全互通定向匝道进行联系。节点立交利用公园地块布置地下两层立交。布置东—南、南—西两条左转匝道和南—东及西—南两条右转匝道，实现商城大道（东）—越江隧道全互通。

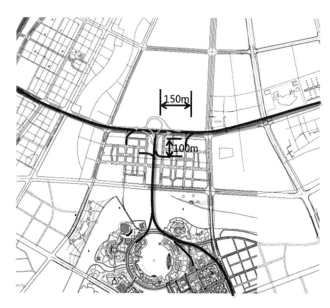

图 8　优化方案平面图

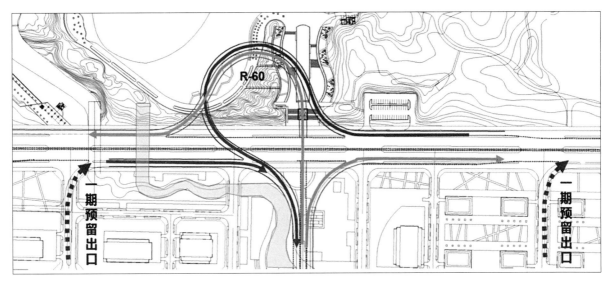

图9　节点立交平面布置图

　　方案评价：过江隧道与地下快速路衔接等级匹配，符合"快接快"原则；商城大道节点全互通，过江交通通过商城大道地下路出入口东西向疏解。但是，地下节点立交投资较大；过江隧道右转匝道与一期环路出口匝道距离过近，交织距离太短，需要通过交通管理措施进行分时段管制。

　　总结：与原规划方案相比，优化后的越江通道方案在北端出入口与商场大道地下道路衔接而非直接接入商务区二期地块，在交通功能、等级匹配等方面更合理。

　　4.2　立体道路系统的交通组织设计

　　通过地下道路、地面道路合理衔接，统筹规划，共同协作来提升整个道路网络的容量，提高路网疏解效率。

　　地下道路系统：商城大道地下道路、过江地下通道、城北路地下道路。四条地下道路功能均为快速疏散通道，从金融商务区中各个地块往各方向疏散，同时越江通道与商场达到地下道路在福田公园节点全互通，达到完善交通功能，高效疏导各个方向交通的功能。

　　地面道路系统：诚信大道、商城大道、03省道快速路、春风大道作为商贸城区域外为主要疏散通道，内部银海路、城北路、稠州路、江滨路、工人北路、城中北路等作为次要疏散通道。

　　五、金融商务区一期环路的案例分析

　　5.1　工程总体方案

　　义乌金融商务区一期总用地面积66.7公顷，总建筑面积约248.28万平方米。用地功能性质以商业办公为主，区域配建车位15000个，交通晚高峰时段车流发生量超过10000pcu/h。

　　地下车行系统总体布置为东西两环，西环主线全长约1千米，西环匝道总长约0.8千米，东环主线全长约1.1千米，东环匝道总长约0.7千米。地下车行环路主要联系区域地下二层车库，服务对象应以小型汽车为主，主要解决服务地块的通勤机动车辆到发交通。两环均采用逆时针单向组织，全线1车道+2侧连续式集散车道规模，采用小车专用标准，车道宽度3.0米，通行净空3.2米。

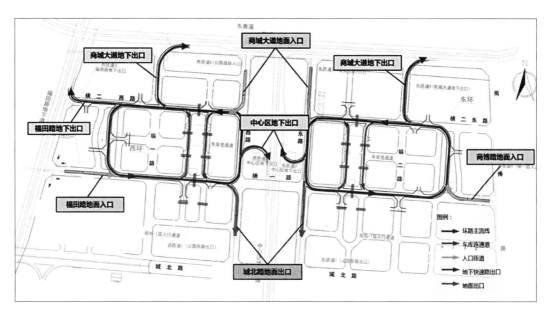

图 10 地下车行环路双环连通方案总体布置

地下车行环路采用东、西两环布置，布置 11 处匝道，西环 2 进 4 出，东环 2 进 3 出。

5.2 项目实施效果评价

为了更直观地了解地下环路的建设对于分流地面道路交通量的效果，对有／无环路时，地面道路的运行状况做了分析。

通过有、无环路时地面道路的饱和度比较可以看出，环路建设后地面道路的饱和度显著下降，区域内地面道路除横一路、纵二路、横二西路部分路段饱和度超 0.9 以外，其余路段饱和度基本在 0.8 以下，地下环路的建设对地面道路交通分流效果明显，达到了提升地面品质交通的预期目的。

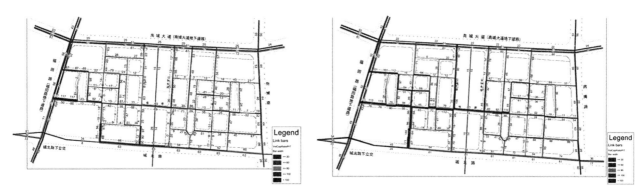

图 11 有环路时地面道路饱和度分析（2020 年）　　　　　无环路时地面道路饱和度分析（2020 年）

5.3 对于商务区二期的借鉴作用

（1）出入口的预留设计需有针对性

在一期环路接口预留时，由于规划地下道路仍处于前期规划方案阶段，平面位置、纵向标高等均按规划方案衔接，因此对远期匝道的实施存在不确定性。

二期环路也同样存在与商场大道地下道路、越江通道衔接的问题，建议两条规划地下道路的设计研究工作同步进行，保证衔接工程研究深度接近才能确保预留匝道远期实施的可行性。此外，规划地下道路作为地下环路重要的疏解道路，其尽快建设才能保证地下环路的交通功能得以充分发挥。

（2）与相关工程的关系尽早协调

除了上述的规划地下道路，一期涉及另一工程是城北路下立交。

城北路下立交接地点距离金融区地下环路西环城北路出口仅为30米，较近的间距造成西环城北路出口的向西交通进入城北路下立交的交织距离过短，对地面道路交通形成一定干扰。

二期环路涉及的相关工程包括规划轨道交通三号线，规划公交枢纽，人行过街通道，规划管线等等。轨道交通的线位，敷设形式（地下或高架）对二期环路的总体方案、出入口布置等均有很大影响。而公交枢纽的选址也对二期环路的交通组织设计等有一定限制。此外，人行过街通道、规划管线等也是环路的纵向设计的重要考虑因素。

因此，建议相关工程的关系应尽早进行梳理、协调工作，才能确保工程的顺利推荐以及项目的实施效果。

（3）近远期实施方案的考虑

考虑到金融商务区各项工程研究进度不一，建设时序差距较大，因此建议有条件时可以采用近远期结合实施的方法。即在目前受到动拆迁、重大管线、配套工程等限制不具备一次实施到位条件时，以近期实施的条件为前提，实施一个近期可行同时交通功能适用的方案。以使得工程近期可以投入运营，尽早发挥交通功能。

而在远期实施条件改善后，可以对近期方案进行改扩建，以实现完整交通功能的方案，同时应尽可能减少的废弃工程。近远期实施方案根据实际情况，又可以分为分期实施先后运营和分期实施同步运营两种模式。

六、结语

目前，随着地面道路日趋饱和，路网扩容，提高疏解效率的需求日益增强。可以预见，义乌即将进入地下道路加速规划建设的时期，形成地面、地下共同运作的立体交通的体系势在必行。希望本文对义乌市的城市地下道路的规划、设计、建设以及立体交通组织方式等起到一定的参考借鉴作用。

义乌金融商务区周边地块不同建设时序
下地下环路实施方案研究

王志 沈艳峰

上海市政工程设计研究总院（集团）有限公司

1 前言

随着城市建设的不断扩展，为了使有效的土地资源得到最大限度的开发利用，城市中顺应出现金融商务区这一特殊区域。这类区域的一个突出的特点就是人流、物流等高度集中，高度集中的人流和物流给商务区的交通带来巨大压力。目前比较流行的做法是借助核心区整体开发建设这一契机，引入地下车行环路系统将商务区地下车库与周边地面交通直接连接，缓解地面交通压力、提高交通服务水平。

目前国内已建或在建的地下车行环路已不在少数，已建成的有北京中关村地下交通环廊、无锡锡东新城高铁商务区地下车行通道工程，在建的有义乌金融商务区地下环路工程、武汉王家墩商务区地下交通环廊工程、济南汉峪金融商务中心地下环路工程、杭州未来科技城核心区块地下环路工程等。由于地下环路所处区域建设情况及其功能定位的特殊性，一方面核心区地块与地下环路建设时序不尽相同，另一方面周边地下车库又需与环路完成衔接，这就对整个片区地下环路与周边地块不同建设时序的相互影响研究提出了较高的要求。

本文以在建的义乌金融商务区地下环路工程为背景，对不同建设时序下地下环路的实施方案进行了阐述与研究，对同类工程建设开发具有一定的借鉴意义。

2 工程概况与地质条件

2.1 工程概况

本工程位于义乌市商城大道、福田路、城北路及商博路之间的金融商务区内，地下车行系统总体布置为东、西两环，逆时针单向组织交通，另布置11处匝道，西环2进4出，东环2进3出，同时通过多个T型接口将环路与周边地块地下车库连接，确保区域交通联动。

环路为地下一层结构，主环标准横断面结构净宽10.8米，净高5.5米。东环主线全长约1015米，西环主线全长约965米，东、西环之间为现状东青溪。东、西环公共绿地下各有地下两层地下空间开发。

2.2 地质条件

根据地勘报告，溪流以西地块为义乌江漫滩、阶地地貌，溪流以东地块为坡地地貌。基坑开挖深度范围内地层由上而下依次为：第①层：杂填土，第②-1层：粉质黏土，第②-2层：细砂，第②-3层 砾砂，第③层 含砾黏土，第④-1层 强风化粉砂岩，第④-2层 中风化粉砂岩，

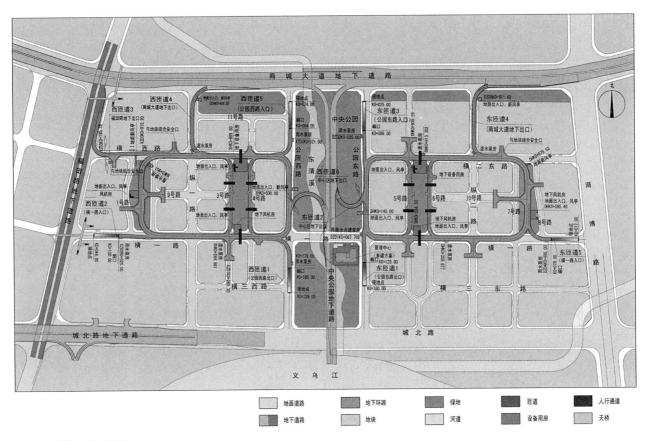

图1　工程总体平面布置图

第④-3层　微风化粉砂岩。坑底范围主要分布为中-微风化粉砂岩。各层土基本物理力学指标如下表所示：

土层力学参数表　　　　　　　　　　　　　　　　　　　　　　表1

层编号	岩土层名称	重度（γ）	凝聚力（C）	内摩擦角（φ）	岩石天然湿度单轴抗压强度
		kN/m³	kPa	度	MPa
①	杂填土	18	10	15	—
②-1	粉质黏土	18.7	29	14.1	—
②-2	细砂	19	4	36	—
②-3	砾砂	20	2	42	—
③	含砾黏土	18.1	14.6	14	—
④-1	强风化粉砂岩	20	50	18	—
④-2	中风化粉砂岩	22	150	25	6.590
④-3	微风化粉砂岩	25	200	30	8.654

　　勘察期间实测地下水位埋深普遍较大，为3.45—8.21米，相应高程为58.0—59.0米左右，已接近基岩面。

3　工程建设条件

本工程地下环路东、西两环分别于 2013 年下半年陆续开工。由于地块出让及各地块开发建设进度的不同，环路建设的环境条件主要分为以下四种情况：

（1）已建地块：三鼎广场、稠州银行、世贸中心。结构已封顶，地块围护与地下室侧墙间空隙已回填，环路实施较晚，施工过程中需对已建地块进行保护；

（2）在建地块：福田银座、曙光大厦、曙光酒店。地下室已施工完成，地块围护与地下室侧墙间空隙尚未回填，在回填之前实施环路；

（3）待建地块：金华银行、民泰银行、中福广场。地块目前在进行施工图设计阶段，如有条件建议地块设计结合环路的实施进度，共用基坑以节约工程费用，提高施工效率；

（4）未出让地块：可先实施该区域地下环路，后期地块开发时对环路采取必要的保护措施；

目前地下环路周边建设情况如下图所示：

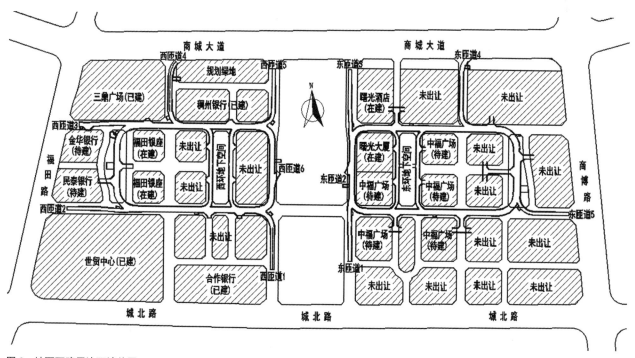

图 2　地下环路周边环境总图

4　不同建设时序下环路基坑开挖设计方案

4.1　已建地块

三鼎广场、稠州银行、世贸中心相邻段环路实施过程中需尽量考虑减少对已建地块结构的影响，且需确保实施的安全性，基坑实施方案较复杂、难度大。

三鼎广场、稠州银行原地块围护采用桩锚支护体系，世贸中心围护采用土钉墙支护体系，地块围护结构使用的锚杆多数侵入地下环路工程范围内，但目前地块地下室已完成回填，原锚杆在地下环路开挖过程中需逐步清除。经与地块单位的协调及反复设计研究，在相邻段环路基坑开挖之前先对地块地下室外侧回填土体进行注浆加固，并设置竖向注浆管二次注浆，确保该部分土体加固效果。随后进行环路基坑开挖，开挖过程中对原地块围护桩逐步凿除，同时在环路基坑内侧一定深度范围内预留岩台并打设斜向锚杆，以确保环路基坑的稳定性并尽量减少对地块既有结构的影响。

4.2　在建地块

在建福田银座、曙光大厦、曙光酒店地下室施工完成，但地下室外墙与地块围护边坡之间空隙并未回填。在此工况下展开环路基坑的开挖实施，将原地块边坡整平至环路基坑底标高，进而在不影响原地块地下室受力的情况下进行环路主体结构施工，待地下结构完成后同步回填。该方案采用共用基坑的形式，极大地节约了工程造价，降低了工程风险，同时加快了工程进度。典型断面如右图所示：

4.3　待建地块

待建金华银行、民泰银行、中福广场目前尚在进行围护设计，而与此相邻段环路也尚未实施。从整个金融商务区总体开发角度考虑，在建设条件允许的前提下，尽量建议地块围护设计中考虑与环路共用基坑、一体化考虑，这样处理主要有以下几个好处：

（1）可减少相邻基坑先后开挖的相互影响，降低施工风险；

（2）围护设计集约化考虑，减少工程数量、降低工程造价；

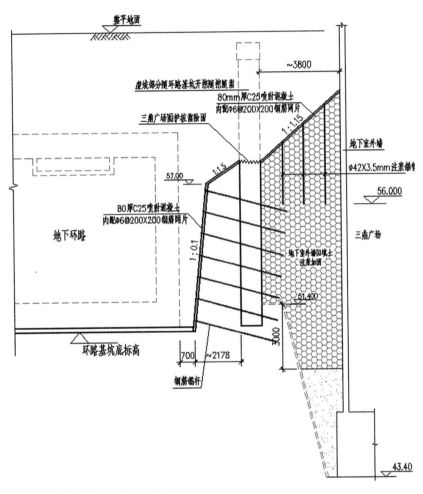

图3　已建地块环路基坑实施方案

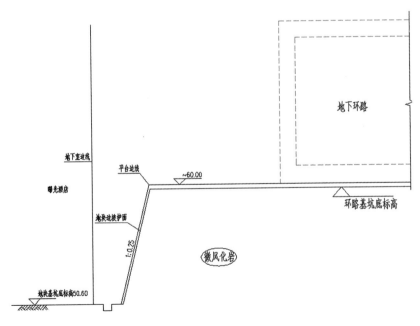

图4　在建地块环路基坑实施方案

（3）相邻工程的主体结构可同步实施，互不影响，缩短总体工期。

待建地块环路与地块共用基坑的典型断面如下：

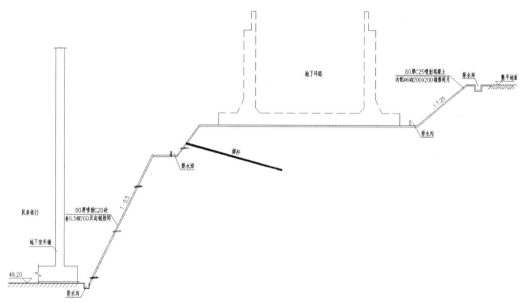

图5　待建地块环路基坑实施方案

如地块实施难以与环路施工进度相匹配，则按未出让地块进行环路基坑开挖实施。

4.4　未出让地块

对于环路周边地块尚未出让段，环路基坑设计考虑在未出让地块内不留永久性围护构件等障碍物，为后续地块开发建设创造良好的条件。结合周边场地条件及地质情况，设计采用直接分级放坡开挖。上部杂填土较厚范围内采用1：1.75坡率，其余土层采用1：1.25坡率放坡，同时控制土质坡每级坡高不超过5米。对于中风化粉砂岩层，采用1：0.75坡率喷锚支护。典型支护断面如下图所示：

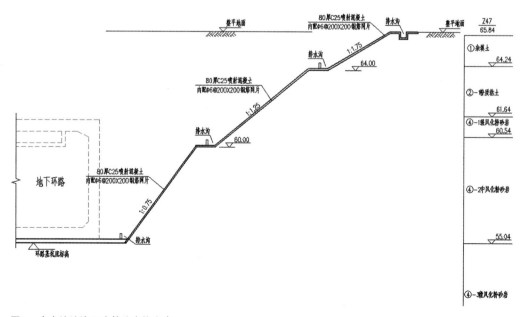

图6　未出让地块环路基坑实施方案

5 基坑总体设计方案

本工程基坑均采用明挖法施工，根据勘察报告工程地质条件较好，基坑开挖深度范围内土层自上而下依次为：①杂填土、②-1 粉质黏土、②-2 细砂、②-3 砾砂、④-1 强风化粉砂岩、④-2 中风化粉砂岩以及④-3 微风化粉砂岩，坑底范围主要分布为中 - 微风化粉砂岩。

基坑总体设计原则主要有以下几点：

（1）确保基坑安全的前提下，兼顾周边地块的建设进度，确定经济合理的环路基坑实施方案；

（2）在未出让的地块内不留永久性围护结构构件等障碍物，为后续地块开发建设创造良好的条件；

（3）结合地块施工，预留好施工便道，控制基坑外堆载不大于 20kPa，确保相邻工程有序、顺利的施工。

工程基坑开挖宽度约 8.75—33.168 米，开挖深度约 0.41—13.55 米。综合考虑基坑深度、工程及水文地质条件、工程建设条件，优先选用经济性好、安全度高的放坡开挖形式，对于局部需特殊处理区段采用钻孔灌注桩 + 内支撑围护形式。放坡建议坡度①层杂填土按 1∶1.75，②-1 粉质黏土、②-2 细砂、②-3 砾砂按 1∶1.25、④-1 强风化粉砂岩按 1∶1.00，④-2 中风化粉砂岩按 1∶0.75、④-3 微风化粉砂岩按 1∶0.50，坑壁采用插筋挂网喷混凝土护面。

本工程基坑位于非软土地区，基坑开挖深度＞5 米时，基坑安全等级为二级，基坑开挖深度＜5 米时，基坑安全等级为三级。

6 结论

义乌金融商务区地下环路周边有多个地块分别在进行不同阶段的开发建设，环路建设条件比较苛刻。该项目已于 2013 年下半年顺利开工，目前进展顺利，通过本工程的建设实践，对于邻近不同建设时序下周边地块的地下环路实施方案得出如下结论：

（1）地下环路周边地块按建设时序划分，总体可归纳为四种不同类型：已建地块、在建地块、待建地块和未出让地块。

（2）确定了不同建设时序下环路实施方案，对于在建、待建及未开发地块，建议尽量采取环路与地块共用基坑的方案，以节约工程造价、降低施工风险，缩短施工工期。

（3）建设方对金融商务区总体开发建设做好统筹管理、合理安排各工程的建设时序，将会有助于加快片区整体开发的速度、节约投资，产生良好的经济效益。

基于三维技术的规划方案审批研究与实践

刘勤：义乌市勘测设计院副院长

一、背景

随着义乌市社会经济的快速发展、城市化率的逐年提高，各项社会事业走上快速发展的道路，城乡社会面貌日新月异，随之带来义乌市规划管理工作的日益繁重，对城市规划提出了越来越高的要求。

义乌近年来有一大批重点项目建设，如义乌金融商务区、总部经济、物流中心等。以义乌金融商务区为例，义乌金融商务区地处城市中心区，与义乌国际商贸城仅一街之隔，与义乌国际博览中心、义乌国际文化中心隔江相望，是今后义乌的 CBD（中央商务中心）。义乌金融商务区建成后，有望成为浙中地区最具活力的商务核心区、最具潜力的金融发展高地和现代服务业高度集聚的城市精品区。采用传统的纸质文本、二维规划的手段，不能满足城市三维空间管理与应用的要求，也就不能解决金融商务区的复杂性特点。

基于以上背景，我市提出采用三维技术辅助规划决策、审批流程，加快规划信息化。经过多年建设，义乌市勘测设计研究院完成了三维规划辅助决策系统的研发，并在金融商务区规划中得到有效应用，极大地提高规划审批效率及决策能力。

二、系统研发

义乌市规划局借助于三维 GIS、遥感等信息技术，通过建立空间数据库，将城市赖以生存和发展的各种基础设施以数字化、网络化的形式进行综合集成管理，从而实现城市规划过程中的三维可视化管理等功能规划辅助决策系统。研发的系统实现以下指标：

1. 能够对各种城市空间信息进行有效管理与集成。整合我市矢量、航空影像、卫星影像数字高程模型等数据，实现了多源数据在同一个平台上直观、可视化展示管理。

2. 采用烘焙材质和多层纹理技术，虚拟场景的画面真实，光影丰富，能够真实地反映城市现状、规划和建筑设计方案，并能支持实时生成的动态水面、动态贴图、骨骼动画、物体运动、雨雪雾等多种画面特效。

3. 使用大量优化算法实现运行高效性。动态调度和数据压缩技术使系统具有城市级的海量数据实时处理能力，满足快速加载和平滑浏览海量三维场景仿真数据的基本要求。

4. 城市级三维场景数据互联网发布，场景美观自然，漫游便捷流畅，用户可以在普通的 PC 机上获得身临其境般的城市体验。

5. 实现已有二维数据复用、数据调用，充分利用二维空间地理信息建设成果，降低数据投资成本，确保系统底层数据的一致和同步。

6. 紧密结合规划业务，实现控高分析、日照分析、通视、指标分析等辅助分析功能，系统以动态、形象、多视角、多层次的方式模拟城市的现实状况，为城市空间形态研究、城市设计和城市管理提供具有真实感和空间参考的决策支持信息。

三、系统应用

在义乌市金融商务区规划中，我们将三维规划方案通过系统加载到真实三维场景中，利用系统辅助审批功能，对这个方案进行多屏幕多角度的对比分析，使用控高分析、日照分析、通视、指标分析等，实现对方案的规划指标合法性的验证。最终对审批通过方案进行入库管理。

下面我们以金融商务区中的中福广场大楼为例，进行三维规划方案审批研究及实践。

1. 日照分析

对城市空间中建筑不同时间段、不同节气的日照情况进行实时模拟。应用日照分析功能，用户可以观察到特定建筑物的阴影对其他建筑物的影响。进行日照分析时，用户设定场景所处的城市后，系统能够给出任意节气，任意时间的阴影状态，并可进行连续播放。

和日照计算软件相比，该功能具有直观、便捷、高效等优势。而且在日照分析时，可同时进行建筑高度和体量的调整，并观察日照分析结果，可快速和直观的确定在满足日照条件下的最优设计方案。

图1 三维日照分析图

2. 通视分析

系统支持两点通视分析，检测场景中任意两点之间在直线方向上的可视性。

图2 通视分析结果图（阴影区域为看不见目标点的区域）

图3 通视分析结果图：（从目标点出发的一组视线中，红色为不可通视，绿色为可通视）

3. 控高分析

系统用半透明的淡黄色表明用地限高，并对超过用地限高指标的建筑高亮显示。

图4 控高分析图（红色为超出限高建筑）

4. 天际线分析

分析规划区域建筑的天际线，展示城市风貌。

图5 天际线分析图

5. 规划方案管理

对同一位置的多个建筑方案可进行双屏或多屏关联比较，用户根据实际的使用环境自定义多屏的数量。

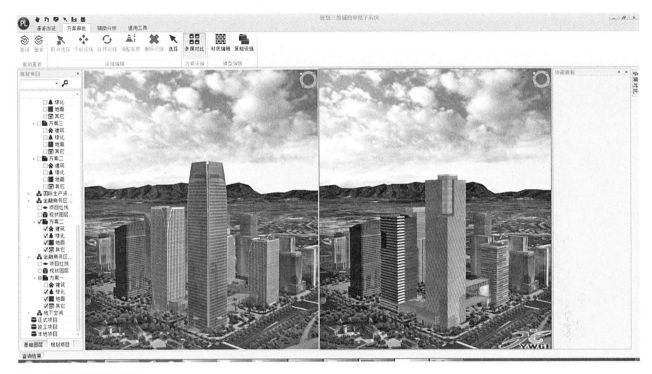

图6 规划方案关联比较图

6. 方案调整

在系统中，能对建筑方案进行建筑高度、材质等参数的调整，建筑物会根据调整操作实时改变。随着高度、体量等参数的调整，建筑方案相应的总建筑面积、容积率等规划指标也能重新计算随之相应变化，这样便于使用者分析和判断最优化的方案。

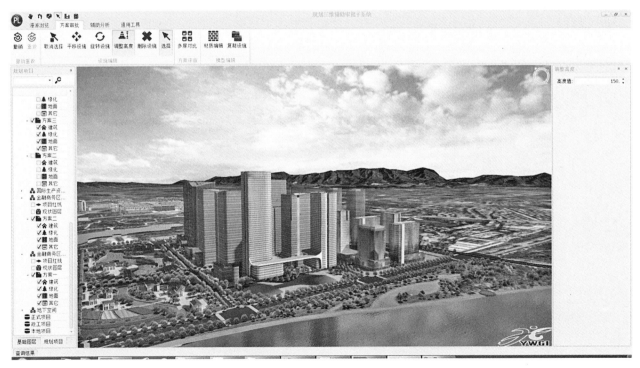

图7 规划方案三维优化调整图

7. 距离量算

在三维空间里对距离进行量测。

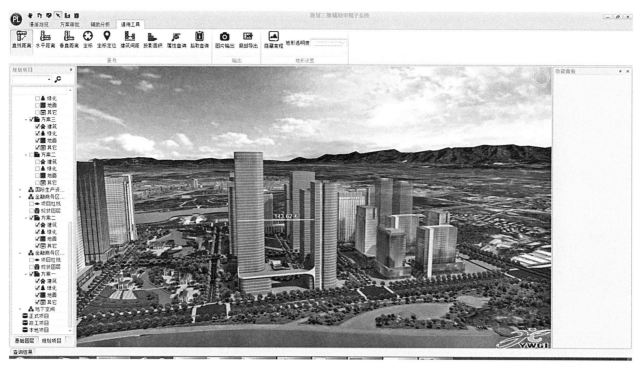

图 8　三维测距图

8. 三维方案入库

系统采用文件数据和数据库存储的混合方式，其中纹理影像、DEM 等数据采用文件方式存储（图库）。基于本项目建立的系统平台，实现了二三维数据的互联互通，实现三维虚拟环境展示和传统二维 GIS 数据的有机结合。

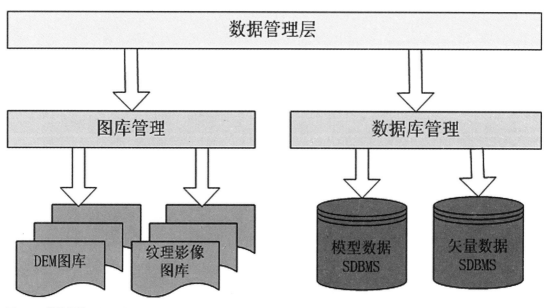

图 9　三维数据管理组织图

四、结束语

通过义乌市金融商务区规划实践，建立了一个城市空间信息与规划审批信息高效集成的城市三维模拟平台，提供了在三维可视化环境中的信息查询、统计和分析，为各级领导提供决策支持；更好地满足了城市建设发展的需要，提高了义乌市规划管理信息化的水平以及规划工作的效率，为城市建设和领导决策发挥巨大的经济效益。

后 记

2013年义乌市规划局成立伊始，我局就开始酝酿梳理编制义乌国际金融文化中心一书，经过近一年集规划局系统的技术力量终于成稿。本书以时间为轴线，以义乌国际金融文化中心的规划设计成果为主，以中心区的开发建设、行政管理为辅，系统、真实地记录下义乌国际金融文化中心十余年的规划设计工作。本书图文并茂，内容详细，是理解义乌国际金融文化中心规划建设历史的重要文献。

本书在编撰过程中，遇到的最大苦难在于资料收集之难。虽然义乌中心区的规划工作启动于21世纪之初，但诸多重要规划成果和重大建筑工程，散落于各部门和设计单位，也有许多并不十分翔实。尤其可惜的是，许多珍贵的历史文献，如多轮国际招标的原始文件，包括招标书、专家审查意见、政府纪要等，因各种原因都已遗失。从而导致了本书对各规划设计方案缺乏系统、客观、专业的评价，这不能不说是本书的一大遗憾。

本书由义乌市规划局的高级规划编制主管吴浩军负责整本书的编辑和统稿工作，义乌市规划院的陈倩承当了大量繁琐的图片处理、排版工作。本书第一、二、三部分由义乌规划局规划编审科的吴新宇、龚伟伟、刘兆欣、黄小倩统稿；第四部分由交通市政科的任大庆、吴金铭、虞航峰、朱寒迪统稿；第五部分由行政审批科的陈小宝、陈军华、方红英统稿；第六部分由义乌市规划院的阮梅洪统稿。本书能成稿，得益于义乌规划局系统的团结协助，也需特别感谢各设计单位的大力支持。其中，深圳市规划设计院研究院协助收集了中心区整体城市设计资料、中心区之商务区城市设计资料；中规院上海分院、中建院、华墨国际、同济建筑设计院、浙江省规划设计院、上海市政院对原承担项目进行了系统梳理、理论拔高，提供了高质量的论文。

最后，衷心感谢义乌市委市政府对我局编撰工作的支持，衷心感谢义乌市政府顾问陆立军先生、义乌政协刘峻主席为本书供稿，衷心感谢义乌市商贸城管委会、义乌文广新局为本项工作提供珍贵资料。

义乌市规划局金融文化中心编写小组

2014 年 9 月